西安交通大學 本科"十二五"规划教材
"985"工程三期重点建设实验系列教材

化学工程实验

（第二版）

U0151841

主编 郝妙莉
参编 伊春海

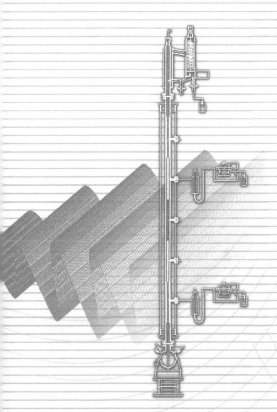

西安交通大学出版社
XI'AN JIAOTONG UNIVERSITY PRESS

Preface 序

　　教育部《关于全面提高高等教育质量的若干意见》(教高〔2012〕4 号)第八条 "强化实践育人环节"指出,要制定加强高校实践育人工作的办法。《意见》要求高校分类制订实践教学标准;增加实践教学比重,确保各类专业实践教学必要的学分(学时);组织编写一批优秀实验教材;重点建设一批国家级实验教学示范中心、国家大学生校外实践教育基地……。这一被我们习惯称之为"质量 30 条"的文件, "实践育人"被专门列了一条,意义深远。

　　目前,我国正处在努力建设人才资源强国的关键时期,高等学校更需具备战略性眼光,从造就强国之才的长远观点出发,重新审视实验教学的定位。事实上,经精心设计的实验教学更适合承担起培养多学科综合素质人才的重任,为培养复合型创新人才服务。

　　早在 1995 年,西安交通大学就率先提出创建基础教学实验中心的构想,通过实验中心的建立和完善,将基本知识、基本技能、实验能力训练融为一炉,实现教师资源、设备资源和管理人员一体化管理,突破以课程或专业设置实验室的传统管理模式,向根据学科群组建基础实验和跨学科专业基础实验大平台的模式转变。以此为起点,学校以高素质创新人才培养为核心,相继建成 8 个国家级、6 个省级实验教学示范中心和 16 个校级实验教学中心,形成了重点学科有布局的国家、省、校三级实验教学中心体系。2012 年 7 月,学校从"985 工程"三期重点建设经费中专门划拨经费资助立项系列实验教材,并纳入到"西安交通大学本科'十二五'规划教材"系列,反映了学校对实验教学的重视。从教材的立项到建设,教师们热情相当高,经过近一年的努力,这批教材已见端倪。

　　我很高兴地看到这次立项教材有几个优点:一是覆盖面较宽,能确实解决实验教学中的一些问题,系列实验教材涉及全校 12 个学院和一批重要的课程;二是质量有保证,90％的教材都是在多年使用的讲义的基础上编写而成的,教材的作者大多是具有丰富教学经验的一线教师,新教材贴近教学实际;三是按西安交大《2010版本科培养方案》编写,紧密结合学校当前教学方案,符合西安交大人才培养规格和学科特色。

最后,我要向这些作者表示感谢,对他们的奉献表示敬意,并期望这些书能受到学生欢迎,同时希望作者不断改版,形成精品,为中国的高等教育做出贡献。

西安交通大学教授
国家级教学名师

2013 年 6 月 1 日

Foreword 前言

本书为西安交通大学本科"十二五"规划教材及"985"工程三期重点建设实验系列教材中的一本。可作为化学工程和化学工艺本科专业的基础及专业实验教材,还可以作为环境、过程装备、制药和药学等相关本科专业的实验及参考教材。

工程实践能力培养及创新能力培养是工程教育及"新工科"建设中的重要内容。化学工程实验教学在化工专业人才培养中具有举足轻重的地位,对于化工专业本科生的实践动手能力培养、团队协作能力培养、创新意识培养以及安全意识培养具有重要作用,是化工类院校人才培养体系的重要组成部分。

化学工程实验包含了化工专业基础课程(化工原理)的实验和化学工程专业课程(化工热力学、化学反应工程、化工分离工程、化工传递过程)的实验内容。化工原理实验是配合技术基础课化工原理课堂理论教学设置的实验课,是教学中的实践环节。通过该实验课程学习,学生可以学到扎实的化工原理知识,了解化工实验设备的结构、特点,学习常用实验仪器仪表的使用,掌握化工实验的基本方法、单元操作的实施过程,并通过实验操作训练学生的实验技能。通过实验数据的分析处理、计算机的应用、编写报告,培养训练学生实际计算和组织能力。化学工程专业实验涉及化工热力学、化学反应工程、化工分离工程、化工传递过程等内容,它的研究对象小到分子级,大到一个车间乃至全厂。通过化学工程的专业实验学习,进一步提高学生进行工程实验研究的能力,分析问题、解决问题的能力。

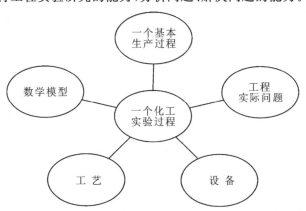

正如上图所示,化工实验具有高度综合性的特点,涉及基础理论、工程实践、工艺设备等诸多要素。一个典型的化工实验,不但需要学生掌握化工方面的基础理论,而且需要学生掌握化工及其相关专业的数学、物理、机械、仪表、安全、工程经验等诸多领域的相关知识。通过化学工程实验研究可以构建一座由书本理论通向工程实际的桥梁,对于提升学生的工程实践能力具有重要意义。与此同时在实验过程中,团队合作、沟通交流、安全及环境意识的培养也尤为重要,对于培养学生的综合素养具有重要作用。

对于一名刚刚从那些物理、化学等基础实验室进入到化工专业实验室的学习者,需要从一些玻璃器皿和测试仪器的使用转换到对一个个工艺流程的认识和熟悉。本书作者从事 26 年化工专业实验教学,根据多年一线实验教学经验,本书内容安排本着从浅到深、从基本到综合的培养思路,从最基本的单元操作实验开始,训练学习者的基本实验技能;随后逐渐加深到一些综合实验,进一步培养其解决问题的能力。经过全书内容的学习与实践,学习者基本达到化学工程及工艺专业本科毕业生的专业技能要求。通过化学工程实验的学习,以及工厂实习、毕业设计等组成完整的化学工程实践教学环节,为学习者以后的工作奠定必要的实践基础。

本书是在原《化学工程实验》基础上,基于实验平台的发展,对实验部分进行了更新和完善。本书内容主要由郝妙莉修订完成。同时,伊春海参与了部分专业实验的编写指导;齐随涛参与了部分基础实验的编写指导。编者虽然力求体系完整、内容正确、阐述清晰、文字严谨,但由于编者水平有限,书中仍有不足之处,敬请各位使用者提出批评指正,以备再次修正补充。

作 者

2020 年 10 月

Contents 目 录

理论部分

1.1　化学工程实验的基本要求

通过化学工程实验,要使学习者基本的实验技能得到好的训练,解决问题的能力得到好的培养,那么对所进行的所有实验过程和结果必须有一定的要求。实验不能走马观花,敷衍了事,那样不仅达不到学习的目的,严重的还会出现安全问题。那么就要从实验预习、实验设备熟悉、实验分工与合作、实验过程操作、实验数据记录、实验结果处理以及实验报告书写等各个环节来严格要求。只有带着科学、严谨、认真的态度来进行化学工程实验,才能达到预期的目的,即培养化工专业人才独立从事科学研究的优秀能力。

一、实验预习

(1)认真预习实验指导教材,结合学习理论内容,明确实验的目的、意义、基本原理和实验的基本要求,特别注意每个实验的注意要点。

(2)根据实验的基本任务和要求,弄明白实验的理论根据和实验的具体操作方法,分析具体有哪些数据需要直接测量,哪些数据不需直接测量而是通过间接获得,并且根据学习的理论知识估计实验数据的变化规律。

(3)认真阅读实验所使用设备、仪器、仪表等的使用说明和操作方法。

(4)对有必要的实验,做一份实验预习报告,列出实验内容、原理、方案、步骤、注意事项。

二、实验设备熟悉

(1)到实验室现场,观察实验室整体环境,确认是否存在不安全因素,在确保安全的情况下,先进行实验流程熟悉摸索。

(2)熟悉实验台主要设备构造,测量仪表的种类和安装位置,了解它们的测量内容、测量原理和正确的使用方法。全面考虑实验流程的布置是否合理,各种安装布局是否合理,各种测量仪表的量程、精度是否合适。

(3)检查水、电等条件是否正常。

三、实验分工与合作

(1)因为教学时间、实验条件的因素以及培养目标的需要,本科生化学工程实验教学一般都是多人合作,一般每4人一个小组,这就需要在实验开始前进行合理的分工安排,最好每个小组有一位组长负责协调工作,做到既有合作又有分工,团队协作既能保证质量,又能获得全面训练。

(2)集体讨论实验方案,合理分工,各组员各司其职,包括实验的操作、读取数据、数据记录、实验现象观察等;适当的时候要进行工作轮换,保证个人能力全面提升。

四、实验操作与注意事项

(1)根据指导教材和实验方案,严格按照步骤进行,认真操作实验,各种调节工作除了特殊要求应该循序渐进,温和改变,不能粗暴对待仪器设备。

(2)实验操作者,必须密切注意仪表示值的变化,随时根据需要调节,务必使整个实验过程都在规定条件下进行,尽量减少实验操作条件和所规定的条件之间的差距。

(3)操作人员要坚守岗位,不得擅离职守。

(4)实验中注意观察实验现象,判断是否正常,如果发现有不正常现象时,及时分析讨论原因并纠正。

五、实验数据记录采集

(1)准备好原始实验数据记录表格。

(2)凡是影响实验结果的数据,或者数据处理过程中所必需的数据都要求测量并记录。包括室温、大气压、设备相关参数、仪器参数、药品条件等。

(3)实验数据记录一定要先记录各种数据的物理量名称、表示符号和单位,特别是单位,一定要对照仪器设备记录所标注的单位。

(4)当实验现象和数据稳定后才能进行数据的记录工作,当实验条件改变后,应该等待一定时间,等实验数据再次稳定才能读取。这是因为条件的改变破坏了原来的稳定状态,重新建立需要一定的时间,有的实验甚至需要很长的时间才能再次达到稳定。另外,仪表通常都有滞后现象。

（5）注意，如果是在某一物理量连续变化范围内进行点数据记录采集，应该在整个实验量程内根据采集数据点的个数提前安排测量位置，使所得实验点在整个范围内尽量分布均匀，以减少误差。

（6）读取每组数据后，应该立即进行复核，并和前面数据进行比照，分析相互关系是否合理，数据变化趋势是否合理，如果发现有不合理的情况，应该马上讨论分析，以便及时发现问题，及时解决问题。注意相同条件下实验数据的重复性。

（7）实验数据记录应该科学真实，不可随意涂改、捏造；数据的估读到最小刻度后一位。

六、实验数据整理

（1）整理实验数据，根据理论依据或者实验中的具体情况对某些确定不合理的数据进行舍弃。

（2）如果数据处理过程复杂，且数据多，一般采用列表整理。

（3）给出数据处理详细过程，计算要列出计算公式和过程，作图要标示出所有实验点，不能直接用线代替，模拟计算结果除外。

（4）数字计算过程中也要根据有效数字的运算规则，舍弃一些没有意义的数字。数字的精确度是由测量仪表本身的精度决定的，绝不会因为计算时位数的增多而提高。

七、实验报告

（1）实验完成后，最后的结果应该由一份完整的实验报告来体现。实验报告是对实验工作的归纳总结，一份优秀的实验报告必须目的明确、理论清楚、数据完整、结论正确、有分析、有讨论、得出的公式或者曲线有明确的使用条件。通过实验报告，实验者可以在数据处理、作图分析、结论总结等方面得到训练，逐渐提高处理问题的能力。

（2）实验报告的内容一般包括：实验题目、实验日期、实验者姓名、实验目的、实验内容、实验原理、实验装置流程、实验操作步骤、实验数据记录及处理、实验结果及分析、问题讨论。

（3）不建议按实验教材照抄实验报告，实验目的、原理、流程描述清楚即可，实验过程必须详细记录，期间发生的各种现象和情况必须详细记录描述，数据处理过程要详细完整，实验结果要分析讨论。

（4）认真回答实验教材提出的各个问题；分析实验误差大小及原因；对实验中

发生的现象要进行分析讨论;对实验方法、实验设备有何建议也一并在此提出。

1.2　化工实验数据的测量

化工实验及研究中,测量最多的物理量主要有压力(压强)、流量(流速)和温度等。为了获得一定精度的实验数据,需要选择合适的测量仪表。

一、压力(压强)的测量

垂直作用于流体单位面积上的压力称为流体的压强,以 p 表示,单位为 Pa,俗称压力,表示静压力强度:

$$p = \frac{\mathrm{d}F}{\mathrm{d}A}$$

当流体作用面上的压强各处相等时,则有

$$p = \frac{F}{A}$$

式中,p 为流体的静压强,Pa;F 为垂直作用于流体表面上的压力,N;A 为作用面的面积,m^2。

在连续静止的流体内部,压强为位置的连续函数,任一点的压强与作用面垂直,且在各个方向都有相同的数值。

工程上常间接的用液柱高度 h 表示压强,其关系式为

$$p = h\rho g$$

式中,h 为液柱的高度,m;g 为重力加速度,$\mathrm{m/s}^2$。

不同单位之间的换算关系为

　　1 atm=10.33 $\mathrm{mH_2O}$=760 mmHg=1.0133 bar=1.0133×10^5 Pa

压强以绝对真空为基准——绝对压强,是流体的真实压强。

以大气压强为基准 ⎨ 表压强=绝对压强-大气压强(压力表度量)
真空度=大气压强-绝对压强(真空表度量)

绝对压强、表压强、真空度之间的关系可用图 1-2-1 表示。

大气压强随温度、湿度和当地海拔高度而变。为了防止混淆,对表压强、真空度应加以标注。压强可以测量,化工实验中常用的压强测量仪表有以下几种。

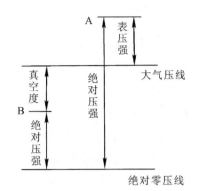

图 1-2-1 压强的基准和量度

1.U 管压差计

U 管压差计是一根 U 形玻璃管,内装有液体作为指示液,如图 1-2-2 所示。

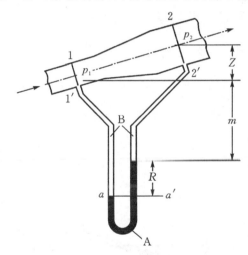

图 1-2-2 U 管压差计

(1)指示液的选择依据。

指示液要与被测流体不互溶,不起化学反应,且其密度应大于被测流体的密度。

(2)压强差(p_1-p_2)与压差计读数 R 的关系。

图 1-2-2 所示的 U 管底部装有指示液 A,其密度为 ρ_A,U 管两侧臂上部及连接管内均充满待测流体 B,其密度为 ρ_B。(p_1-p_2)与 R 的关系式,可根据流体静力学基本方程式进行推导。推导的第一步是确定等压面。图中 a,a' 两点都是在连通着的同一种静止流体内,并且在同一水平面上,所以这两点的静压强相等,

即 $p_a = p_{a'}$。

根据流体静力学基本方程式可得

$$p_a = p_1 + \rho_B g(m+R) \qquad (1-2-1)$$

$$p_{a'} = p_2 + \rho_B g(Z+m) + \rho_A gR \qquad (1-2-2)$$

整理上式,得压强差($p_1 - p_2$)的计算式为

$$p_1 - p_2 = (\rho_A - \rho_B)gR + \rho_B gZ \qquad (1-2-3)$$

当被测管段水平放置时,$Z=0$,则上式可简化为

$$p_1 - p_2 = (\rho_A - \rho_B)gR \qquad (1-2-4)$$

(3)绝对压强的测量。

若 U 管一端与设备或管道某一截面连接,另一端与大气相通,这时读数 R 所反映的是管道中某截面处的绝对压强与大气压强之差,即表压强或真空度,从而可求得该截面的绝对压强。

2.微压差计

常用的微压差计如图 1-2-3 所示。

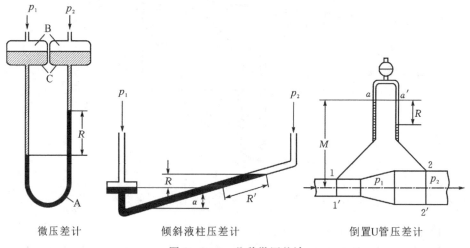

微压差计　　　　倾斜液柱压差计　　　　倒置U管压差计

图 1-2-3　几种微压差计

(1)当被测压强差很小时,为把读数 R 放大,除了在选用指示液时,尽可能地使其密度 ρ_A 与被测流体的密度 ρ_B 相接近外,还可采用如图 1-2-3 左边的微差压差计。其特点是:①压差计内装有两种密度相近且不互溶、不起化学作用的指示液 A 和 C,而指示液 C 与被测流体 B 亦不互溶。②为了读数方便,在 U 管的两侧臂顶端各装有扩大室,俗称为"水库"。扩大室的截面积要比 U 管的截面积大得多。

当 $p_1 \neq p_2$ 时,A 指示液的两液面出现高度差 R,扩大室中指示液 C 也出现高度差 R',由于 R' 较小,图中未标出。此时压差和读数的关系为

$$p_1 - p_2 = (\rho_A - \rho_C)Rg + (\rho_C - \rho_B)R'g \qquad (1-2-5)$$

若工作介质为气体,且 R' 甚小时,式$(1-2-5)$可简化为

$$p_1 - p_2 = (\rho_A - \rho_C)Rg \qquad (1-2-6)$$

(2)图 $1-2-3$ 中间所示的倾斜液柱压差计也可使 U 管压差计的读数 R 放大一定程度,即 $R' = \dfrac{R}{\sin\alpha}$,式中 α 为倾斜角,其值越小,R' 值越大。

(3)采用如图 $1-2-3$ 右边所示的倒置 U 管压差计(指示液为工作流体)也可测量较小的压强差。

3.压力传感器

(1)传感器(sensor)。

国家标准 GB/T 7665—2005 对传感器下的定义是:"能感受被测量并按照一定的规律转换成可用输出信号的器件或装置,通常由敏感元件和转换元件组成。"传感器是一种检测装置,能感受到被测量的信息,并能将检测感受到的信息,按一定规律变换成为电信号或其他所需形式的输出,满足信息的传输、存储、显示、记录和控制要求。它是实现自动检测和自动控制的首要环节。

(2)变送器(transmitter)。

传感器是能够感受被测量并按照一定的规律转换成可用输出信号的器件或装置的总称,通常由敏感元件和转换元件组成。当信号变换器与传感器做成一体,传感器的输出为规定的标准信号时,就称为变送器。根据《中国大百科全书》的定义:变送器,输出为标准信号的传感器。国家标准的定义:输出为规定标准信号的装置称为变送器。

变送器的概念是将非标准电信号转换为标准电信号的仪器,传感器则是将物理信号转换为电信号的器件,过去常讲物理信号,现在其他信号也有了。一次仪表指现场测量仪表或基地控制表,二次仪表指利用一次仪表信号完成其他功能,诸如控制、显示等功能的仪表。

传感器和变送器本是热工仪表的概念。传感器是把非电物理量如温度、压力、液位、物料、气体特性等转换成电信号或把物理量如压力、液位等直接送到变送器。变送器则是把传感器采集到的微弱的电信号放大以便传送或启动控制元件,或将传感器输入的非电量转换成电信号的同时放大以便供远方测量和控制的信号源。根据需要还可将模拟量变换为数字量。

(3)差压变送器。

基本原理是将一个空间用敏感元件(多用膜盒)分割成两个腔室,分别向两个

腔室引入压力时,传感器在两方压力共同作用下产生位移(或位移的趋势),这个位移量和两个腔室压力差(差压)成正比,将这种位移转换成可以反映差压大小的标准信号输出。实际构造中,敏感元件的结构、腔室的形式、位移转换的方式、标准信号的格式都有很多种。

二、流量的测量

1.流量及流速

(1)流量。

单位时间内流过管道任一截面的流体量,称为流量。流量用两种方法表示:体积流量以 V_s 表示,单位为 m^3/s;质量流量以 w_s 表示,单位为 kg/s。体积流量与质量流量的关系为 $w_s = V_s \rho$。

(2)流速。

流体质点单位时间内在流动方向上所流过的距离,称为流速,以 u 表示,其单位为 m/s。但是,由于流体具有黏性,流体流经管道任一截面上各点速度沿管径而变化,在管中心处最大,随管径加大而变小,在管壁面上流速为零。工程计算中为方便起见,将取整个管截面上的平均流速——单位流通面积上流体的体积流量,即

$$u = \frac{V_s}{A}$$

式中,A 为与流动方向相垂直的管道截面积,m^2。

于是有

$$w_s = uA\rho$$

(3)质量流速(质量通量)。

单位时间内流体流过管道单位截面积的质量,称为质量流速或质量通量,以 G 表示,其单位为 $kg/(m^2 \cdot s)$,其表达式为 $G = \frac{w_s}{A} = u\rho$。由于气体的体积随温度和压强而变化,在管截面积不变的情况下,气体的流速也要发生变化,采用质量流速为计算带来方便。

(4)管径、体积流量和流速之间的关系。

对于圆形管道,以 d 表示其内径,则有 $d = \sqrt{\dfrac{4V_s}{\pi u}}$,式中 V_s 一般由生产任务规定,而适宜流速则需通过操作费和基建费之间的经济权衡来确定。

2.流量的测量

流体的流量是化工生产和科学实验过程中的重要参数之一。要学会根据工艺

要求和流体性质选用适宜的流量计并进行流量测量。

根据流体流动时各种机械能互相转换关系而设计的流速计与流量计分为两大类：①差压（定截面）流量计，包括测速管（皮托（Pitot）管）、孔板流量计、文丘里流量计等，除测速管测定管截面上的点速度外，其余均测得平均速度；②截面（定压差）流量计（即转子流量计），直接测得流体的体积流量。

差压流量计又称定截面流量计，其特点是节流元件提供流体流动的截面积是恒定的，而其上下游的压强差随着流量（流速）而变化。利用测量压强差的方法来测定流体的流量（流速）。

（1）测速管（皮托管）。

测速管是一种测量点速度的装置，如图1-2-4所示。它由两根弯成直角的同心套管所组成，外管的管口是封闭的，在外管前端壁面四周开有若干测压小孔，为了减小误差，测速管的前端经常做成半球形以减少涡流。测量时，测速管可以放在管截面的任一位置上，并使其管口正对着管道中流体的流动方向，外管与内管的末端分别与液柱压差计的两臂相连接。

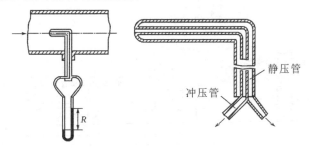

静压管

冲压管

图 1-2-4 测速管（皮托管）

当流体流经测速管前端时，流体的动能全部转化为驻点静压能，故测速管内管测得的为管口位置的冲压能（动能与静压能之和），即 $h_A = \dfrac{u_r^2}{2} + \dfrac{p}{\rho}$，测速管外管前端壁面四周的测压孔口测得的是该位置上的静压能，即 $h_B = \dfrac{p}{\rho}$，如果 U 管压差计的读数为 R，指示液与工作流体的密度分别为 ρ_A 与 ρ。则 R 与测量点处的冲压能之差 Δh（一般为 $\dfrac{u_r^2}{2}$）相对应，于是可推得

$$u_r = c\sqrt{2\Delta h} = c\sqrt{\frac{2gR(\rho_A - \rho)}{\rho}} \qquad (1-2-7)$$

式中，c 为流量系数，其值为 0.98～1.00，常可取"1"。

测速管的优点是流动阻力小，可测速度分布，适宜大管道中气速测量。其缺点是不能测平均速度,需配微压差计,工作流体应不含固粒。

应用注意事项:测量时管口正对流向;测速管外径不大于管道内径的1/50;测量点应在进口段以后的平稳段。

(2)孔板流量计。

孔板流量计是一种应用很广泛的节流式流量计。在管道里插入一片与管轴垂直并带有通常为圆孔的金属板,孔的中心位于管道中心线上,如图1-2-5所示。这样构成的装置,称为孔板流量计,孔板称为节流元件。

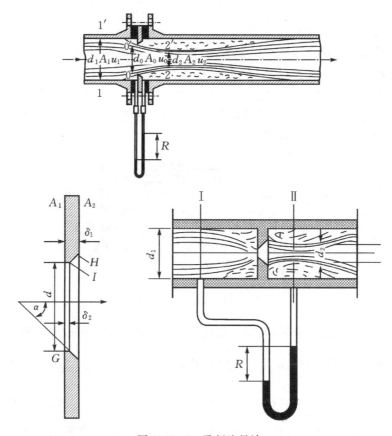

图1-2-5　孔板流量计

当流体流过小孔后,由于惯性作用,流动截面并不立即扩大到与管截面相等,而是继续收缩一定距离后才逐渐扩大到整个管截面。流动截面最小处(如图中截面2—2′)称为缩脉。流体在缩脉处的流速最高,即动能最大,而相应的静压强就最低。因此,当流体以一定的流量流经小孔时,就会产生一定的压强差,流量越大,所产生的压强差也就越大。所以可以根据测量压强差的大小来度量流体流量。

假设管内流动的为不可压缩流体。由于缩脉位置及截面积难以确定（随流量而变），故在上游未收缩处的 1—1′ 截面与孔板处截面 0—0′ 间列伯努利方程式（暂略去能量损失），得

$$gZ_1 + \frac{u_1^2}{2} + \frac{p_1}{\rho} = gZ_0 + \frac{u_0^2}{2} + \frac{p_0}{\rho} \qquad (1-2-8)$$

对于水平管，$Z_1 = Z_0$，简化上式并整理后得

$$\sqrt{u_0^2 - u_1^2} = \sqrt{\frac{2(p_1 - p_0)}{\rho}} \qquad (1-2-9)$$

流体流经孔板的能量损失不能忽略，故式（1-2-9）应引进一校正系数 C_1，用来校正因忽略能量损失所引起的误差，即

$$\sqrt{u_0^2 - u_1^2} = C_1 \sqrt{\frac{2(p_1 - p_0)}{\rho}}$$

工程上采用角接取压法测取孔板前后的压强差 $(p_a - p_b)$ 以代替 $(p_1 - p_0)$，再引进一校正系数 C_2，用来校正测压孔的位置，则

$$\sqrt{u_0^2 - u_1^2} = C_1 C_2 \sqrt{\frac{2(p_a - p_b)}{\rho}}$$

由连续方程式 $u_1^2 = u_0^2 \left(\dfrac{A_0}{A_1}\right)^2$ 和静力学方程式 $p_a - p_b = R(\rho_A - \rho)g$，则得

$$u_0 = C_0 \sqrt{\frac{2gR(\rho_A - \rho)g}{\rho}} \qquad (1-2-10)$$

式（1-2-10）就是用孔板前后压强的变化来计算孔板小孔流速 u_0 的公式。若以体积或质量流量表达，则为

$$V_s = A_0 u_0 = C_0 A_0 \sqrt{\frac{2(p_a - p_b)}{\rho}} = C_0 A_0 \sqrt{\frac{2gR(\rho_A - \rho)}{\rho}} \qquad (1-2-11)$$

$$w_s = A_0 u_0 \rho = C_0 A_0 \sqrt{2\rho(p_a - p_b)} = C_0 A_0 \sqrt{2gR\rho(\rho_A - \rho)} \qquad (1-2-12)$$

各式中的 C_0 为流量系数或孔流系数，无因次。由以上各式的推导过程中可以看出：

①C_0 与 C_1 有关，故 C_0 与流体流经孔板的能量损失有关，即与 Re 准数有关；

②不同的取压法得出不同的 C_0，所以 C_0 与取压法有关；

③C_0 与面积比 A_0/A_1 有关。

C_0 与这些变量间的关系由实验测定。用角接取压法安装的孔板流量计，其 C_0 与 Re、A_0/A_1 的关系如图 1-2-6 所示。图中的 Re 准数为 $\dfrac{d_1 u_1 \rho}{\mu}$，其中 d_1 与 u_1 是管道内径和流体在管道内的平均流速。流量计所测的流量范围，最好是落在 C_0 为

定值的区域里。设计合适的孔板流量计,使其 C_0 值为 0.6~0.7。

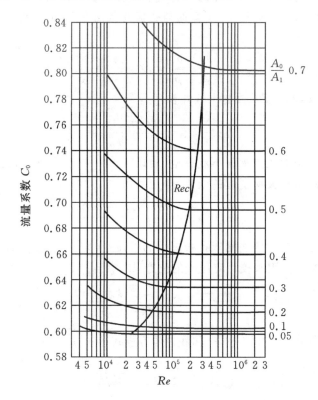

图 1-2-6　孔板流量计的 C_0 与 Re 和 A_0/A_1 的关系

　　用式(1-2-11)与式(1-2-12)计算流体的流量时,必须先确定流量系数 C_0 的数值,但是 C_0 与 Re 有关,而管道中的流体流速 u_1 又为未知,故无法计算 Re 值。在这种情况,可采用试差法。

　　对于操作型计算,试差过程是:先假设 Re 大于 Rec(Rec 为极限允许值或限度值),由 A_0/A_1 从图 1-2-6 中查得 C_0(常数区),用式(1-2-10)计算 u_0,最终求出 u_1,并核算 Re 是否大于 Rec,若 $Re \geqslant Rec$,计算结果可接受。

　　对于设计型计算,先在 $C_0 = 0.6 \sim 0.7$ 的范围内取值,并且根据 $Re \geqslant Rec$ 及 C_0 直接读出 A_0/A_1,求得 d_0。再进行校核。

　　安装孔板流量计时,通常要求上游直管长度为 $50d$,下游直管长度为 $10d$。孔板流量计是一种容易制造的简单装置,当流量有较大变化时,为了调整测量条件,调换孔板亦很方便。它的主要缺点是流体经过孔板后能量损失较大,并随 A_0/A_1 的减小而加大。而且孔口边缘容易腐蚀和磨损,所以流量计应定期进行校正。孔

板流量计的能量损失(或称永久损失)可按下式估算:

$$h_{f'} = \frac{\Delta p_{f'}}{\rho} = \frac{p_a - p_b}{\rho}\left(1 - 1.1\frac{A_0}{A_1}\right) \qquad (1-2-13)$$

(3)文丘里(Venturi)流量计。

为了减少流体流经节流元件时的能量损失,可以用一段渐缩、渐扩管代替孔板,这样构成的流量计称为文丘里流量计或文氏流量计,如图1-2-7所示。文丘里流量计上游的测压口(截面a处)距离管径开始收缩处的距离不小于二分之一管径,下游测压口设在最小流通截面o处(称为文氏喉)。由于有渐缩段和渐扩段,流体在其内的流速改变平缓,涡流较少,所以能量损失就比孔板大大减少。

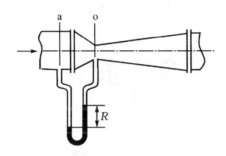

图1-2-7 文丘里流量计

文丘里流量计的流量计算式与孔板流量计相类似,即

$$V_s = C_v A_0 \sqrt{\frac{2(p_a - p_0)}{\rho}} = C_v A_0 \sqrt{\frac{2gR(\rho_A - \rho)}{\rho}} \qquad (1-2-14)$$

式中,C_v 为流量系数,无因次,其值可由实验测定或从仪表手册中查得,一般取 0.98~1.00;$p_a - p_0$ 为截面a与截面o间的压强差,Pa,其值大小由压差计读数 R 来确定;A_0 为喉管的截面积,m^2;ρ 为被测流体的密度,kg/m^3;ρ_A 为指示液的密度,kg/m^3。文丘里流量计能量损失小,为其优点,但各部分尺寸要求严格,需要精密加工,所以造价也就比较高。

(4)转子流量计。

转子流量计的构造如图1-2-8所示,是在一根截面积自下而上逐渐扩大的垂直锥形玻璃管内,装有一个能够旋转自如的由金属或其他材质制成的转子(或称浮子)。被测流体从玻璃管底部进入,从顶部流出。

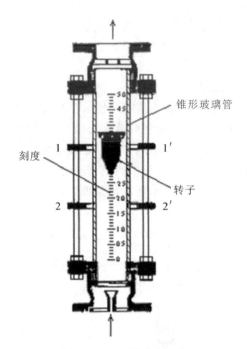

图 1-2-8 转子流量计

当流体自下而上流过垂直的锥形管时,转子受到两个力的作用:一是垂直向上的推动力,它等于流体流经转子与锥管间的环形截面所产生的压力差;另一是垂直向下的净重力,它等于转子所受的重力减去流体对转子的浮力。当流量加大使压力差大于转子的净重力时,转子就上升。当压力差与转子的净重力相等时,转子处于平衡状态,即停留在一定位置上。在玻璃管外表面上刻有读数,根据转子的停留位置,即可读出被测流体的流量。

转子流量计是变截面定压差流量计。作用在转子上下游的压力差为定值,而转子与锥管间环形截面积随流量而变。转子在锥形管中的位置高低即反映流量的大小。

设 V_f 为转子的体积,A_f 为转子最大部分的截面积,ρ_f 为转子材质的密度,ρ 为被测流体的密度。若上游环形截面为 1—1′,下游环形截面为 2—2′,则流体流经环形截面所产生的压强差为 (p_1-p_2)。当转子在流体中处于平衡状态时,即

转子承受的压力=转子所受的重力-流体对转子的浮力

于是

$$(p_1-p_2)A_f=V_f\rho_f g-V_f\rho g$$

即

$$p_1 - p_2 = \frac{V_f g (\rho_f - \rho)}{A_f} \qquad (1-2-15)$$

从式(1-2-15)可以看出,当用固定的转子流量计测量某流体的流量时,式中的 V_f、A_f、ρ_f、ρ 均为定值,所以 $(p_1 - p_2)$ 亦为恒定,与流量无关。

仿照孔板流量计的流量公式可写出转子流量计的流量公式,即

$$V_s = C_R A_R \sqrt{\frac{2(p_1 - p_2)}{\rho}} = C_R A_R \sqrt{\frac{2g V_f (\rho_f - \rho)}{A_f \rho}} \qquad (1-2-16)$$

式中,A_R 为转子与玻璃管的环形截面积,m^2;C_R 为转子流量计的流量系数、无因次,与 Re 值及转子形状有关,由实验测定或从有关仪表手册中查得。当环隙间的 $Re > 10^4$ 时,C_R 可取 0.98。

由式(1-2-16)可知,对某一转子流量计,如果在所测量的流量范围内,流量系数 C_R 为常数时,则流量只随环形截面积 A_R 而变。由于玻璃管是上大下小的锥体,所以环形截面积的大小随转子所处的位置而变,因而可用转子所处位置的高低来反映流量的大小。

转子流量计刻度的校正:

转子流量计的刻度与被测流体的密度有关。通常流量计在出厂之前,会先用水和空气分别作为标定流量计刻度的介质。当应用于测量其他流体时,需要对原有的刻度加以校正。

假定出厂标定时所用液体与实际工作时的液体的流量系数 C_R 相等,并忽略黏度变化的影响,根据式(1-2-16),在同一刻度下,两种液体的流量关系为

$$\frac{V_{s,2}}{V_{s,1}} = \sqrt{\frac{\rho_1 (\rho_f - \rho_2)}{\rho_2 (\rho_f - \rho_1)}} \qquad (1-2-17)$$

式中,下标 1 表示出厂标定时所用的液体;下标 2 表示实际工作时的液体。

同理对用于气体的流量计,在同一刻度下,两种气体的流量关系为

$$\frac{V_{s,g2}}{V_{s,g1}} = \sqrt{\frac{\rho_{g1} (\rho_f - \rho_{g2})}{\rho_{g2} (\rho_f - \rho_{g1})}} \qquad (1-2-18)$$

因转子材质的密度比任何气体的密度 ρ_g 要大得多,故上式可简化为

$$\frac{V_{s,g2}}{V_{s,g1}} = \sqrt{\frac{\rho_{g1}}{\rho_{g2}}} \qquad (1-2-19)$$

式中,下标 g1 表示出厂标定时所用的气体;下标 g2 表示实际工作时的气体。

转子流量计读取流量方便,能量损失很小,测量范围也宽,能用于腐蚀性流体的测量。但因流量计管壁大多为玻璃制品,故不能承受高温和高压,在安装使用过程中也容易破碎,且要求安装时必须保持垂直。

(5)涡轮流量计。

涡轮流量计,是速度式流量计中的主要种类,它采用多叶片的转子(涡轮)感受流体平均流速,从而推导出流量或总量。一般它由传感器和显示仪两部分组成,也可做成整体式,传感器具有精度高、重复性好、寿命长、操作简单等特点。可广泛应用于石油、化工、冶金、造纸等行业测量液体的体积瞬时流量和累计量。

流体流经传感器壳体,由于叶轮的叶片与流向有一定的角度,流体的冲力使叶片具有转动力矩,克服摩擦力矩和流体阻力之后叶片旋转,在力矩平衡后转速稳定,在一定的条件下,转速与流速成正比,由于叶片有导磁性,它处于信号检测器(由永久磁铁和线圈组成)的磁场中,旋转的叶片切割磁力线,周期性地改变线圈的磁通量,从而使线圈两端产生电脉冲信号,此信号经过放大器的放大整形,形成有一定幅度的连续的矩形脉冲波,可远传至显示仪表,显示出流体的瞬时流量和累计量。在一定的流量范围内,脉冲频率 f 与流经传感器的流体的瞬时流量 Q 成正比,流量方程为

$$Q = 3600 \times f/k \tag{1-2-20}$$

式中,f 为脉冲频率,Hz;k 为传感器的仪表系数,1/m,由校验单给出,若以 1/L 为单位则 $Q = 3.6 \times f/k$;Q 为流体的瞬时流量(工作状态下),m^3/h。

(6)质量流量计。

流体在旋转的管内流动时会对管壁产生一个力,它是科里奥利在 1832 年研究轮机时发现的,简称科氏力。质量流量计以科氏力为基础,在传感器内部有两根平行的流量管,中部装有驱动线圈,两端装有检测线圈,变送器提供的激励电压加到驱动线圈上时,振动管作往复周期振动,工业过程的流体介质流经传感器的振动管,就会在振动管上产生科氏力效应,使两根振动管扭转振动,安装在振动管两端的检测线圈将产生相位不同的两组信号,这两个信号的相位差与流经传感器的流体质量流量成比例关系,由计算机算出流经振动管的质量流量。不同的介质流经传感器时,振动管的主振频率不同,据此可算出介质密度。安装在传感器振动管上的铂电阻可间接测量介质的温度。

质量流量计采用感热式测量,通过分体分子带走的分子质量多少从而测量流量,因为是用感热式测量,所以不会因为气体温度、压力的变化而影响到测量的结果。质量流量计是一个较为准确、快速、可靠、高效、稳定、灵活的流量测量仪表,在石油加工、化工等领域将得到更加广泛的应用,相信将在推动流量测量上显示出巨大的潜力。质量流量计是不能控制流量的,它只能检测液体或者气体的质量流量,通过模拟电压、电流或者串行通信输出流量值。但是,质量流量控制器,是可以在检测的同时进行控制的仪表。质量流量控制器本身除了测量部分,还带有一个电磁调节阀或者压电阀,这样质量流量控制本身构成一个闭环系统,用于控制流体的

质量流量。质量流量控制器的设定值可以通过模拟电压、模拟电流,或者由计算机、PLC 提供。

质量流量计直接测量通过流量计的介质的质量流量,还可测量介质的密度及间接测量介质的温度。由于变送器是以单片机为核心的智能仪表,因此可根据上述三个基本量而导出十几种参数供用户使用。质量流量计组态灵活,功能强大,性能价格比高,是新一代流量仪表。

(7)皂膜流量计。

皂膜流量计由一根具有上下 2 条体积刻度线的标准体积的玻璃刻度管和含有皂液的橡皮滴管头组成,如图 1-2-9 所示,皂液是示踪剂。当被测量气体通过皂膜流量计的玻璃管时,皂液膜在气体的推动下沿管壁缓缓向上移动。在一定时间内,皂液膜通过上下标准体积刻度线,用秒表记录皂液膜通过一段玻璃管的时间,经过计算即可测出该气体的流量。

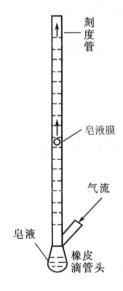

图 1-2-9　皂膜流量计

(8)流量计的校正。

常用的流量计大都按照标准规范制造,出厂前一般都在标准状态下(1 标压,20 ℃)以空气或者水为工作介质进行了流量标定,建立流量刻度标尺,或给出流量系数、校正曲线。但是,在实际使用中,由于工作介质、压强、温度等操作条件的不同,或者长期使用造成磨损,以及自制流量计,都需要对流量计进行校正。

流量计的校正一般采用体积法、称重法和基准流量计法。

体积法或称重法是通过测量一定时间排出的流体体积或者重量来实现的。基准流量计法是用一个已校正过的精度高的流量计作为比较基准。对于实验室而言,上述三种方法均可使用。对于小流量的液体流量计的校正,可采用量筒作为标准体积容器,以天平称重;对于小流量的气体流量计,可以用标准容量瓶或者皂膜流量计等。

三、温度的测量

温度是表征物体冷热程度的物理量,温度不能直接测量,只能借助于测量物质和被测物质之间的热交换而导致测量物质某些物理特性(热膨胀、电阻、热电效应、热辐射)随冷热程度变化而呈单值变化的性质进行间接测量。测量温度的仪器就是温度计。常见的温度计主要有热膨胀式、热电阻式、热电效应式和热辐射式等。

温度的高低需要以一定的数值来表示,这就需要一定数值定义规则和单位,温度标尺(温标)就相应出现。目前常用的温标有三种:摄氏温标、华氏温标和热力学温标。

摄氏温标(单位符号为℃),它规定冰融点为 0 ℃,1 个标准大气压下纯水的沸点为 100 ℃。

华氏温标(单位符号为°F),它规定冰融点为 32 °F,1 个标准大气压下纯水的沸点为 212 °F。

热力学温标是以热力学第二定律为基础的,即气体的零压强相对应的温度必然是最低的温度,单位为 K。以水的冰点为 0 ℃,以 1 标准大气压下纯水的沸点为 100 ℃作为标度方法称为热力学百度温标。以绝对零度(氦气的熔点)为温度起点的温标称为热力学绝对温标(单位 K)。

这三种温标之间的换算关系为:

$$t(℃) = T(K) - 273.15 \qquad (1-2-21)$$

$$t(°F) = t(℃) \times 9/5 + 32 \qquad (1-2-22)$$

以下介绍几种常见的温度计。

1.液体温度计

玻璃液体温度计是最常用的测温仪器,它是借助于液体的膨胀性质制成的温度计。制备液体温度计的液体可以是水银、酒精、煤油、甲苯、石油醚、戊烷等。用液体温度计通常可以测量 -200~500 ℃的温度范围,但选用的液体不同,测量的温度范围也不同,如水银温度计测温范围一般为 -35~500 ℃,若玻璃采用石英材料,并在温度计内充 80 个大气压的氮气,水银温度计的测温上限可以达到 800 ℃;酒精温度计的测温范围为 -80~80 ℃。液体温度计的一般测量范围如表 1-2-1所示。

表 1－2－1　各种液体温度计的使用范围

液体	使用范围/℃	
	下限	上限
水银	－35	800
酒精	－80	80
煤油	0	300
甲苯	－80	100
石油醚	－120	20
戊烷	－200	20

液体温度计按用途可以分为工业用、实验室用、标准水银温度计和指示小温差的贝克曼温度计等。

液体温度计的测量范围不是很宽,一般精度也不是很高,而且测温响应速度较慢,温度计也必须插到标定的深度,但由于其具有直观、结构简单、稳定性好、价格低廉等优点,液体温度计在生产和实验室测定温度波动范围不大的场合得到广泛应用。

2.双金属温度计

双金属温度计的传感元件是由两块具有不同膨胀系数的金属片牢固焊接而成的。两种金属片一种为低膨胀系数的因瓦钢(铁－镍合金),另一种是高膨胀系数的黄铜或镍合金。这两种金属片并排地焊在一起,受热时就会朝一个方向弯曲,受冷就会向另一个方向弯曲,通过一定的连接装置,带动指针在标尺上移动,从而指示温度。低温型双金属温度计测温范围为－80～80 ℃,高温型的测温范围为0～500 ℃。双金属温度计的特点是:测温较准确、精度较高、机械结构简便、价廉、牢固耐用、读数方便。测温传感器直径较小,因此双金属温度计一般用于现场温度指示。双金属温度计的不足是测温范围有限,热响应速度慢,温度计必须深入被测介质一定深度。和玻璃液体温度计一样,双金属温度计只能用于现场测量,信号不能远距离传输。

3.电阻温度计

电阻温度计是利用物质(导体和半导体)的电阻值随温度的变化而变化的特性制成的测温仪器。电阻温度计由热电阻感温元件和显示仪表组成。常见的感温元件有铂电阻、铜电阻和半导体热敏电阻。显示仪表有动圈式仪表、平衡电桥和电位差计。目前,电阻温度计均可以和数字显示仪表配合使用,直接显示出温度的数值。

铂丝电阻温度计是最佳和最常用的电阻温度计,其测量范围一般为－200～

500 ℃。其特点是精度高、稳定性好、性能可靠,但价格较高,而且不适合测定高温的还原性介质。常用的铂电阻的型号为 WZB,分度号为 Pt50 和 Pt100。分度号为 Pt50 是指在 0 ℃时铂电阻的电阻值为 50 Ω,分度号为 Pt100 是指在 0 ℃时铂电阻的电阻值为 100 Ω。

铜丝电阻温度计的测温范围较窄,一般为 −150～180 ℃。其优点是在测温范围内线性度好,电阻温度系数大,而且价格便宜,故在一般场合应用较广。其缺点是易氧化,而且由于铜的电阻率很低,制作温度传感器需要较长的芯线,因而外形较大,测温滞后现象较严重。常用的铜电阻的型号为 ZWG,分度号为 Cu50 和 Cu100。

热敏电阻温度计的传感器是半导体热敏电阻,它是在锰、镍、钴、铜、铁、锌、钛、铝、镁等金属的氧化物中加入其他化合物制成的。半导体热敏电阻温度计的测量范围一般为 150～350 ℃。当温度变化间隔相同时,热敏电阻的电阻值变化幅度约为铂电阻的 10 倍,因而热敏电阻可以做得很小(尖端可以小到 0.5 mm),从而对温度变化响应迅速,故热敏电阻温度计可以用于高精度和高灵敏度的温度测量,而且适宜在空间狭小的地方使用。热敏电阻的阻值较大,可以忽略引线、接线电阻和电源内阻,进行远距离温度测量。需要注意,在超过最大允许值的温度下使用时,热敏电阻温度计很容易老化,故一般应在规定的极限温度以内使用。

4.热电偶温度计

热电偶温度计由热电偶感温元件和显示仪表组成。

(1)热电偶的测温原理。

当两种不同成分的均质导体或半导体组成如图 1−2−10 所示的闭合回路时,若将两个接点分别置于温度为 T 和 $T_0 (T > T_0)$ 的热源中,在回路中就会产生热电势,回路中就有电流通过,这个现象就是热电效应。两种不同成分的均质导体或半导体的组合就是热电偶,每根单独的导体称为热电极。两个接点中,一端为工作端(测量端或热端),如图 1−2−10 中的 T 端,另一个为自由端(参比端或冷端),如图中的 T_0 端。

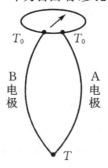

图 1−2−10　热电偶的测温原理

热电势由两部分组成,一个是温差电势,另一个是接触电势。温差电势是指在同一导体的两端由于温度不同,导致电子从温度高的一端流向温度低的一端而产生的一种电势。接触电势是指当两种导体接触时,由于两者的电子密度不同,电子在两个方向上的扩散速率不同,从而在两种导体之间形成的电位差。

热电偶两端产生的热电势与两种热电极的组成材料和热端温度 T、冷端温度 T_0 有关,而与热电偶的形状、大小、热电极的粗细长短及热电极的中间温度无关。因此,当热电极的组成和冷端温度 T_0 确定时,热电势就是热端温度 T 的单值函数。人们已经测出了不同热电偶的标准热电势 $E(0\ ℃,t)$-温度 t 关系曲线(冷端温度 $0\ ℃$),可以从系统的热电势确定热端的温度(热电势-温度关系曲线)。这就是热电偶测温的基本原理。

在热电偶的任何位置引入第三根导线,只要这根导线的两端温度相同,则热电偶的热电势不变。因此,可以在热电偶回路中引入测量显示仪表和导线,同时避免系统的热电势产生误差。这为热电势值的测量、温度值的显示和热电势信号的远距离传输提供了依据。

(2)热电偶分类。

常用热电偶可分为标准热电偶和非标准热电偶两大类。

所谓标准热电偶是指国家标准规定了其热电势与温度的关系、允许误差并有统一的标准分度表的热电偶,它有配套的显示仪表可供选用。非标准热电偶在使用范围或数量级上均不及标准化热电偶,一般也没有统一的分度表,主要用于某些特殊场合的测量。

我国从 1988 年 1 月 1 日起,热电偶和热电阻全部按 IEC 国际标准生产,并指定 S、B、E、K、R、J、T 七种标准化热电偶为我国统一设计型热电偶。热电偶的分度号主要有 S、R、B、N、K、E、J、T 等几种。其中 S、R、B 属于贵金属热电偶,N、K、E、J、T 属于廉金属热电偶。

热电偶常见形式有直接使用和铠装热电偶。

在环境条件不很苛刻的情况下,只要保证两热电极之间绝缘(可采取加上绝缘套管、涂绝缘层等方式)即可直接使用。如用漆包铜丝和康铜丝组合,用电弧焊、气焊或电熔焊等方式焊接出热端,就得到分度号为 T 的热电偶,可以在室温附近的温度范围直接使用。或者在热电极上套装耐高温的绝缘瓷管,就可在非腐蚀的环境下,0~623 K 的温度范围内使用。其他分度号的热电偶也可以直接焊接,在实验室或工业生产中直接使用。

由于热电偶在某些特殊气氛中极易老化而损坏,如 K、S 类热电偶不宜在还原性气氛中使用,K 类热电偶的负极在含硫气体中会迅速脆化和断裂,等等。如果在热电偶外加保护套管就可以使各类热电偶的使用范围拓宽。此外实验室需要灵活方便、寿命长的小型热电偶,就要求制作热电极的材料丝很细,这时需要套上保护套管加以保护,因此出现了铠装热电偶。

铠装热电偶是将热电偶装入一定壁厚的不锈钢或高温合金钢,甚至铂铑合金的套管中,在管内填有氧化镁等耐温绝缘材料而组成的坚实的组合体。其直径一般在 0.25~8 mm,也有的稍大,最大长度可达数米。

由于铠装热电偶结构紧凑、体积小,因而热容和热惯性小,故测温响应速度快,时间常数小,最快可以达到 0.05 s。而且管材具有很好的柔性和机械强度,能在一定范围内随意弯折并能在多种条件下使用,铠装热电偶测量端的形式有露头型(热端点露出保护套管)、接壳型(热端点和保护套管壁接触)和封闭型(热端点封在保护套管内,不和保护套管壁接触)等。

1.3　化工实验数据的处理

数据处理是实验报告的重要组成部分,其包含的内容十分丰富,例如数据的记录、函数图线的描绘,从实验数据中提取测量结果的不确定度信息,验证和寻找物理规律等。本节介绍化工实验中一些常用的数据处理方法。

一、列表法

将实验数据按一定规律用列表方式表达出来是记录和处理实验数据最常用的方法。表格的设计要求对应关系清楚、简单明了、有利于发现相关量之间的关系;此外还要求在标题栏中注明物理量名称、符号、数量级和单位等;根据需要还可以列出除原始数据以外的计算栏目和统计栏目等;最后还要求写明表格名称,主要测量仪器的型号、量程和准确度等级,有关环境条件的参数如温度、压力等。如表 1-3-1 所示。

表 1-3-1　列表举例

组数	压差/kPa	流量/(m³·h⁻¹)	流速/(m·s⁻¹)	雷诺数		摩擦系数	
				Re	$\lg Re$	λ	$\lg \lambda$
1							
2							
...							
n							

二、作图法

作图法可以醒目地表达物理量间的变化关系。从图线上还可以简便求出实验需要的某些结果(如直线的斜率和截距值等),读出没有进行观测的对应点(内插法),或在一定条件下从图线的延伸部分读到测量范围以外的对应点(外推法)。此外,还可以把某些复杂的函数关系,通过一定的变换用直线图表示出来。

要注意的是,实验作图不是示意图,而是用图来表达实验中得到的物理量间的关系,同时还要反映出测量的准确程度,所以必须满足一定的作图要求。

1.作图要求

(1)作图必须用坐标纸。按需要可以选用毫米方格纸、半对数坐标纸、对数坐标纸或极坐标纸等。

(2)选坐标轴。以横轴代表自变量,纵轴代表因变量,在轴的中部注明物理量的名称、符号及其单位,单位加括号。

(3)确定坐标分度。坐标分度要保证图上观测点的坐标读数的有效数字位数与实验数据的有效数字位数相同。两轴的交点不一定从零开始,一般可取比数据最小值再小一些的整数开始标值,要尽量使图线占据图纸的大部分,避免偏于一角或一边。对每个坐标轴,在相隔一定距离下用整齐的数字注明分度。

(4)描点和连曲线。如果手动绘图,可以根据实验数据坐标描点,点可用"+""×""⊙"等不同符号表示,符号在图上的大小应与该物理量的不确定度大小相当。点要清晰,不能用图线盖过点。连线时要纵观所有数据点的变化趋势,用曲线板连出光滑而细的曲线(如系直线可用直尺),连线不能通过的偏差较大的那些观测点,应均匀地分布于图线的两侧。如果采用电脑作图软件来绘制图形,切忌将实验点串连成线,应该将有效点拟合成曲线。

(5)写图名和图注。在图纸的上部空白处写出图名和实验条件等。如图1-3-1所示。

2.曲线改直

按物理量的关系作出曲线虽然直观,但是作图和从图线中获得有关参数却比较困难。许多函数形式可以经过适当变换成为线性关系,即把曲线改成直线,这样既便于作图,也便于求得有关参数。一般可以采用求对数后作图,或者直接以对数坐标作图。

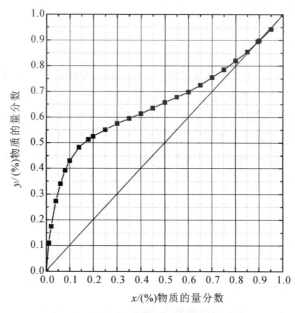

图 1-3-1 作图法例图

化工数据处理过程中,经常有 $y=ax+b$ 或者 $y=ax^b$ 这样的函数关系,在普通坐标上,以 y 对 x 作图,$y=ax+b$ 即可得到一条直线,但是 $y=ax^b$ 只能得到一条曲线。如果对 $y=ax^b$ 两边求对数,则可以得到 $\lg y=b\lg x+\lg a$,如果以 $\lg y$ 对 $\lg x$ 作图,则可以得到一条直线。

如果把每个实验数据都换算成对数,工作量太大,这时可以直接用对数坐标纸来作图。用对数坐标纸作图时,可根据数据的覆盖范围选取不同的级。全对数坐标纸两个坐标轴都以对数间距分度;半对数坐标纸仅有一个坐标轴以对数间距分度,而另一坐标轴仍以毫米均匀分度。

例如填料塔塔压降和气体流速的关系,就可以采用全对数坐标来作图,干填料时可以得到一条直线,湿填料时可以很容易获得载点和泛点,如图 1-3-2 所示。

用作图法表述物理量间的函数关系直观、简便,这是它的最大优点。但是利用图线确定函数关系中的参数(如直线的斜率和截距)仅仅是一种粗略的数据处理方法。这是由于:①作图法受图纸大小的限制,一般只能有三四位有效数字;②图纸本身的分格准确程度不高;③在图纸上连线时有相当大的主观任意性。因而用作图法求取的参数,不可避免地会在测量不确定度基础上增加数据处理过程引起的不确定度。一般情况下,用作图法求取的参数,只用有效数字粗略地表达其准确度就可以了。如果需要确定参数测量结果的不确定度,最好采用直接由数据点去计算的方法(如最小二乘法等)求得。

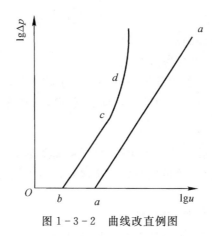

图 1-3-2　曲线改直例图

三、拟合函数曲线法

用作图法处理实验数据获得直线的斜率和截距等重要参数虽然简单明了,但是存在相当大的主观成分,结果也往往因人而异。在化工研究中,常常可以对研究体系的机理采用数学模型来描述各个物理量之间的关系。化工实验中,最常采用的就是最小二乘法。

最小二乘法是一种比较精确的直线拟合方法。它的依据是:对于等精度测量若存在一条最佳拟合直线,那么各测量值与这条直线上的对应点值之差的平方和应为极小。

1.4　实验室安全

化学工程实验由于其专业特征,实验过程不可避免地会存在高于常温、常压的条件及接触危险反应介质的可能,如果不对这些潜在的风险进行有效的管理和控制,就有可能引发安全事故。加强实验室的安全工作是保障实验室各项工作的有序开展,保护实验人员的身体健康和生命财产安全的前提。所以在进行化学工程实验之前,学生必须掌握实验室安全方面的知识。

一、个人安全防护

1.眼睛及脸部的防护

(1)安全防护眼镜。眼睛及脸部是实验室中最易因事故而受到伤害的部位,所

理
论
部
分

以对它们的保护尤为重要。实验室内,实验人员必须戴安全防护眼镜。

(2)当化学物质溅入眼睛后,应立即用水彻底冲洗。小心地用自来水冲洗数分钟,再用蒸馏水冲,然后去医务室进行治疗。

(3)面部防护用具用于保护脸部和喉部。为了防止可能的爆炸及实验产生的有害气体造成伤害,可佩戴有机玻璃防护面罩或呼吸系统防护用具。

2.手的防护

(1)在实验室中为了防止手受到伤害,可根据需要选戴各种手套。当接触腐蚀性物质,边缘尖锐的物体(如碎玻璃、木材、金属碎片),过热或过冷的物质时均须戴手套。

(2)根据所从事实验过程不同,可以分别佩戴以下手套:

(a)聚乙烯一次性手套:用于处理腐蚀性固体药品和稀酸(如稀硝酸)时佩戴。但该手套不能用于处理有机溶剂,因为许多溶剂可以渗透聚乙烯,导致在缝合处产生破洞。

(b)医用乳胶手套:该类手套用乳胶制成,经处理后可重复使用。由于这种手套较短,应注意保护佩戴者的手臂。该手套不能在处理烃类溶剂(如己烷、甲苯)及含氯溶剂(如氯仿)时佩戴,因为这些溶剂会造成手套溶胀而导致损害。

(c)橡胶手套:橡胶手套较医用乳胶手套厚。适于较长时间接触化学药品。

(d)帆布手套:一般用于处理高温物体时佩戴。

(e)棉纱手套:一般用于接触机械的操作。

3.身体的防护

(1)工作人员不得穿凉鞋、拖鞋,严禁化学工作人员穿高跟鞋进入实验室。应穿平底、防滑、合成皮或皮质的满口鞋。

(2)所有人员进入实验室都必须穿工作服,其目的是防止皮肤和衣物受到化学药品的污染。

(3)女生应把头发扎好,防止头发被设备卡住或浸入实验溶液,造成事故。

(4)为了防止工作服上附着的化学药品扩散,工作服不得穿到其他公共场所如食堂、会议室等。

二、防火防爆

(1)实验室一般使用或存放各种易燃易爆品,必须分类储存,正确管理使用。在存有易燃物、助燃物的场所严禁火源。

(2)高压设备的使用安全。很多实验都需要在高温高压等非温和条件下进行,必须严格按照规程使用操作,严禁违规操作。

(3)各种高压气瓶的使用安全(详见附录F)。

三、化学品安全

(1)实验室所用有毒有害化学品,须有专人管理,按照化学品性质不同,安全存放,使用时也必须严格按照不同特性特殊对待。

(2)在使用化学品时,应首先核对标签;使用危化品时,需正确佩戴防护用具;使用完需要放回原处。

(3)实验所产生的废液必须分类处理,短期可采用废液桶存放,定时请有关专业处理废液机构统一回收,不可随意倾倒,更不能倒进下水道。

(4)汞在化工实验中使用较多,汞极容易挥发,汞蒸气的最大安全浓度为0.01 mg/m³,所以必须避免汞直接暴露在空气中,一般可采取水封并加盖。如果有汞不小心洒落,要尽最大可能扫起收集,并在洒落区域撒上硫磺粉使其氧化减少危害。

(5)使用化学品过程中,需要对可能的伤害事件做好预案。如发生化学品着火,需要首先切断电源,将燃烧物与其他可燃及助燃物进行隔离,并正确选择适当的方式进行灭火。容器内溶剂着火或者小范围初期火灾可以用灭火毯覆盖灭火,在选用灭火器时,应主要选用CO_2灭火器、干粉灭火器进行灭火。如发生酸烧伤或者碱烧伤,应先用清水冲洗,再分别用稀碱或者稀酸进行处理,最后再次用大量清水冲洗。

四、用电安全

(1)首先熟悉实验室电路及开关设置,并能正确操作开关,操作时必须保持手部干燥。

(2)线路连接部位必须紧密接触,不能有虚接,防止通电时产生电弧。

(3)所有电加热装置严禁干烧,启动加热电源开关前,要确保加热电流或电压调节器置于零位置,在初始加热阶段,必须采取程序升温的原则。

(4)启动电机电源之前,先盘泵,检查出口阀门确定在关闭状态,防止烧坏电机。

五、管理安全

(1)化工实验室是专业人员进行实验研究的地方,禁止非专业人员随意进入。学生在进入实验室后必须了解实验室的布局,掌握逃生通道等相关设施位置。

(2)实验前要认真预习有关实验内容,理解实验目的、原理和方法,做好实验准备工作,掌握本次实验可能存在的风险源及处理预案,以确保实验顺利进行。

(3)必须提前 10 min 进入实验室,穿戴好相应的防护用品,禁止佩戴首饰等尖锐物品进行实验;服从教师分配至指定的分组进行实验。

(4)进入实验室后,不准大声喧哗、追逐嬉戏,实验过程中不能脱岗。禁止携带食物、饮料进入实验室,禁止在实验室内吸烟。

(5)对于本次实验使用的仪器设备,需在明确操作流程和使用方法后才能启用。大型及贵重实验设备须有专人操作管理,避免因误操作引起的人身伤害和经济损失。

(6)注意节约水电、药品,爱护仪器设备,如发现设备故障应立即停止使用并上报教师处理。因责任事故而损坏仪器的,应按照相关制度进行赔偿及接受处分。

(7)实验结束后,应将设备整理、复原,将场地打扫干净,经教师允许后方可离开实验室。

(8)每个实验室都应该有固定的安全员,学生应该听从安全员指挥。

实验部分

本部分共包含实验 22 个,分别涵盖了"化工原理""化工热力学""化学反应工程""化工传递过程",以及"分离工程"等五门化工专业核心课程的实验内容。其中实验 1～13 为基础实验,主要用以验证基础理论,掌握获取相关基础数据的实验设计及操作方法,培养学生实践动手能力、团队协作能力,以及利用现代工具获取相关数据的能力。实验 14～22 为拓展性实验,主要用以培养学生综合创新能力以及解决复杂工程问题的能力。可根据学生培养要求及课时安排选择性开展。

实验1　流体力学综合实验

实验要点:

(1)将各阀门全部打开,确保管路中无水情况下智能仪表清零校正,然后关闭各阀门。实验中不得随意对仪表清零!

(2)离心泵启动电机之前,必须先灌泵! 严禁泵内无水空转!!!

(3)熟练掌握排气方法和步骤,正确操作阀门变换和关闭顺序,确保顺利排净管内气泡。

(4)阀门的操作:调节阀一般建议用右手操作,顺时针旋转为关闭,逆时针旋转为打开。

(5)差压传感器为多条管路共享,测量时,除被测量管路之外,务必关闭其他管路测压点阀门。

(6)实验设备为综合设备,注意面板仪表显示数据在不同实验中的有效性和无效性。

流体力学相关内容是"化工原理"课程教学的第一部分,相应的流体力学实验一般来说也是化学工程实验的第一个专业实验。学生首次开展化工专业实验,需要从认识上对专业实验室进行了解。需要认识到化工实验多数都是一个个不同的单元操作过程,甚至是一个个实际生产过程,和以前学习的物理、化学、电子等基础实验有很大的区别。本节实验内容需要学生掌握各种阀门和离心泵的操作方法、认识各种仪表及仪器的测量方法,熟悉化工实验的流程及数据处理方法。

一、实验目的

(1)熟悉实验所用设备(流量计、离心泵)的构造、性能及使用方法,学习几种阀门的正确应用和操作方法。

(2)学习压强差的几种测量方法和技巧,学习差压传感器、涡轮流量计、智能仪表的使用方法。

(3)熟悉流体流动阻力的测定方法(直管摩擦阻力压力差、直管摩擦系数 λ 的测定方法,局部阻力的测量方法),了解流体摩擦系数 λ、局部阻力系数 ζ 与流体流态即 Re 的关系。

(4)掌握流量计的标定方法,了解节流式流量计流量系数 C 随雷诺数 Re 的变化规律,掌握流量系数 C 的确定方法。

二、实验内容

(1)测定不可压缩流体在直管内作稳定流动时的阻力(1 细管、2 粗管必做,层流选做),在双对数坐标上标绘出摩擦系数 λ 与雷诺数 Re 的关系曲线。

(2)测定在稳定流动状态下不可压缩流体通过局部障碍物的阻力及阻力系数 ζ(阀门与突扩,可选)。

(3)测定孔板流量计、文丘里流量计的孔流系数 C_0,C_v;给出 $\bar{C}_0$,$\bar{C}_v$,并进行比较;测定并比较孔板流量计和文丘里流量计的永久压力损失。

三、实验原理

流体在管路中流动时,由于黏性剪应力和涡流存在,要消耗一定机械能。管路由直管、管件(如三通、弯头等)和阀门等组成。流体在直管中流动造成的机械能损失称直管阻力;流体在通过管件、阀门等局部障碍时,因流动方向和流动截面的突然改变所造成的机械能损失称局部阻力。

1.直管阻力及摩擦系数的测定

流体流动直管阻力损失 w_f 计算公式为

$$w_f = \frac{\Delta p_f}{\rho} = \lambda \cdot \frac{l}{d} \cdot \frac{u^2}{2} \qquad (2-1-1)$$

式中,Δp_f 为直管阻力引起的压力降,Pa;ρ 为流体的密度,kg/m³;λ 为摩擦系数;l 为管道长;d 为管道内径;u 为流体平均流速,$u = 4q/(3600\pi d^2)$,q 为流量,m³/h。

对于层流,可用理论方法求得 $\lambda = \dfrac{64}{Re}$,而对于湍流,由于其流动机理复杂,而且管壁粗糙度又各不相同,理论分析很困难,主要通过实验及经验数据归纳来提出一般规律。

对一段已知长度、管径的导管,摩擦系数为

$$\lambda = \frac{2d\Delta p_f}{\rho L u^2} \tag{2-1-2}$$

流速可由流量测量得到,$Re = \dfrac{\rho d u}{\mu}$,也很容易得到。$\mu$ 为流体的黏度,Pa·s。流体在水平均匀管道中作定态流动时,由截面 A 流动到截面 B 时的阻力损失表现为压强降低,通过实验测量两截面的压力差 Δp_{AB} 即可求得阻力损失,即

$$\Delta p_f = \Delta p_{AB} = p_A - p_B \tag{2-1-3}$$

2.局部阻力及阻力系数的测定

局部阻力可通过阻力系数法测定,克服局部阻力所引起的能量损失,可表示为

$$w_f' = \frac{\Delta p_f'}{\rho} = \zeta \frac{u^2}{2} \tag{2-1-4}$$

式中,$\zeta = \dfrac{2\Delta p_f'}{\rho u^2}$,为局部阻力系数,其值根据局部区域的具体情况,由实验通过测量障碍物前后的局部阻力损失 $\Delta p_f'$ 而得到。

如图 2-1-1 所示,常用四点法测定局部阻力压力差,其方法是在管件前后的稳定段内分别设有两个测压点。按流向顺序分别为 1、2、3、4 点。则有

$$p_1 + \frac{\rho u_1^2}{2} = p_4 + \frac{\rho u_4^2}{2} + \Delta p_{f14} + \Delta p_f' \tag{2-1-5}$$

$$p_2 + \frac{\rho u_2^2}{2} = p_3 + \frac{\rho u_3^2}{2} + \Delta p_{f23} + \Delta p_f' \tag{2-1-6}$$

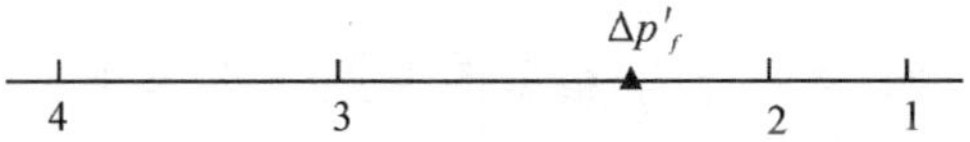

图 2-1-1 四点法局部阻力测定中测压点分布

在 1-4 点和 2-3 点分别连接两个差压传感器,分别测出近点压差 Δp_{23} 和远点压差 Δp_{14}。1-2 点距离和 2 点至管件距离相等,3-4 点距离和 3 点至管件距离相等,有 $\Delta p_{f14} = 2\Delta p_{f23}$。另有 $u_2 = u_1, u_4 = u_3$,则

$$\Delta p_{14} = p_1 - p_4 = \frac{\rho}{2}(u_4^2 - u_1^2) + \Delta p_{f14} + \Delta p_f' \tag{2-1-7}$$

$$\Delta p_{23} = p_2 - p_3 = \frac{\rho}{2}(u_4^2 - u_1^2) + \Delta p_{f23} + \Delta p_f' \tag{2-1-8}$$

整理可得到局部阻力损失为

$$\Delta p'_f = 2\Delta p_{23} - \Delta p_{14} - \frac{\rho}{2}(u_4^2 - u_1^2) \qquad (2-1-9)$$

对于管路直径不变的情况,例如阀门,有 $u_4 = u_3 = u_2 = u_1$,则局部阻力损失为

$$\Delta p'_f = 2\Delta p_{23} - \Delta p_{14} \qquad (2-1-10)$$

3.流量计标定

流体流经孔板的孔口或文丘里管的喉颈时,流速变大,相应的静压下降。利用压力降的变化,可以测量流体的流速。根据伯努利原理,压降和流量的关系为

$$V = S_0 C_0 \sqrt{2\frac{\Delta p}{\rho}} \qquad (2-1-11)$$

$$V = S_V C_V \sqrt{2\frac{\Delta p}{\rho}} \qquad (2-1-12)$$

式中,Δp 为孔板流量计和文丘里流量计前后流体的测量压力差;S_0、S_V 为孔板孔口截面积和文丘里管喉颈截面积;C_0、C_V 为孔板和文丘里管流量系数;V 为体积流量;ρ 为流体密度。

流体流过节流装置时,由于突然收缩和扩散,形成涡流,使部分压力损失,因此流体流过流量计后的压力不能完全恢复,这种损失称为永久压力损失。流量计的永久压力损失,可由实验测定,方法是测以下两个截面的压差:对孔板流量计,测定距离孔板前为 d(d 为管道内径)的位置和板后 $6d$ 的位置两个截面。对文丘里流量计,测定距离入口和扩散管出口各为 d 的位置两个截面。永久压力损失的大小与喉径 d_0 和管内径 d 之比有关,比值越小,永久损失越大。文丘里流量计的永久压力损失较小,孔板流量计的永久压力损失较大。

四、实验设计

首先要清楚实验的目的是什么,根据理论公式,要得到目标函数需要测量哪些物理量,这些物理量可以采用哪些方法和工具测得,需要什么样的装置和流程;要得到合理有效的实验数据,物理量测量点如何布置,实验操作中,通过哪些控制点及控制方法来进行;实验中存在哪些风险且如何控制。

有了清楚的设计思路,确定了要测量的物理量,选取适合的测量方法和测量工具,确定实验操作中控制参数和控制方法,然后把实验对象和测量工具通过管件组建成特殊的实验流程,就可以进行实验测定了。

1.实验方案

根据实验原理,要测定直管摩擦阻力系数和局部阻力系数,只需在固定的设备

中,以泵输送水作为流动介质,通过阀门调节改变水流量,测量相应管路引起的压差 Δp 随水流量 q 的变化,即可得到一组 λ 和 ζ,以及 Re。直管阻力系数测定在水平放置的圆管中进行,不同的管内径和光滑度可进行不同 Re 范围的测定。局部阻力系数可以阀门、突扩或者突缩作为对象进行测定。

2. 物理量测量及方法

本实验主要测量物理量为流量和压差。为方便数据采集,流量采用涡轮流量计测量,压差采用差压传感器测量。因为需测量多管路压差,差压传感器为多管路公用。温度在水箱位置采用电阻温度计测量。

3. 实验控制点控制方法及分布

实验操作中,通过调节阀门控制压差来进行,根据 λ 和 Re 的双对数曲线关系,采用压差以倍数递增来布点,也就是小流量范围多分布实验点,每组实验至少测得 6 个实验点。

五、实验装置

图 2 - 1 - 2 所示实验装置为多功能流体力学实验台,在该实验台上可完成流体阻力实验、流量计和离心泵实验。涡轮流量计安装在总管路 5 上,管路 4、7、8 分别可测量直管(层流、粗、细)阻力,管路 11~12 可测量局部阻力,管路 9~10 可进行流量计标定。调节阀 F13~14 用来调节流量。

压差由差压变送器测得,测量信号输送到智能仪表,可直接读数,并且可以用计算机采集。在进行流体阻力实验时,计算机管理系统采集到沿程阻力和局部阻力压差,通过内置软件计算摩擦系数 λ、雷诺数 Re 和流体通过阀门的局部阻力和阻力系数,生成 λ - Re 关系曲线。进行流量计对比实验时,计算机管理系统采集到文丘里压差和孔板压差,计算出流量,并和涡轮流量计测量值进行比较。测试系统主要由差压变送器、流量传感器和智能型数字显示控制仪组成。智能仪表由数据采集模块、A/D 转换模块、数据处理模块、通信模块组成,可以完成物理信号的输入、输出、信号的转换,按预定规律控制、计算、处理,并且能与计算机或其他智能仪表进行通信。

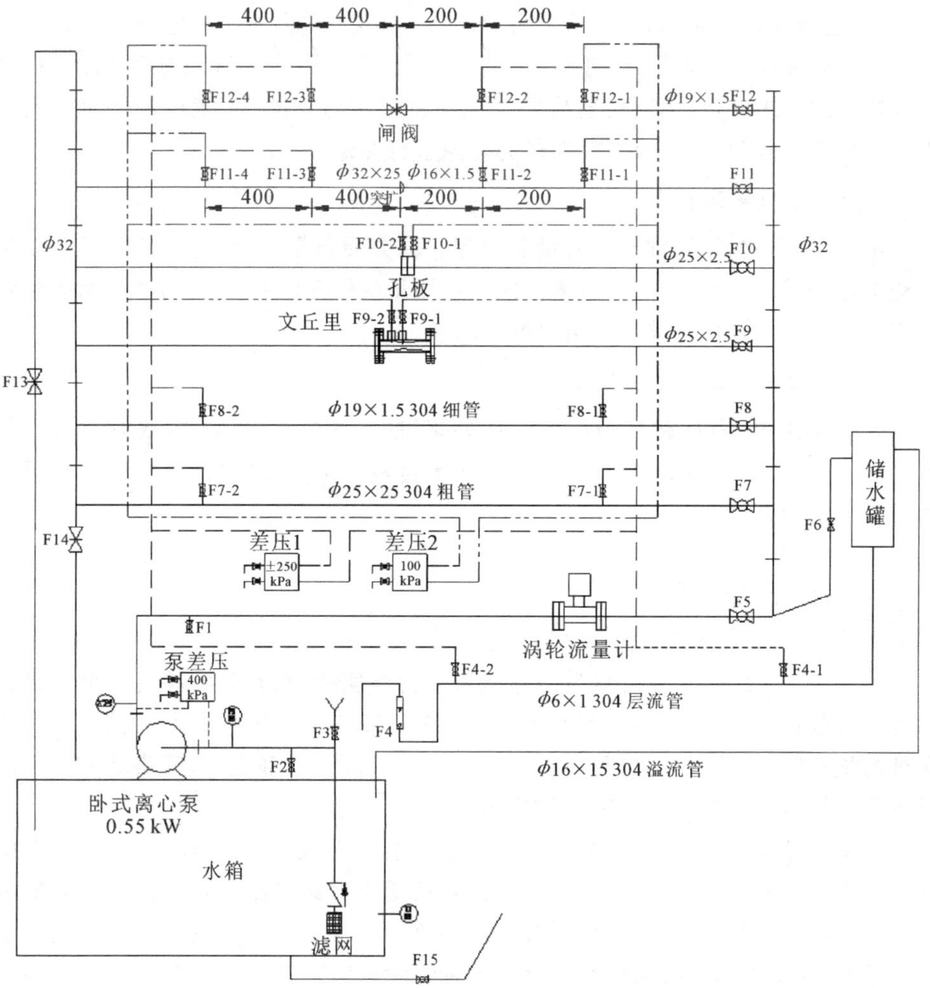

离心泵:全不锈钢,0.55 kW,6 m³/h;涡轮流量计:0.5～10 m³/h;

孔板流量计:全不锈钢,环隙取压,孔径＝12.65 mm,管径＝20 mm,m＝0.4;

文丘里流量计:全不锈钢,孔径＝12.65 mm,管径＝20 mm。

图 2-1-2 多功能流体力学实验台

六、操作步骤

1.清零

将各阀门全部打开,保证管路内无水流动时,对仪表进行清零、校正;然后关闭各阀门。切记:实验中不可再随意进行清零!若要清零,必须停泵、排尽管路中的水后才可进行。

2.灌泵

泵的位置高于水面,为防止泵启动发生气缚,应先把泵灌满水。打开泵出口排气阀F1,打开阀F2,打开灌泵阀F3,灌泵;当排气阀有水流出时,关闭灌泵阀,关闭泵出口排气阀,等待启动离心泵。

3.开车

启动离心泵,调节泵频率到50 Hz。当泵出口压力表读数明显增加(一般大于0.15 MPa),说明泵已经正常启动,未发生气缚现象,否则需重复灌泵操作。

4.排气

先打开泵出口阀F5,再分别打开F7、F8、F9、F10、F11、F12,逐渐打开F13至最大,然后打开差压传感器上的排气放水阀,打开各管路上的测压点阀F7-1、F7-2、F8-1、F8-2、F9-1、F9-2、F10-1、F10-2、F11-1、F11-2、F11-3、F11-4、F12-1、F12-2、F12-3、F12-4,约几分钟,观察引压管内是否有气泡,如果持续有气泡,这时候可以将F13稍微关小,再观测直至确定引压管内无气泡后,按照以下顺序关闭阀门(分三个批次,这点很重要):第一批先关闭各差压传感器上的放水阀,第二批分别关闭各测压点阀,第三批关闭F7、F8、F9、F10、F11、F12、F13。

无论先测定哪根管路均可,建议先测量细管,在测量时保持细管的进口阀F8和测压点阀门F8-1、F8-2打开,其余测量管路进口阀和测压点阀门全部关闭。

注意:排尽系统内空气是正确进行本实验的关键操作。

5.测量

1)直管湍流阻力测定(细管,粗管)

保持F8和测压点阀F8-1、F8-2开启,徐徐开启调节阀F13,根据所对应压差仪表的读数进行调节,记录压差和流量数据,注意每次调节完需等数据稳定后再记录数据。此管路测量完成后,切换阀门开关,打开下一条管路对应的进口阀和测压点阀门,关闭F8和测压点阀F8-1、F8-2,关闭F13。进行下一条管路的测量。

为了取得满意的实验结果,必须考虑实验点的分布和读数精度。每次改变流量,应以压差计读数 Δp 变化一倍左右为宜(即每次大约控制在0.4、0.8、1.6、3.2、6.4、12、24(kPa),直到最大)。

注意:光滑粗管压差测定时一般不会达到24 kPa,测量至最大流量下的压差即可。

2)直管层流阻力测定

打开测压点阀 F4-1 和 F4-2,逐渐开启调节阀 F6,待储水罐溢流管有水流出(保持水位高度不变),调节 F6 使溢流量保持较小。缓慢开启转子流量计调节阀 F4,调节流量,记录数据,然后再调节 F4,测量 4 组数据(建议流量:150、200、250、350(mL/min))。做完后,关闭 F4、F6。

3)局部阻力测定(阀门全开、阀门半开、突扩)

开启管路 11(或 12)上的进口阀和各测压点阀门,逐渐开启调节阀 F13,每次改变流量,应以压差计读数 Δp 变化一倍左右为宜(即每次大约控制在 0.4、0.8、1.6、3.2、6.4、12、24(kPa),直至最大)。记录压差和流量数据,做完后,切换阀门开关,关闭管路 11(或 12)各阀门,关闭 F13。

4)流量计标定(孔板、文丘里)

开启管路 10(或 9)各阀门,逐渐开启调节阀 F13,根据压差仪表的读数进行调节。每次改变流量,应以压差计读数 Δp 变化一倍左右为宜(即每次大约控制在 0.4、0.8、1.6、3.2、6.4、12、24(kPa),直到最大)。记录数据,做完后,关闭管路 10(或 9)各阀门,关闭 F13。

6.停车

实验结束后,关停泵,逐步打开所有阀门,排空管路。

注意事项:

(1)因为泵是机械密封,必须灌水使用,若泵内无水空转,易造成机械密封件升温损坏而导致密封不严,需专业厂家更换机械密封件。因此,严禁泵内无水空转!

(2)在启动泵前,应检查三相动力电源是否正常,若缺相,极易烧坏电机;为保证安全,检查接地是否正常;准备好以上工作后,在泵内有水情况下检查泵的转动方向,若反转流量达不到要求,对泵不利。

(3)长期不用时,应将槽内水放净,并用湿软布擦拭水箱,防止水垢等杂物粘在上面。

(4)严禁学生进入控制柜,以免发生触电危险。

(5)在冬季室内温度达到冰点时,设备内严禁存水。

(6)操作前,必须将水箱内异物清理干净,需先用抹布擦干净,再往循环水槽内放水,启动泵让水循环流动冲刷管道一段时间,再将循环水槽内水放净。最后注入新水以准备实验。

七、数据记录及处理

(1)将实验数据如实记录到表 2-1-1 至表 2-1-3 中。室温_____℃,水箱水温_____℃,实验人_____。

（2）根据直管阻力实验数据，计算 λ 与 Re 的值，并在双对数坐标纸上标绘 $\lambda - Re$ 关系曲线；根据局部阻力实验数据，计算障碍物处于不同状态时的阻力系数 ζ，求 $\bar{\zeta}$，并与教材中的介绍值比较。

（3）根据实验数据，计算孔板流量计和文丘里流量计的流量系数 $\bar{C}_0$，$\bar{C}_v$。

表 2-1-1　直管阻力测定数据记录表

组数	差压/kPa	流量/(m³·h⁻¹)	流速/(m·s⁻¹)	雷诺数 Re	摩擦系数 λ
细管 1					
2					
…					
粗管 1					
2					
…					

表 2-1-2　局部阻力测定数据记录表

组数	差压 1/kPa	差压 2/kPa	流量 /(m³·h⁻¹)	流速 /(m·s⁻¹)	局部阻力系数 ζ	平均局部阻力系数 $\bar{\zeta}$
阀门半开/全开						
1						
2						
…						
突扩						
1						
2						
…						

表 2-1-3　流量计实验数据记录

组数	孔板压差 /kPa	文丘里压差 /kPa	流量 /(m³·h⁻¹)	流速 /(m·s⁻¹)	孔板流量计流量系数 C_0	文丘里流量计流量系数 C_v
1						
2						
…						
					$\bar{C}_0 =$	$\bar{C}_v =$

八、思考与讨论

(1)引压管内存有气体对测量会有什么影响?

(2)测定 $\lambda - Re$ 关系曲线时,实验中应如何布点才能使曲线上的实验点分布均匀?

(3)测定直管阻力时,若要扩大 Re 的范围,可通过哪些方法来实现?

(4)测定突扩局部阻力系数时,压差为何会出现负值?

实验2　离心泵性能测定实验

实验要点:

(1)将各阀门全部打开,在确保管路中无水的情况下将智能仪表清零校正,然后关闭各阀门。实验中不得随意对仪表清零! 泵启动后流量为零时泵压头不为零!!!

(2)离心泵启动电机之前,必须先灌泵! 严禁泵内无水空转!!!

一、实验目的

(1)熟悉离心泵的结构与操作方法。

(2)掌握离心泵特性曲线和管路特性曲线的测定方法、表示方法,加深对离心泵性能的了解。

(3)掌握坐标系的选用方法,学习如何做出一张清晰规范的图。

(4)进一步了解差压传感器、涡轮流量计的原理及正确应用方法。

二、实验内容

(1)测定某型号单级离心泵在一定转速下,H(扬程)、N(轴功率)、η(效率)与 Q(流量)之间的特性曲线。

(2)测定单级离心泵出口阀开度一定时管路性能曲线。

三、实验原理

1.离心泵特性曲线测定

离心泵是最常见的液体输送设备。在一定的型号和转速下,离心泵的扬程 H、轴功率 N 及效率 η 均随流量 Q 而改变。通常通过实验测出 H-Q、N-Q 及 η-Q 关系,并用曲线表示之,称为特性曲线,离心泵特性标准曲线如图 2-2-1 所示。特性曲线是确定泵的适宜操作条件和选用泵的重要依据。

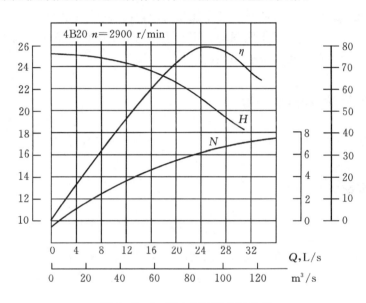

图 2-2-1　离心泵特性标准曲线

流量 Q:可采用流量计直接测出流量 $Q(\mathrm{m^3/h})$,注意单位换算。

扬程 H:可在泵的进出口两测压点之间列伯努利方程求得(也可通过泵差压传感器直接测得)。

$$H = \frac{P_{2'} - P_{1'}}{\rho \cdot g} \times 10^6 \quad [m\ \text{液柱}] \qquad (2\text{-}2\text{-}1)$$

式中,$P_{2'}$、$P_{1'}$ 为泵读数,MPa;ρ 为流体(水)在操作温度下的密度,kg/m³;g 为重力加速度,9.81 m/s²。

电功率 $P_{电}$:电动机的功率,用三相功率表直接测定,kW。

泵的总效率 η 为有效功率和电机功率之比:

$$\eta = \frac{\text{泵有效功率(泵输出的净功率)}}{\text{电机功率}} = \frac{Q \cdot H \cdot \rho \cdot g}{P_{电} \times 100}(\%) \qquad (2\text{-}2\text{-}2)$$

2.管路性能曲线

对于一定的管路系统,当其中的管路长度、局部管件都确定,且管路上的阀门开度均不发生变化时,其管路有一定的特征性能。根据伯努利方程,最具有代表性和明显的特征是,不同的流量有一定的能耗,对应的就需要一定的外部能量提供。我们根据对应的流量与需提供的外部能量 $H(m)$ 之间的关系,可以描述一定管路的性能。

管路系统一般可分为高阻管路系统和低阻管路系统。本实验将阀门全开时称为低阻管路,将阀门关闭一定值时,称为高阻管路。测定管路性能与测定泵性能的区别是,测定管路性能时管路系统是不能变化的,管路内的流量调节不是靠管路调节阀,而是靠改变泵的转速来实现的。用变频器调节泵的转速来改变流量,测出对应流量下泵的扬程,即可计算管路性能。

四、实验装置与流程

装置流程图见图 2-1-2。

五、实验步骤

1.清零

将各阀门全部打开,在保证管路内无水的情况下,对仪表进行清零、校正,然后关闭各阀门。切记:实验中不可再随意进行清零! 若要清零,必须停泵、排尽管路中的水后才可进行。

2.灌泵

泵的位置高于水面,为防止泵启动发生气缚,应先把泵灌满水。打开泵出口排气阀 F1,打开阀 F2,打开灌泵阀 F3,灌泵;当排气阀有水流出时,关闭灌泵阀,关闭泵出口排气阀,等待启动离心泵。

3.开车

启动离心泵,调节泵频率到 50 Hz。当泵出口压力表读数明显增加(一般大于 0.15 MPa),说明泵已经正常启动,未发生气缚现象,否则需重复灌泵操作。

4.排气

先打开泵出口阀 F5,再分别打开 F7、F8、F9、F10、F11、F12,逐渐打开 F13至最大,然后打开差压传感器上的排气放水阀,打开各管路上的测压点阀 F7-

1、F7-2、F8-1、F8-2、F9-1、F9-2、F10-1、F10-2、F11-1、F11-2、F11-3、F11-4、F12-1、F12-2、F12-3、F12-4,约几分钟,观察引压管内是否有气泡,如果持续有气泡,这时候可以将 F13 稍微关小,再观测直至确定引压管无气泡后,按照以下顺序关闭阀门(分三个批次,这个很重要):第一批关闭各差压传感器上的放水阀,第二批分别关闭各测压点阀,第三批关闭 F7、F8、F9、F10、F11、F12、F13。

无论先测定哪根管路均可,建议先测量细管,保持细管的进口阀 F8 和测压点阀 F8-1、F8-2 打开,其余测量管路的进口阀和测压点阀门全部关闭。

注意:如果完成了以上步骤,请考虑一下,排气是否是下面实验的必需步骤?

5.测量

1)离心泵特性曲线测定

开启入口阀 F7,逐渐开启调节阀 F14,根据涡轮流量计的读数进行调节。每次改变流量,应以涡轮流量计读数 Q 变化为准:$Q(m^3/h)=0、1、2、3、4、5、6、6.5、$ 最大(必须测量到至少 6.5)。每次调节完需等数据稳定后记录数据,测量完成后,关闭 F7、F14。

2)管路性能曲线测定

低阻管路性能曲线测定:将 F7 打开,F14 开到最大;从大到小调节变频器频率,根据涡轮流量计的读数进行调节。每次改变流量,应以涡轮流量计读数 Q 变化为准,$Q(m^3/h)=$ 最大、5、4、3、2、1。等数据稳定后记录数据,测完后,将变频器频率固定到最大。

高阻管路性能曲线测定:最人频率下,关小 F14,将流量调节到约 4 m³/h,固定阀门 F14 开度不变。逐渐调节变频器频率,根据涡轮流量计的读数进行调节。每次改变流量,应以涡轮流量计读数 Q 变化为准,$Q(m^3/h)=$ 最大、3、2、1、0.6。记录数据,测量完成后,将变频器频率调到 0。

6.停车

实验结束后,关停泵,逐步打开所有阀门,排空管路和水箱。

六、数据记录及处理

(1)将实验数据如实记录到表 2-2-1 及表 2-2-2 中。

室温_____℃,水箱水温_____℃,水黏度_____,水密度_____,实验人_____。

表 2-2-1 离心泵特性曲线实验数据

组数	泵差压/kPa	流量/(m³·h⁻¹)	电功率/kW
1			
2			
…			

表 2-2-2 管路性能曲线实验数据

组数	高阻		低阻	
	泵差压/kPa	流量/(m³·h⁻¹)	泵差压/kPa	流量/(m³·h⁻¹)
1				
2				
…				

(2)根据需要对实验数据进行处理,在普通坐标纸上做出离心泵的特性曲线,并根据所得曲线,标示该泵的适宜操作区。(请将离心泵的 H-Q、N-Q 及 η-Q 三条曲线画在一个图内!!! 参照图 2-2-1。)

(3)作出管路性能曲线(三条 H-Q 曲线)。

注意事项

(1)因为泵是机械密封,必须在泵充满水时使用,若泵内无水空转,易造成机械密封件升温损坏而导致密封不严,需专业厂家更换机械密封件。因此,严禁泵内无水空转!

(2)长期不用时,应将槽内水放出,并用湿软布擦拭水箱,防止水垢等杂物粘在上面。

(3)严禁学生进入控制柜,以免发生触电危险。

七、思考与讨论

(1)为什么流量越大,入口处真空表的读数越大? 出口处压力表的读数越小?

(2)做离心泵性能测定实验前为什么要先将泵灌满水?

(3)离心泵为什么要在出口阀门关闭的情况下启停电机?

(4)你对离心泵的操作,如先灌泵、封闭启动及选择在高效区操作等如何理解?

实验 3 恒压过滤实验

实验要点:

(1)注意过滤板和框的安装顺序和方向,滤布的正确安装方法,用摇柄把过滤设备压紧,以免漏液。

(2)加压后严禁随意开启进料阀,防止料液喷出。

一、实验目的

(1)熟悉板框过滤机的结构,掌握其操作方法,学习定值调压阀、安全阀的正确使用方法;

(2)学习恒压过滤常数的测定方法;

(3)检验洗涤速率与过滤末速率的关系;

(4)了解操作条件(压力、浓度等)对过滤速率的影响。

二、实验内容

测定一定浓度、不同压力下(1 MPa、1.5 MPa、2.0 MPa)恒压过滤速率曲线,得出操作时的过滤常数 K , q_e , t_e ,并进行比较。

三、实验原理

滤饼过滤是化工生产中被广泛采用的一种分离液固混合物(如悬浮液)的方法。其过程是将悬浮液送至过滤介质的一侧,在其上维持比另一侧较高的压力,液体通过介质成为滤液,固体粒子则被截流逐渐形成滤饼。过滤速率由过滤压强差及过滤阻力决定。过滤阻力受滤布和滤饼两部分影响。因为滤饼厚度随着时间而增加,所以恒压过滤速率随着时间而降低。

在恒压条件下,介质通过板框及滤饼的流动,可用下式表示:

$$(v+v_e)^2 = KA^2(t+t_e) \qquad (2-3-1)$$

式中，v 为 t 时间内的滤液体积，m^3；v_e 为过滤介质的当量滤液体积，m^3；K 为过滤常数，m^2/s；A 为过滤面积，m^2；t 为得到滤液量 v 所需的过滤时间，s；t_e 为相当于得到滤液量 v_e 所需的过滤时间，s。

实验中过滤面积 A 为一定值，那么式（2-3-1）可写为

$$(q+q_e)^2 = K(t+t_e) \qquad (2-3-2)$$

式中，$q = \dfrac{v}{A}$，为过滤时间为 t 时，单位过滤面积的滤液量，m^3/m^2；$q_e = \dfrac{v_e}{A}$，为单位过滤面积上的当量滤液量，m^3/m^2。

1.过滤常数 K、q_e、t_e 的测定方法

式（2-3-2）中 t 对 q 求微分，可得到：

$$\frac{\mathrm{d}t}{\mathrm{d}q} = \frac{2}{K}q + \frac{2}{K}q_e \qquad (2-3-3)$$

这是一个线性方程，以 $\dfrac{\mathrm{d}t}{\mathrm{d}q}$ 为纵坐标，q 为横坐标，在普通坐标纸上标绘作图，可得一直线，直线的斜率为 $\dfrac{2}{K}$，截距为 $\dfrac{2}{K}q_e$。实验中，$\dfrac{\mathrm{d}t}{\mathrm{d}q}$ 难以直接测定，可用 $\dfrac{\Delta t}{\Delta q}$ 代替 $\dfrac{\mathrm{d}t}{\mathrm{d}q}$，则式（2-3-3）变为

$$\frac{\Delta t}{\Delta q} = \frac{2}{K}q + \frac{2}{K}q_e \qquad (2-3-4)$$

因此，只需在某一恒压下进行过滤，测得一系列的 Δt、Δq 值，然后在普通坐标纸上以 $\dfrac{\Delta t}{\Delta q}$ 为纵坐标，q 为横坐标作图，即可得到斜率为 $\dfrac{2}{K}$，截距为 $\dfrac{2}{K}q_e$ 的一条直线，便可求出 K、q_e。再将 $q=0$，$t=0$ 代入式（2-3-2），即可求出 t_e。

2.洗涤速率与过滤末速率的测定

在一定的压强下，洗涤速率是恒定不变的，因此它的测定比较容易。洗涤速率可以在水量流出正常后开始计量，计量多少也可根据需要决定，不必和滤液计量一致。过滤末速率的测定是比较困难的，因为它是一个变数，为测得比较准确，建议过滤操作要进行到滤框全部被滤渣充满以后再停止。可以从滤液量显著减少来估计，此时滤液出口处的液流由管满变成残状断续而下。然后根据作图来确定过滤末速率。实验结果如图 2-3-1 所示，最后两个矩形偏高（请根据实验情况进行分析，找出其影响因素），建议取图中 A 点作为过滤终了来计算过滤末速率。板框过滤机中洗涤速率是否为过滤末速率的四分之一，请根据实验设备和实验数据进行分析讨论。

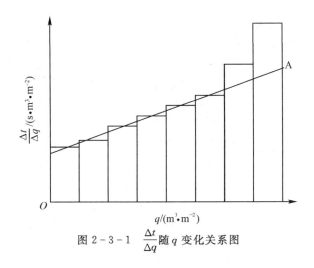

图 2 - 3 - 1　$\dfrac{\Delta t}{\Delta q}$ 随 q 变化关系图

3.比阻 r 与压缩指数的求取

因过滤常数 $K=\dfrac{2\Delta p}{r\mu\phi}$ 与过滤压力有关,表面上看只有在实验条件与工业生产条件相同时才可直接使用实验测定的结果。实际上这一限制并非必要,如果能在几个不同的压差下重复过滤实验(注意,应保持在同一物料浓度、过滤温度条件下),从而求出比阻 r 与压差 Δp 之间的关系,则实验数据将具有更广泛的使用价值。

$$r=\dfrac{2\Delta p}{\mu\cdot\varphi\cdot K}\qquad\qquad(2-3-5)$$

式中,μ 为实验条件下水的黏度,Pa·s;φ 为实验条件下物料的体积含量;K 为不同压差下的过滤常数,$\mathrm{m^2/s}$;Δp 为过滤压差,Pa。

根据不同压差下求出的过滤常数计算出对应的比阻 r,对不同压差 Δp 与比阻 r 回归,求出其间关系:$r=a\cdot\Delta p^b$ 即 $r=r_0\cdot\Delta p^s$,s 为压缩指数,对不可压缩滤饼 $s=0$,对可压缩滤饼 s 约为 $0.2\sim0.8$。

四、实验装置与流程

实验装置如图 2 - 3 - 2 所示,由配浆槽、物料加压罐、洗涤罐、板框过滤机、计量槽等部分组成。

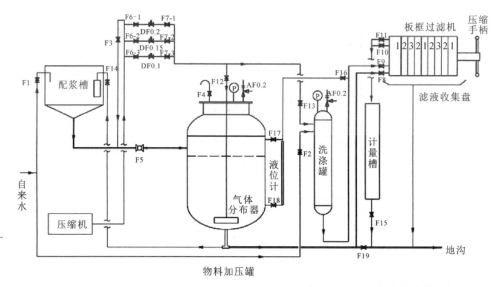

图 2-3-2　过滤实验装置流程图

(1)物料加压罐:罐 $\varnothing300$ mm×450 mm,总容积 28 L,液面不超过进料口位置,有效容积约 21 L。

(2)配浆槽:尺寸为 $\varnothing350$ mm,直筒高 350 mm,锥高 150 mm,锥容积 5 L(为了保证物料加压罐中有效容积为 21 L,直筒内容积应为 16 L,直筒内液体高为 166 mm。因此,直筒内液面到上沿应为 350-166=184 mm);为了配置 5%～7% 质量百分比的轻质 $MgCO_3$ 溶液,先加一定的水,按 21 L 水加 $MgCO_3$ 约 1.5 kg。(具体正交实验时,可根据自己情况配出三种分别配加 1、1.5、2 kg 的 $MgCO_3$ 溶液)。

(3)洗涤罐:$\varnothing100$ mm×450 mm 容积为 10 L。

(4)板框过滤机:1♯滤板(非洗涤板)1 块,3♯滤板(洗涤板)2 块,2♯滤框 4 块,两端的滤板压紧挡板,作用同 1♯滤板,因此也为 1♯滤板。滤框厚度= 12 mm;过滤面积 $A=\dfrac{\pi\times0.125^2}{4}\times2\times4=0.09818$ m^2;四个滤框总容积 $V=\dfrac{\pi\times0.125^2}{4}\times0.012\times4=0.589$ L。

(5)计量槽:尺寸为 $\varnothing133$ mm×4 mm ,1 个 8 L,横截面$=\dfrac{\pi d^2}{4}=\dfrac{\pi\times0.125^2}{4}=0.01227$ m^2。

五、实验步骤

(1)安装:仔细观察不同编号的板与框的结构,梳理滤浆、滤液、洗涤液的行进路线,弄清楚每块板与框的安装方向;把滤布用水浸透,覆以滤框的两侧,滤布上的孔要对准板框四脚的孔道,滤布表面要平整,不起皱纹,以免漏液。按照 1−2−3−2−1−2−3−2−1……的编号顺序排列过滤机的板与框,然后用压紧螺杆压紧板与框。检查确保过滤机固定头的 4 个阀均处于关闭状态。

(2)检查空气压缩机是否正常,检查调压阀、稳压阀是否正常,检查并关闭管路中各阀门。

(3)加水:在配浆槽内加水使水面到上沿 180 mm 处,此时加水约 21 L;在洗涤罐内加水约 3/4,为洗涤做准备。

(4)配料:称取轻质碳酸镁约 1.5 kg 倒入配浆槽内,加盖。启动压缩机,缓慢开启阀 F3,注意控制阀门开度,对配浆槽气动搅拌使液相混合均匀。然后关闭 F3,打开物料加压罐的放空阀 F4,然后打开 F5 将配浆槽内配制好的滤浆放进物料加压罐(保证加压罐内此时无压力)。放料完成后关闭 F5 和 F4。

(5)加压:本实验装置可进行三个固定压力下的过滤,分别由三个定值调压阀并联控制,从下到上分别是 0.1、0.15、0.2 MPa。以实验 0.1 MPa 为例,开启 F12,全开定值调压阀前的 F6−3,定值调压阀工作,压力指示在 0.1 MPa,开启定值调压阀后的 F7−3 约 1/3(这里一定要注意,若全开 F7−3,会使定值调压阀下游压力急降而导致定值调压阀无法正常工作),使压缩空气进入物料罐内下部的气动搅拌盘,利用气体鼓泡搅动物料罐内的物料并保持浓度均匀,同时将密封的物料罐内的料液加压。当物料加压罐内的压力维持在 0.1 MPa 时,可开始过滤。

(6)记录滤液计量筒的初始液位,准备秒表。

(7)过滤:打开上方的两个滤液出口阀,全开下方的滤浆进入球阀,滤浆便被压缩空气的压力送入板框过滤机过滤。滤液流入称量筒,在滤液刚流出的时刻开始计时,记录一定体积的滤液量 Δv 消耗的过滤时间 Δt(本实验建议滤液液面每升高 50 mm 读取时间数据)。观察滤液流量和清浊度变化情况。待滤渣充满全部滤框后(此时滤液流量很小,但仍呈残状流出)。关闭滤浆进入阀,停止过滤。

(8)洗涤:物料洗涤时,关闭物料罐进气阀,打开连接洗涤罐的压缩空气进气阀,压缩空气进入洗涤罐,维持洗涤压强与过滤压强一致。关闭过滤机固定头右上方的滤液出口阀,开启其左下方的洗涤水进入阀,洗涤水经过滤渣层后流入称量筒,测取有关数据。

(9)卸料:洗涤完毕后,关闭进水阀,旋开压紧螺杆,将板框拉开,卸出滤饼收集起来,可重复使用。清洗滤布,整理板和框。板、框及滤布重新安装后,进行下一个压力操作。如果要测定滤浆浓度或滤饼的含水量,可取一定数量的湿滤饼样品,进行烘干,便可求出滤浆的浓度。

(10)由于物料罐内有足够的同样浓度的料液,可调节过滤压力进行过滤操作,记录该压力下的过滤数据。完毕后卸料,再清洗安装,可测出第三个压力下的过滤数据。

(11)全部过滤洗涤结束后,关闭洗涤进气阀,打开物料加压罐进气阀,盖住配浆槽盖,打开放料阀 F14,用压缩空气将物料罐内的剩余悬浮液送回配浆槽内贮存,关闭物料进气阀。

(12)打开物料加压罐放空阀。清洗物料加压罐及其液位计,打开洗涤罐进气阀,使物料加压罐保持常压。打开物料加压罐液位计上部旋塞,打开高压清水阀 F16,让清水洗涤物料加压罐液位计,以免剩余悬浮液沉淀,堵塞液位计、管道和阀门等。

(13)关闭洗涤罐进气阀,停压缩机。

六、数据记录

将实验数据填入表 2-3-1。

室温_____℃,实验人_____。

表 2-3-1　恒压过滤实验数据记录表

序号	压力：　　MPa		压力：　　MPa		压力：　　MPa		滤液变化情况
	时间/s	液面高度/cm	时间/s	液面高度/cm	时间/s	液面高度/cm	
1	0	初始高度:	0	初始高度:	0	初始高度:	
2							
...							

七、实验报告

(1)绘制 $\frac{\Delta t}{\Delta q}$ 随 q 变化关系图;

(2)求出 K、q_e、t_e 值;

(3)得出完整的过滤方程式(写成公式形式)及其适用的条件;

(4)分析不同条件(压力、温度、浓度、助滤剂等)可能带来的影响(本实验建议只作压力影响);在条件许可情况下应作正交实验。

(1)为什么过滤开始时,滤液常常有点浑浊,过一段时间后转清? 被截留的颗粒直径是不是一定要比滤布的网孔尺寸大?

(2)实验数据中的第一点有无偏高或偏低现象? 如何解释? 如何处理第一点数据?

(3)Δq 取大些好,还是小些好? 同一次实验,Δq 取值不同,所得出的 K 值和 q_e 值会不会不同? 作直线求 K 和 q_e 时,直线为什么要通过矩形顶边的中点?

(4)滤浆浓度和过滤压强对 K 值有何影响?

(5)当操作压力增大一倍,得到同一滤液量所需时间是否也减少一半? 为什么?

(6)Δq 增大,是否过滤速度一定加快?

(7)在板框过滤过程中,过滤阻力主要来自什么?

(8)滤渣洗涤时,在恒定压强推动下,洗涤水的体积流量是否有变化? 为什么?

(9)板框过滤机采用横穿洗涤方法,洗涤速率为过滤末速率的四分之一,实验结果是否与其一致,如有误差,请分析这一误差产生的可能原因。

(10)在实验过程中需要保持压缩空气压强稳定,这是为什么?

实验4 双套管传热实验

实验要点:

(1)蒸汽发生器的安全使用,控制水位,防止干烧,防止蒸汽烫伤。

(2)保证气汽两路通畅,风机启动和关闭前,必须保证出口风管上的旁路调节阀 F1 打开;F2 或 F3 有一个是全开,一个全关闭。在启动加热电源时,必须保证 F4 或 F5 一个全开,一个全关。管路切换时,应先打开另一支路控制阀门,再关闭需关闭支路阀门。

一、实验目的

(1)了解并熟悉套管换热器的构造,熟悉风机、蒸汽发生器的安全使用方法和热电阻温度计的正确使用方法。

(2)通过对空气-水蒸气普通套管换热器的实验研究,掌握对流传热系数 α_i 的测定方法,加深对其概念和影响因素的理解,并应用线性回归分析方法,确定关联式 $Nu=A \cdot Re^m \cdot Pr^{0.4}$ 中常数 A、m 的值。

(3)通过对管程内部插有螺旋线圈和采用螺旋扁管为内管的空气-水蒸气强化套管换热器的实验研究,测定其准数关联式 $Nu=B \cdot Re^m$ 中常数 B、m 的值,了解强化传热的基本理论和基本方式。

(4)比较强化管和普通管的测量结果。

(5)了解套管换热器的管内压降 Δp 和 Nu 之间的关系。

二、实验内容

(1)测定一定蒸汽气压下、不同流速下普通套管换热器的对流传热系数 α_i 和总传热系数 $K_{测}$。

(2)测定一定蒸汽气压下、不同流速下强化套管换热器的对流传热系数 α_i 和总传热系数 $K_{测}$。

(3)用实测法和理论计算法给出管内对流传热系数 α_i、准数 Nu 及总传热系数 K 的值,作出 Nu、Re 和 Pr 的关系曲线,比较 K 更接近 α_i 或者 α_0。

(4)比较光滑管与螺纹管的实验结果,求强化比 Nu/Nu_0 的值。

三、实验原理

1.管内测定与计算

1)管内对流传热系数 α_i 的测定

对流传热系数 α_i 可以根据牛顿冷却定律,用实验来测定。

$$\alpha_i = \frac{Q_i}{\Delta t_i \times S_i} \qquad (2-4-1)$$

式中,α_i 为管内流体对流传热系数,W/(m²·℃);Q_i 为管内传热速率,W;S_i 为管内换热面积,m²;Δt_i 为内管壁面温度与内管流体温度的平均温差,℃。分别由下面式子求得。

管内平均温差由下式确定:

$$\Delta t_i = \frac{\Delta t_A - \Delta t_B}{\ln(\Delta t_A / \Delta t_B)}, \quad \begin{array}{l} \Delta t_A = t_3 - t_2 \\ \Delta t_B = t_5 - t_4 \end{array} \qquad (2-4-2)$$

式中,t_2,t_4 分别为冷流体的入口、出口温度,℃;t_3,t_5 为两端壁面温度,℃。

管内换热面积：

$$S_i = \pi d_i L \qquad (2-4-3)$$

管内传热速率由热量衡算式可得：

$$Q_i = W_i c_{pi}(t_{i2} - t_{i1}) \qquad (2-4-4)$$

其中质量流量 W_i 由下式求得：

$$W_i = V_i \rho_i \qquad (2-4-5)$$

以上三式中，d_i 为内管的管内径，m；L 为传热管测量段的实际长度，m；V_i 为冷流体在套管内的平均体积流量，m^3/s；c_{pi} 为冷流体的定压比热，$kJ/(kg \cdot ℃)$；ρ_i 为冷流体的密度，kg/m^3。c_{pi} 和 ρ_i 可根据管内定性温度 t_{mi} 查得，这里 $t_{mi} = \dfrac{t_{i1} + t_{i2}}{2}$ 为冷流体进出口平均温度。温度和流量可直接测量得到。

2）对流传热系数准数关联式的实验确定

流体在管内作强制湍流，处于被加热状态，准数关联式的形式为

$$Nu = A Re^m Pr^n \qquad (2-4-6)$$

式中，$Nu = \dfrac{\alpha_i d_i}{\lambda_i}$，$Re = \dfrac{u_i d_i \rho_i}{\mu_i}$，$Pr = \dfrac{c_{pi} \mu_i}{\lambda_i}$。

物性数据导热系数 λ_i、黏度 μ_i 可根据定性温度 t_{mi} 查得。经过计算可知，对于管内被加热的空气，普兰特准数 Pr 变化不大，可以认为是常数，则关联式的形式简化为

$$Nu = A Re^m Pr^{0.4} \qquad (2-4 \quad 7)$$

通过实验确定不同流量下的 Re 与 Nu，然后用线性回归方法确定 A 和 m 的值。

3）管内对流传热系数和努塞尔特准数经验计算值

$$Nu_{计} = 0.023 Re^{0.8} Pr^{0.4} \qquad (2-4-8)$$

$$\alpha_{i计} = \frac{\lambda_i}{d_i} Nu_{计} \qquad (2-4-9)$$

2.管外测定与计算

1）管外对流传热系数 α_o 的测定

同样，管外对流传热系数可以由管内传热速率得到：

$$\alpha_o = \frac{Q_i}{\Delta t_{mo} \cdot S_o} \qquad (2-4-10)$$

式中，α_o 为管外冷凝对流传热系数，$W/(m^2 \cdot ℃)$；S_o 为管外换热面积，m^2；Δt_{mo} 为管壁温度与管外流体温度的平均温差，$℃$。分别由下面式子求得。

管外平均温差由下式确定：

$$\Delta t_{mo} = \frac{\Delta t_A - \Delta t_B}{\ln(\Delta t_A / \Delta t_B)}, \quad \begin{array}{l} \Delta t_A = t_6 - t_3 \\ \Delta t_B = t_6 - t_5 \end{array} \qquad (2-4-11)$$

管外换热面积：

$$S_o = \pi d_o L \qquad (2-4-12)$$

式中，t_6 为蒸汽温度，℃；d_o 为内管外径，m。

2）管外对流传热系数α_o计算

根据蒸汽在单根水平圆管外按膜状冷凝传热膜系数计算公式得出：

$$\alpha_o = 0.725 \left(\frac{\rho_o^2 \cdot g \cdot \lambda_o^3 \cdot r_o}{d_o \cdot \Delta t_o \cdot \mu_o} \right)^{\frac{1}{4}} \qquad (2-4-13)$$

式中水蒸气的物性数据以管外膜平均温度查取，$t_{定} = \dfrac{t_6 + \overline{t_W}}{2}$，$\overline{t_W} = \dfrac{t_3 + t_5}{2}$，$\Delta t_o = t_6 - \overline{t_W}$。

3.总传热系数 K 的测定与计算

1）K 测定

$$K_{测} = \frac{Q_i}{\Delta t_m \cdot S_o} \qquad (2-4-14)$$

式中，Δt_m 为冷热流体平均温差，$\Delta t_m = \dfrac{\Delta t_A - \Delta t_B}{\ln(\Delta t_A / \Delta t_B)}$，$\begin{array}{l} \Delta t_A = t_6 - t_2 \\ \Delta t_B = t_6 - t_4 \end{array}$。

2）K 计算（以管外表面积为基准）

$$\frac{1}{K_{计}} = \frac{d_o}{d_i} \cdot \frac{1}{\alpha_i} + \frac{d_o}{d_i} \cdot R_i + \frac{d_i}{d_m} \cdot \frac{b}{\lambda} + R_o + \frac{1}{\alpha_o} \qquad (2-4-15)$$

式中，R_i、R_o 为管内、外污垢热阻，可忽略不计；λ 为铜导热系数，380 W/m² K；由于污垢热阻可忽略，而铜管管壁热阻也可忽略（铜导热系数很大且铜壁不厚），上式可简化为

$$\frac{1}{K_{计}} = \frac{d_o}{d_i} \cdot \frac{1}{\alpha_{i计}} + \frac{1}{\alpha_{o计}}, \frac{1}{k_{测计}} = \frac{d_o}{d_i} \cdot \frac{1}{\alpha_{i测}} + \frac{1}{\alpha_{o测}} \qquad (2-4-16)$$

4.强化比的测定

强化传热又被学术界称为第二代传热技术，它能减小初设计的传热面积，以减小换热器的体积和重量，提高现有换热器的换热能力，使换热器能在较低温差下工作；并且能够减少换热器的阻力以减少换热器的动力消耗，更有效地利用能源和资金。强化传热的方法有多种，本实验装置是采用在换热器内管插入螺旋线圈的方法来强化传热。

螺旋线圈的结构如图 2-4-1 所示，螺旋线圈由直径 3 mm 以下的铜丝和钢

丝按一定节距绕成。将金属螺旋线圈插入并固定在管内,即可构成一种强化传热管。在近壁区域,流体一方面由于螺旋线圈的作用而发生旋转,另一方面还周期性地受到线圈螺旋金属丝的扰动,因而可以强化传热。由于绕制线圈的金属丝直径很小,流体旋流强度也较弱,所以阻力较小,有利于节省能源。螺旋线圈以线圈节距 H 与管内径 d 的比值为主要技术参数,且节距与管内径比是影响传热效果和阻力系数的重要因素。科学家通过实验研究总结了形式为 $Nu = BRe^m$ 的经验公式,其中 B 和 m 的值因螺旋丝尺寸不同而不同。

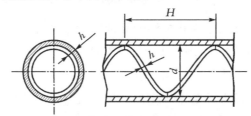

图 2-4-1　螺旋线圈强化管内部结构

测定不同流量下 Re 与 Nu 的值,用线性回归方法可确定 B 和 m 的值。

单纯研究强化手段的强化效果(不考虑阻力的影响),可以用强化比的概念作为评判准则,它的形式是:Nu/Nu_0,其中 Nu 是强化管的努塞尔准数,Nu_0 是普通管的努塞尔准数,显然,强化比 $Nu/Nu_0 > 1$,而且它的值越大,强化效果越好。需要说明的是,如果评判强化方式的真正效果和经济效益,则必须考虑阻力因素,阻力系数随着换热系数的增加而增加,导致换热性能的降低和能耗的增加,只有强化比高且阻力系数小的强化方式,才是最佳的强化方法。

四、实验设计

1.实验方案

主体设备为套管换热器,选择安全易得的空气和水蒸气为实验介质,空气走管内,蒸汽走管间。只要测得不同空气流量下冷热流体的进出口温度和换热器两端的壁温,即可得到对流传热系数 α_i 和总传热系数 $K_测$,以及不同流量下 Re 与 Nu 的关系。

2.物理量测试方法及测试点

换热器两端管内和管壁分别安装热电阻传感器,用来测定空气进、出口温度和壁温。

蒸汽上升管路中安装压力传感器,根据蒸汽压力大小,智能仪表自动调节加热电压,控制蒸汽压力,测压点要连接安全水封以防止压力失控。

空气体积流量由孔板流量计测量,同时测定流量计处气体温度和压力做校准即可。

$$V_i = C_0 \cdot A_0 \sqrt{\frac{2\Delta P}{\rho_1}}$$

式中,C_0 为孔流系数;A_0 为节流孔开孔面积,m^2;ΔP 为孔板测量压差,Pa;ρ_1 为实际空气密度,$\rho_1 = \frac{p_1 \cdot T_0}{p_0 \cdot T_1}\rho_0$;孔板流量计标定条件 $T_0 = 293$ K,p_0 为一个标压,$\rho_0 = 1.205$,kg/m^3;p_1 和 T_1 为孔板流量计的实际条件,$p_1 = p_0 + \Delta p_2$,Δp_2 为进气压力传感器测量值,Pa;T_1 为风机出口气温,K。

3.实验操作控制及布点

实验中控制蒸汽压力不变,然后通过改变空气流量来控制实验点,当空气进出口温差稳定不变时即达到了新的换热平衡。空气流量布点间隔根据孔板流量计压差大小来调节,随着压差增大间隔也增大。

4.实验流程图及基本结构参数

如图 2-4-2 所示,本实验装置为双套管换热器,主体是两根平行的换热器,换热器内管为紫铜材质,外管为不锈钢材质,两端用不锈钢法兰固定。在外套管上为方便观察管内蒸汽冷凝情况,设置有两对视盅,后视盅设有源照明。下套管换热器内有弹簧螺纹,作为管内强化传热与上光滑管内无强化传热进行比较。在换热器进出口两个截面上,铜管管壁内侧和管内空气中心分别装有 2 支热电阻,可测出两个截面上的管壁温和管中心的气温。因为换热器内管为紫铜管,其导热系数很大,且管壁很薄,故认为同位置管壁内外温度近似相等。

空气由旋涡气泵吹出,由旁路调节阀调节,经孔板流量计,由支路控制阀选择不同的支路进入换热器管程,升温后自另一端排出放空。实验的蒸汽发生器为电加热釜,内有两组 2 kW 加热源,由调压器控制加热电压以便控制加热蒸汽量。蒸汽由加热釜产生后自然上升,经支路控制阀选择逆流进入换热器壳程,冷凝释放潜热,冷凝液则回流到蒸汽发生器内再利用。外套管设置有放空口,以排出蒸汽内不凝气体,会有少量蒸汽损失。

设备仪表参数:套管换热器内加热紫铜管 Ø22 mm×2000 mm,有效加热长度 1000 mm;外抛光不锈钢套管 Ø100 mm×2000 mm;蒸汽发生器电加热 4 kW;孔板流量计:DN20 标准环隙取压,$m = (12.65/20)2 = 0.4$,$C_0 = 0.9$,节流孔直径 $d_0 = 0.0139$ m;热电阻传感器:Pt100;差压压力传感器:0~5 kPa。

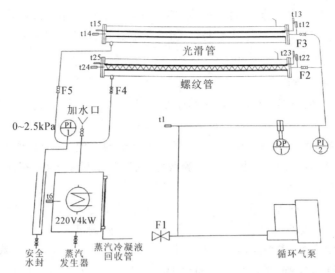

t1—风机出口气温(校正用);t12—光滑管进气温度;t22—螺纹管进气温度;
t13—光滑管进口截面壁温;t23—螺纹管进口截面壁温;t14—光滑管出气温度;
t24—螺纹管出气温度;t15—光滑管出口截面壁温;t25—螺纹管出口截面壁温;
t6—蒸汽发生器内水温,即管外蒸汽温度;PI2—进气压力传感器(校正流量用);
PI1—蒸汽发生器膜盒压力表(控制蒸气量用);DP—孔板流量计差压传感器;
F1—空气旁路调节阀;F2、F3—冷空气进口阀;F4、F5—蒸汽进口阀。

图2-4-2 空气-水蒸气传热综合实验装置流程图

五、实验步骤

1.普通套管实验操作

建议先做普通光滑管,即设备靠上面的管路。

(1)向蒸汽发生器内注入自来水或去离子水至合适水位,液面应处于液位计的70%～90%;检查安全水封内水位是否合适(液位约70%～90%)。

(2)检查阀门:检查风机旁路调节阀F1是否处于全开状态;检查光滑套管各路阀门是否开启,确保蒸汽管路和空气管路畅通,同时确保另一支路阀门关闭,即全开F3,关闭F2;全开F5,关闭F4。

(3)打开固定和可调两组电加热开关,等蒸汽发生器内水接近沸腾时,关闭固定加热,设定蒸汽压力在1～1.2 kPa。

(4)当t3≥98 ℃时,启动风机开关,逐渐关小放空阀F1开始送气,调节风量至预定值,等待数值稳定后(空气进出口温差不变时),即可开始记录实验数据;再次调节风量大小,记录数据。第一组稳定时间稍长,后面各组一般稳定时间较短。

建议风量调节按如下孔板压差计 DP(kPa)显示记录:0.25、0.35、0.5、0.75、1.0、1.5、2.0、2.5,共 8 个点即可。

2.强化套管实验操作

普通光滑管做完后,开始做强化螺纹管。

(1)阀门切换:开大 F1,全开 F2,关闭 F3,全开 F4,关闭 F5。

(2)逐渐关小放空阀 F1 开始送气,调节风量至预定值,等待数值稳定后(空气进出口温差不变时),即可开始记录实验数据;再次调节风量大小,记录数据。第一组稳定时间稍长,后面各组一般稳定时间较短。

建议风量调节按如下孔板压差计 DP(kPa)显示记录:0.25、0.35、0.5、0.75、1.0,只做 5~6 个点即可,风量再大可能风机风量不能满足。

(3)实验结束时,先关闭蒸汽发生器加热电源,待蒸汽放空口没有蒸汽逸出后,再徐徐开大 F1 放空阀,最后关闭风机电源。

(4)整理实验数据,实验结束。

六、注意事项

(1)检查蒸汽加热釜中的水位是否在正常范围内。特别是每个实验结束后,进行下一实验之前,如果发现水位过低,应及时补给水量。

(2)必须保证蒸汽上升管线的畅通,即在给蒸汽加热釜加压之前,两个蒸汽支路控制阀之一必须全开。在转换支路时,应先开启需要的支路阀,再关闭另一支路阀,且开启和关闭控制阀必须缓慢,防止管线截断或蒸汽压力过大突然喷出。

(3)必须保证空气管线的畅通,即在接通风机电源之前,两个空气支路控制阀之一和旁路调节阀必须全开。在转换支路时,应先开启需要的支路阀,再关闭另一支路阀。

(4)务必等待数据稳定后再记录数据,支路调节后第一组应至少稳定 10 min 后读取数据;调节流量后,应至少稳定 3 min 后读取实验数据。

(5)实验中要保持上升蒸汽量的稳定,保持蒸汽压力不变,且保证蒸汽放空口一直有蒸汽放出。

七、数据记录

将实验数据填入表 2-4-1 中。

室温_____℃,实验人_____。

表 2-4-1　换热器实验原始数据记录表(普通光滑管)(强化螺纹管另列)

组数	孔板流量计数据			进口截面		出口截面		管外
	PI2/kPa	t1/℃	DP/kPa	t12气/℃	t13壁/℃	t14气/℃	t15壁/℃	t6汽/℃
1								
2								
⋯								

八、数据处理

(1)按照实验原始数据表,列出计算结果表格,如表 2-4-2 所示,计算各物流定性温度,查找物性参数。

(2)写出一组数据的计算过程,即计算示例;列表计算换热量、传热系数、各准数,以及重要的中间计算结果。

表 2-4-2　换热器实验数据处理结果(普通光滑管)(强化螺纹管另列)

组数	空气流量			管内空气物性			管外水物性					热负荷
	ρ_i	V_i	W_i	t_{mi}	λ_i	μ_i	t_{mo}	ρ_o	λ_o	μ_o	r_o	Q_i
	kg/m³	m³/h	kg/h	℃	W/mK	Pa·s	℃	kg/m³	W/mK	Pa·s	kJ/kg	W
1												
2												
⋯												

组数	管内有关计算结果							管外			总		
	Δt_{mi}	Re	Pr	$\alpha_{i测}$	$\alpha_{i计}$	$Nu_测$	$Nu_计$	Δt_{mo}	$\alpha_{o计}$	$\alpha_{o测}$	Δt_m	$K_测$	$K_计$
	℃			W/m²K				℃	W/m²K		℃	W/m²K	
1													
2													
⋯													

(3)同理列出强化管计算过程和结果,并在同一双对数坐标系中绘制光滑管实验和强化管实验的 Nu - Re 的关系图,比较 Nu 和 Nu_0 值差异;求取光滑管 A 和 m 的值,强化管 B 和 m 的值。要求有准数关联式的回归过程、结果与具体的回归方差分析。

(4)在同一坐标系中绘制光滑管实验和螺纹管实验的 $\Delta P - Nu$ 的关系图。

(5)对实验结果进行分析与讨论。

九、思考题

(1)在本实验中,管壁温度应接近蒸汽温度,还是空气温度?可能的原因是什么?

(2)以空气为被加热介质的传热实验中,当空气流量增大时,壁温如何变化?

(3)数据处理时,哪个温度作为确定物性参数的定性温度?

(4)管内介质的流速对传热系数 α 有何影响?

(5)管内介质流速发生改变时,出口温度如何变化?

(6)蒸汽压强的变化,对 α 关联式有无影响?

实验 5 筛板式精馏塔操作及塔效率测定实验

实验要点:

(1)实验开始前所有阀门应处于关闭状态。

(2)釜内冷液面保持在塔釜高度 2/3 处,严禁干烧。

(3)开车时先通冷凝水再加热,停车时停止加热 15 分钟后再停冷凝水。

(4)及时调节控制加热电压,防止出现塔过热或者加热量不足等现象。

一、实验目的

(1)了解筛板式精馏塔的结构,掌握精馏单元操作的工作原理及精馏流程。

(2)了解精馏过程的主要设备、主要测量点和操作控制点,学习筛板式精馏塔的操作方法。

(3)学会正确使用测量仪表测量数据,学会酒精计法测定样品浓度并能够进行正确换算。

(4)测定精馏塔在全回流条件下稳定操作后的全塔理论板数、总板效率以及单板效率,分析汽液接触状况对总板效率的影响。

(5)测定精馏塔在部分回流条件下稳定操作后的全塔理论板数、总板效率,以及单板效率,分析汽液接触状况对总板效率的影响。

二、实验原理

精馏单元操作是一种分离液体混合物常用的有效方法,其依据是液体中各组分挥发度的差异。在精馏过程中,由塔釜产生的蒸汽沿塔逐板上升与来自塔顶逐板下降的回流液在塔板上多次发生部分汽化和部分冷凝,并进行传热与传质,使混合液达到一定程度的分离。

回流是精馏操作的必要条件,塔顶的回流量与采出量之比称为回流比。回流比是精馏操作的主要参数,它的大小直接影响精馏操作的分离效果和能耗。若塔在最小回流比下操作,要完成分离任务,则需要无穷多块塔板,在工业上是不可行的。若在全回流下操作,既无任何产品的采出,也无任何原料的加入,塔顶的冷凝液全部返回到塔中,这在生产中无任何意义。但是,由于此时所需理论板数最少,易于达到稳定,故常在科学研究及工业装置的开停车及排除故障时采用。通常回流比取最小回流比的 1.2~2.0 倍。

1.全塔效率 E_T

全塔效率又称总板效率,是指达到指定分离效果所需理论板数 N_T 与实际板数 N_P 的比值,即

$$E_T = \frac{N_T - 1}{N_P} \qquad (2-5-1)$$

全塔效率简单地反映了整个塔内塔板的平均效率,说明了塔板结构、物性系数、操作状况对塔分离能力的影响。实验常采用乙醇-水体系,可由已知的汽液平衡数据,以及实验中测得的原料组成、塔顶馏出液和塔底釜液的组成、回流比 R 和进料热状况 q 等,通过图解法求得塔的理论塔板数 N_T。

2.单板效率 E_M

单板效率又称默弗里板效率,如图 2-5-1 所示,是指气相或液相经过一层实际塔板前后的组成变化值与经过一层理论塔板前后的组成变化值之比。

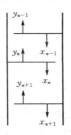

图 2-5-1 塔板气液流向示意

按气相组成变化表示的单板效率为

$$E_{MV} = \frac{y_n - y_{n+1}}{y_n^* - y_{n+1}} \qquad (2-5-2)$$

按液相组成变化表示的单板效率为

$$E_{ML} = \frac{x_{n-1} - x_n}{x_{n-1} - x_n^*} \qquad (2-5-3)$$

以上两式中,y_n、y_{n+1} 为离开第 n、$n+1$ 块塔板的气相组成,摩尔分数;x_{n-1}、x_n 为离开第 $n-1$、n 块塔板的液相组成,摩尔分数;y_n^* 为与 x_n 成平衡的气相组成,摩尔分数;x_n^* 为与 y_n 成平衡的液相组成,摩尔分数。

3.图解法求理论塔板数 N_T

图解法又称麦卡勃-蒂列(McCabe-Thiele)法,简称 M-T 法,其原理与逐板计算法完全相同,只是将逐板计算过程在 $y-x$ 图上直观地表示出来。

精馏段的操作线方程为

$$y_{n+1} = \frac{R}{R+1}x_n + \frac{x_D}{R+1} \qquad (2-5-4)$$

式中,y_{n+1} 为精馏段第 $n+1$ 块塔板上升的蒸汽组成,摩尔分数;x_n 为精馏段第 n 块塔板下流的液体组成,摩尔分数;x_D 为塔顶溜出液的液体组成,摩尔分数;R 为泡点回流下的回流比。

提馏段的操作线方程为

$$y_{m+1} = \frac{L'}{L'-W}x_m - \frac{Wx_W}{L'-W} \qquad (2-5-5)$$

式中,y_{m+1} 为提馏段第 $m+1$ 块塔板上升的蒸汽组成,摩尔分数;x_m 为提馏段第 m 块塔板下流的液体组成,摩尔分数;x_W 为塔底釜液的液体组成,摩尔分数;L' 为提馏段内下流的液体流量,kmol/s;W 为釜液流量,kmol/s。

加料线(q 线)方程可表示为

$$y = \frac{q}{q-1}x - \frac{x_F}{q-1} \qquad (2-5-6)$$

其中

$$q = 1 + \frac{C_{pF}(t_S - t_F)}{r_F} \qquad (2-5-7)$$

式中,q 为进料热状况参数;x_F 为进料液组成,摩尔分数;t_S 为进料液的泡点温度,℃;t_F 为进料液温度,℃;r_F 为进料液体在其组成和泡点温度下的汽化潜热,$r_F = r_1 M_1 x_1 + r_2 M_2 x_2$,kJ/kmol;$C_{pF}$ 为进料液在平均温度$(t_S - t_F)/2$ 下的比热容,$C_{pF} = C_{p1} M_1 x_1 + C_{p2} M_2 x_2$,kJ/(kmol·℃),$C_{p1}$、$C_{p2}$ 分别为纯组分 1 和组分

2 在平均温度下的比热,kJ/(kg·℃);r_1、r_2 分别为纯组分 1 和组分 2 在泡点温度下的汽化潜热,kJ/kg;M_1、M_2 分别为纯组分 1 和组分 2 的摩尔质量,kg/kmol;x_1、x_2 分别为纯组分 1 和组分 2 在进料中的摩尔分率。

回流比 R 的确定:

$$R = \frac{L}{D} \qquad (2-5-8)$$

式中,L 为回流液量,kmol/s;D 为馏出液量,kmol/s。

式(2-5-8)只适用于泡点下回流时的情况,而实际操作时为了保证上升气流能完全冷凝,冷却水量一般都比较大,回流液温度往往低于泡点温度,即冷液回流。

如图 2-5-2 所示,从全凝器出来的温度为 t_R、流量为 L 的液体回流进入塔顶第一块板,由于回流温度低于第一块塔板上的液相温度,离开第一块塔板的一部分上升蒸汽将被冷凝成液体,这样,塔内的实际流量将大于塔外回流量。

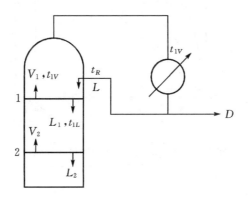

图 2-5-2 塔顶回流示意图

对第一块板作物料、热量衡算:

$$V_1 + L_1 = V_2 + L \qquad (2-5-9)$$

$$V_1 I_{V1} + L_1 I_{L1} = V_2 I_{V2} + L I_L \qquad (2-5-10)$$

对式(2-5-9)、式(2-5-10)整理、化简后,近似可得:

$$L_1 \approx L \left[1 + \frac{c_p (t_{1L} - t_R)}{r} \right] \qquad (2-5-11)$$

即实际回流比:

$$R_1 = \frac{L_1}{D} \qquad (2-5-12)$$

$$R_1 = \frac{L \left[1 + \dfrac{c_p (t_{1L} - t_R)}{r} \right]}{D} \qquad (2-5-13)$$

式中，V_1、V_2 为离开第 1、2 块板的气相摩尔流量，kmol/s；L_1 为塔内实际液流量，kmol/s；I_{V1}、I_{V2}、I_{L1}、I_L 为对应 V_1、V_2、L_1、L 下的焓值，kJ/kmol；r 为回流液组成下的汽化潜热，kJ/kmol；c_p 为回流液在 t_{1L} 与 t_R 平均温度下的平均比热容，kJ/(kmol·℃)。

1）全回流操作

在精馏全回流操作时，操作线在 $y-x$ 图上为对角线，如图 2-5-3 所示，根据塔顶、塔釜的组成在操作线和平衡线间作梯级，即可得到理论塔板数。

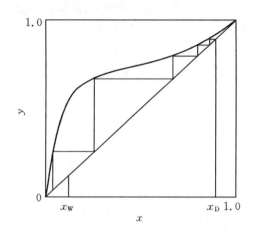

图 2-5-3　全回流时理论塔板数的确定

2）部分回流操作

部分回流操作时，如图 2-5-4 所示，图解法的主要步骤为：

（1）根据物系和操作压力在 $y-x$ 图上作出相平衡曲线，并画出对角线作为辅助线；

（2）在 x 轴上定出 $x=x_D$、x_F、x_W 三点，依次通过这三点作垂线分别交对角线于点 a、f、b；

（3）在 y 轴上定出 $y_c=x_D/(R+1)$ 的点 c，连接 a、c 作出精馏段操作线；

（4）由进料热状况求出 q 线的斜率 $q/(q-1)$，过点 f 作出 q 线交精馏段操作线于点 d；

（5）连接点 d、b 作出提馏段操作线；

（6）从点 a 开始在平衡线和精馏段操作线之间画阶梯，当阶梯跨过点 d 时，就改在平衡线和提馏段操作线之间画阶梯，直至阶梯跨过点 b 为止；

（7）所画的总阶梯数就是全塔所需的理论塔板数（包含再沸器），跨过点 d 的那块板就是加料板，其上的阶梯数为精馏段的理论塔板数。

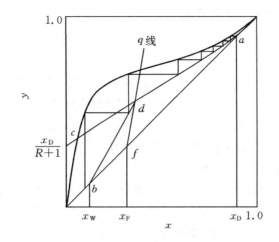

图 2-5-4　部分回流时理论塔板数的确定

三、实验设计

要实施精馏分离,需要根据规定的分离任务(原料处理量、组成,产品的质量或者回收率),选择合适的操作条件(操作压力、进料状况、回流比),通过计算(aspen 软件了解学习)确定该操作条件下所需的理论塔板数和进料位置,依据设计参数和操作条件建造一座精馏塔。其中塔效率是精馏塔的重要设计参数之一,可以通过实验测定。

1.实验方案

分离对象可选用常用的乙醇-水体系(体积分数均为 20%),利用设计建造的板式塔进行常压精馏。实验中根据塔内状况调节塔釜再沸器功率、塔顶冷凝水量和其他操作条件,使精馏操作达到稳定状态,取稳定时塔顶回流液和釜液测其浓度。先进行全回流操作,再进行部分回流操作,通过作图法(图 2-5-3 和图 2-5-4)求取理论塔板数,即可得到不同操作条件下的全塔效率。

2.主要物理量测试和方法

为方便显示及控制,塔压、各点温度和液位均采用传感器配合相应智能仪表测定;加热电压由智能仪表调节控制;进料、出料和回流量采用转子流量计测定;各组分取样后由酒精计测得体积分数,通过密度和分子量换算得到摩尔分数 x_F、x_D 和 x_W。

化学工程实验 第二版

3.实验装置流程及数据测试点

实验流程如图 2-5-5 所示,原料由进料泵从原料罐经过转子流量计计量后进入精馏塔内,精馏塔为筛板塔,塔内径 76 mm,有 16 块塔板。再沸器内液体经过电加热后产生蒸汽穿过塔内的塔板后到达塔顶,蒸汽经过塔顶冷凝器全凝后变成冷凝液经回流罐后,一部分由回流泵经过回流转子流量计 F2 计量后回到塔内,另一部分由采出转子流量计 F3 计量后到达塔顶产品储罐。

塔釜液体经过塔釜冷凝器冷却并经流量计 F5 计量后流入塔釜产品储罐内,也可以设定再沸器液位 L2 最高限电磁阀联动。

冷却水经转子流量计 F4 计量后进入塔顶冷凝器及塔釜冷凝器后流入地沟。

再沸器加热电压采用仪表 E1 手动或自动进行调节,原料进入塔内温度由仪表 T12 手动或自动进行调节。回流罐液位 L1 可以通过仪表 L1 手动或自动进行调节。

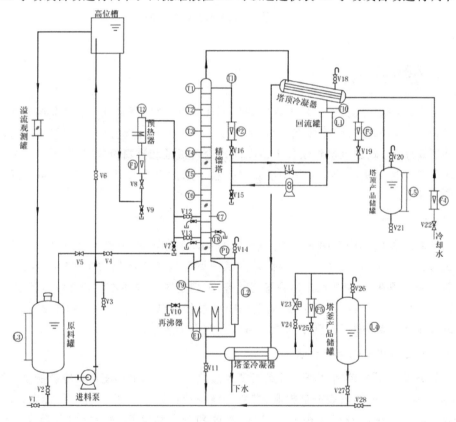

图 2-5-5 精馏装置流程示意图

主要设备见表 2-5-1,仪表面板图见图 2-5-6 。

表 2 - 5 - 1 实验装置主要设备型号及结构参数

序号	位号	名 称	规格、型号
1		筛板精馏塔	16 块塔板、塔内径 $d=76$ mm、板间距 110 mm
2		原料罐	$\varnothing=350$ mm、高 380 mm
3		高位槽	长 270 mm×宽 160 mm×高 200 mm
4		回流罐	$\varnothing 60×2$ mm、高 200 mm
5		塔顶产品储罐	$\varnothing 200×5$ mm、高 260 mm
6		塔釜残液罐	$\varnothing 200×5$ mm、高 260 mm
7		溢流观测罐	$\varnothing 80×2$ mm、高 100 mm
8		进料泵	不锈钢离心泵
9		预热器	$\varnothing 80$ mm、长 100 mm、电加热最大功率 250 W
10		塔顶冷凝器	$\varnothing 89$ mm、长 600 mm
11		塔釜冷凝器	$\varnothing 76$ mm、长 200 mm
12		再沸器	$\varnothing 260$ mm、高 400 mm、电加热最大功率 2.5 kW
13	T1	塔顶温度	PT100、温度传感器、远传显示
14	T2	第 3 块板温度	PT100、温度传感器、远传显示
15	T3	第 5 块板温度	PT100、温度传感器、远传显示
16	T4	第 7 块板温度	PT100、温度传感器、远传显示
17	T5	第 9 块板温度	PT100、温度传感器、远传显示
18	T6	第 11 块板温度	PT100、温度传感器、远传显示
19	T7	第 13 块板温度	PT100、温度传感器、远传显示
20	T8	第 15 块板温度	PT100、温度传感器、远传显示
21	T9	再沸器内温度	PT100、温度传感器、远传显示
22	T11	蒸汽冷凝液温度	PT100、温度传感器、远传显示
23	T12	回流液温度	PT100、温度传感器、远传显示
24	T10	预热器温度	PT100、温度传感器、远传显示和控制
25		T1—T2 测量仪表	AI702 多路显示仪表
26		T3—T4 测量仪表	AI702 多路显示仪表
27		T5—T6 测量仪表	AI702 多路显示仪表

序号	位号	名　称	规格、型号
28		T7—T8 测量仪表	AI702 多路显示仪表
29		T9—T11 测量仪表	AI702 多路显示仪表
30		T12 测量仪表	AI501 单路显示仪表
31		进料温度 T10 测量、控制仪表	AI519 数显控制仪表
32	P1	塔釜压力表	0~6 kPa、就地显示
33		塔釜压力显示仪表	AI501 单路显示仪表
34	L1	回流罐液位/mm	玻璃管液位计、就地显示
35	L2	再沸器液位/mm	磁翻转液位计量程:0~690 mm、远传显示和控制
36		再沸器液位测量控制仪表	AI501 数显仪表
37	F1	进料流量/(L·h⁻¹)	LZB－4F(1—10)、就地显示
34	F2	回流流量/(L·h⁻¹)	LZB－4F(1—10)、就地显示
35	F3	塔顶采出流量/(L·h⁻¹)	LZB－4F(1—10)、就地显示
36	F4	塔釜采出流量/(L·h⁻¹)	LZB－4F(1—10)、就地显示
37	F5	冷却水流量/(L·h⁻¹)	LZB－10(16—160)、就地显示
38	E1	塔釜加热功率测量及控制仪表	AI519 数显控制仪表
39	V	不锈钢阀门	球阀、针形阀和闸板阀

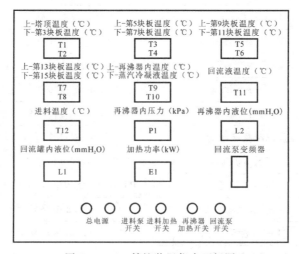

图 2-5-6　精馏装置仪表面板图

四、实验步骤

1.实验前准备工作

(1)将测量浓度用工具和仪器准备好(酒精计,温度计,100 mL 量筒,烧杯等)。

(2)向原料罐内配制 30 L 左右体积分数约为 20%的乙醇水溶液。

2.开车准备

(1)开启总电源、仪表盘电源,查看再沸器加热电压表、温度显示、实时监控仪是否处于正常状态。

(2)检查供水系统,打开冷却水上水阀,检查有无供水,供水系统正常后关上水阀。

(3)检查实验管路阀门,检查每个阀门是否处于正常位置(V2 处于全开,其余阀门全部关闭)。

(4)向再沸器送料,启动进料泵开关,打开直接进料阀门 V4,全开塔釜放空阀 V14,向精馏釜内加料到冷液面在釜总高 2/3 处(液位 40 cm),然后关闭直接进料阀门和进料泵,关闭放空阀。

3.开车及全回流操作实验

(1)打开冷却水给水阀 V22,调节流量计 F45 至适宜(200 L/h)。

(2)调节好再沸器加热功率(2.5 kW 左右),开启电加热器对再沸器内液体进行加热。观察在塔板上建立液层后再适当调节功率(加大多少视实际情况而定),使塔内维持正常操作。

(3)当观察塔板鼓泡均匀,回流罐有回流后,启动回流泵,调节回流转子流量计维持回流罐液位恒定,稳定 20 min 左右。期间要随时观察塔内传质情况直至操作稳定。注意回流量由流量计 F2 计量、用调节回流泵变频器频率和阀门 V16 联合调节至流量稳定(全回流时建议 L1 选择自动控制,这时阀门 V16 需全开)。

(4)观察塔内再沸器加热功率、回流罐液位、塔内压力、塔内温度和回流液温度,等稳定 10 min 后记录一组塔内温度、加热电压和塔压降等实验数据。

(5)测定全塔效率时在塔顶取样口 V15 和塔釜取样口 V10 处分别取样,用酒精计测量浓度。测定单板效率时分别在第 13、14、15 块塔板取样口处取样,用酒精计测量浓度。

全回流实验结束后,经教师检查实验数据合格后开始部分回流实验。

4.部分回流操作实验

(1)确定进料位置和进料温度后开启进料阀 V6,启动进料泵,待高位槽的溢流观测罐有溢流后打开阀门 V8 向预热器内注入原料流经流量计 F1,此时打开阀门 V7 排气。

(2)当预热器注满液体后,关闭阀门 V7,打开选定的进料位置阀门,调节转子流量计 F1,以 2.0~4.0 L/h 的流量向塔内加料。(如果选择预热进料,务必当预热器注满液体后方可开启进料预热开关。因为预热需要时间,该步骤可以提前进行。)

(3)打开出料转子流量计,确定好操作时回流比(参考回流比为 2~4),全开塔顶产品储罐放空阀门,塔顶馏出液收集在塔顶产品储罐中。

(4)此时适当增大塔釜加热功率,并且切换回流罐液位 L1 为手动控制,随时观察塔板上传质状况,记录加热量、塔内温度、塔压降、回流比和进料量等数据,并始终处于稳定加热状态,保持进出精馏塔平衡,要求回流罐液位 L1、再沸器液位 L2 稳定。

(5)确定部分回流操作稳定后(20 min 左右)在塔顶、进料和塔釜取样口处分别取样,测取塔顶、塔釜、进料浓度并记录进料温度。用于计算部分回流总板效率。

5.结束停车

(1)教师检查实验数据并签字后方可结束实验。

(2)此时关闭进料阀门,停泵,关闭加热开关。待精馏塔内没有上升蒸汽时,关闭回流泵,关闭冷却水。各阀门恢复初始开车前的状态。

(3)实验结束后,将使用过的仪器放回原处,将产品、测试样品倒入原料罐中并打扫实验室卫生,将实验室水电切断后,方能离开实验室。

五、实验注意事项

(1)由于实验所用物品系易燃物品,所以实验中要特别注意安全,操作过程中避免洒落以免发生危险。

(2)本实验设备加热功率由仪表自动调节,注意控制加热升温要缓慢,以免发生爆沸(过冷沸腾)使釜液从塔顶冲出。若出现此现象应立即断电,重新操作。升温和正常操作过程中釜的加热电功率不能过大。

(3)开车时要先接通冷却水再向塔釜供热,停车时操作反之。

(4)当有进料流量并充满进料预热器后方可以通电加热,开车时先开进料后开加热,停车时先关加热后停止进料避免加热器干烧,进料预热器温度控制在 50 ℃ 以下。

(5)为便于对全回流和部分回流的实验结果(塔顶产品质量)进行比较,应尽量使两组实验的加热电压及所用料液浓度相同或相近。连续实验时,应将前一次实验时留存在塔釜、塔顶、塔底产品储罐内的料液倒回原料液储罐中循环使用。

六、实验数据和报告

要求提前设计好实验数据记录表格、全回流实验数据记录表和部分回流实验数据表。表格应包含温度、压力、液位、进料量、回流量、冷凝水量,以及各组分体积分数、质量分数和摩尔分数。

七、实验报告

(1)记录实验详细过程。
(2)已知乙醇-水平衡曲线,利用图解法求出全回流操作所需理论板数和实验回流比下所需理论板数。
(3)计算全回流操作和实验回流比下的全塔效率。
(4)讨论实验结果。

八、思考题

(1)什么是全回流?全回流操作有哪些特点,在生产中有什么实际意义?如何测定全回流条件下的气液负荷?
(2)塔釜加热对精馏操作的参数有什么影响?塔釜加热量主要消耗在何处?与回流量有无关系?
(3)如何判断塔的操作已达到稳定?
(4)当回流比 $R < R_{min}$ 时,精馏塔是否还能进行操作?如何确定精馏塔的操作回流比?
(5)冷液进料对精馏塔操作有什么影响?进料口如何确定?
(6)塔板效率受哪些因素影响?
(7)精馏塔的常压操作如何实现?如果要改为加压或减压操作,如何实现?

实验6　填料塔流体力学性能及传质实验

A　单塔氧解吸实验

实验要点:

(1)风机启动前,需要检查出口阀门开关位置。

(2)测干填料时填料要吹干,测湿填料时填料要先液泛。

(3)安全使用氧气瓶。

一、实验目的及任务

(1)熟悉填料塔的构造与操作。

(2)观察填料塔流体力学状况,测定压降与气速的关系曲线。

(3)掌握总传质系数 $K_x a$ 的测定方法并分析影响因素。

(4)学习气液连续接触式填料塔的结构及利用传质速率方程处理传质问题的方法。

二、实验基本原理

本装置先用吸收柱使水吸收纯氧形成富氧水(并流操作),随后将富氧水送入解吸塔顶用空气进行解吸,实验需测定不同液量和气量下的解吸总传质系数 $K_x a$,并进行关联,得到 $K_x a = A L^a \cdot V^b$ 的关联式,同时对四种不同填料的传质效果及流体力学性能进行比较。本实验引入了计算机在线数据采集技术,加快了数据记录与处理的速度。

1.填料塔流体力学特性

气体通过干填料层时,流体流动引起的压降和湍流流动引起的压降规律相一致。如图 2-6-1 所示,在双对数坐标系中,此压降对气速作图可得一斜率为 1.8~2 的直线(图中 aa 线)。当有喷淋量时,在低气速下(c 点以前)压降也正比于气速的 1.8~2 次幂,但大于同一气速下干填料的压降(图中 bc 段)。随气速的增加,出现载点(图中 c 点),持液量开始增大,压降-气速线向上弯,斜率变大(图中 cd 段)。到液泛点(图中 d 点)后,在几乎不变的气速下,压降急剧上升。

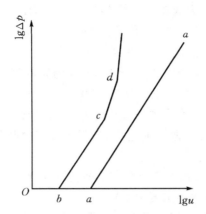

图 2 - 6 - 1　填料层压降-气速关系示意图

2.传质实验

填料塔与板式塔气液两相接触情况不同。在填料塔中,两相传质主要是在填料有效湿表面上进行,需要计算完成一定吸收任务所需填料高度,其计算方法有:传质系数法、传质单元法和等板高度法。

本实验是对富氧水进行解吸。由于富氧水浓度很小,可认为气液两相的平衡关系服从亨利定律,即平衡线为直线,操作线也是直线,因此可以用对数平均浓度差计算填料层传质平均推动力。整理得到相应的传质速率方式为

$$G_A = K_x a \cdot V_p \cdot \Delta x_m \qquad (2-6-1)$$

$$K_x a = \frac{G_A}{V_p \cdot \Delta x_m} \qquad (2-6-2)$$

式中,$\Delta x_m = \dfrac{(x_1 - x_{e1}) - (x_2 - x_{e2})}{\ln \dfrac{x_1 - x_{e1}}{x_2 - x_{e2}}}$,$G_A = L(x_1 - x_2)$,$V_p = Z \cdot \Omega$。

相关的填料层高度的基本计算式为

$$Z = \frac{L}{K_x a \cdot \Omega} \int_{x_2}^{x_1} \frac{\mathrm{d}x}{x_e - x} = H_{OL} \cdot N_{OL} \qquad (2-6-3)$$

即

$$H_{OL} = \frac{Z}{N_{OL}} \qquad (2-6-4)$$

其中

$$N_{OL} = \int_{x_2}^{x_1} \frac{\mathrm{d}x}{x_e - x} = \frac{x_1 - x_2}{\Delta x_m}, \quad H_{OL} = \frac{L}{K_x a \cdot \Omega}$$

式中,G_A 为单位时间内氧的解吸量,kmol/h;$K_x a$ 为总体积传质系数,kmol/m³·h·Δx;

V_P 为填料层体积，m^3；Δx_m 为液相对数平均浓度差；x_1 为液相进塔时的摩尔分率（塔顶）；x_{e1} 为与出塔气相 y_1 平衡的液相摩尔分率（塔顶）；x_2 为液相出塔的摩尔分率（塔底）；x_{e2} 为与进塔气相 y_2 平衡的液相摩尔分率（塔底）；Z 为填料层高度，m；Ω 为塔截面积，m^2；L 为解吸液流量，$kmol/h$；H_{OL} 为以液相为推动力的传质单元高度；N_{OL} 为以液相为推动力的传质单元数。

由于氧气为难溶气体，在水中的溶解度很小，因此传质阻力几乎全部集中于液膜中，即 $K_x = k_x$，由于是液膜控制过程，所以要提高总传质系数 $K_x a$，则应增大液相的湍动程度。

在 y-x 图中，解吸过程的操作线在平衡线下方，在本实验中也是一条平行于横坐标的水平线（因氧在水中浓度很小）。

备注：本实验在计算时，气液相浓度的单位用摩尔分率而不用摩尔比，这是因为在 y-x 图中，平衡线为直线，操作线也是直线，用摩尔分率计算比较简单。

三、实验装置说明与操作

1.基本数据

解吸塔径 $\varnothing = 0.1$ m，吸收塔径 $\varnothing = 0.032$ m，填料层高度分别为 0.8 m 陶瓷拉西环和 0.83 m 金属 θ 环，如表 2-6-1 所示。

表 2-6-1　填料参数

陶瓷拉西环	12×12×1.3(mm)	$a_t = 403(m^2/m^3)$	$\varepsilon = 0.764(m^3/m^3)$	$a_t/\varepsilon = 903(m^2/m^3)$
金属 θ 环	10×10×0.1(mm)	a_t—540	ε—0.97	

2.实验流程

图 2-6-2 是氧气吸收解吸装置流程图。氧气由氧气钢瓶供给，经减压阀 2 进入氧气缓冲罐 4，稳压在 0.03～0.04 MPa，为确保安全，缓冲罐上装有安全阀 6，由阀 7 调节氧气流量，并经转子流量计 8 计量，进入吸收塔 9 中，与水并流吸收。富氧水经管道在解吸塔的顶部喷淋，空气由风机 13 供给，经缓冲罐 14，由阀 16 调节流量经转子流量计 17 计量，通入解吸塔底部解吸富氧水，解吸后的尾气从塔顶排出，贫氧水从塔底经平衡罐 19 排出。氧气瓶及气体减压器的安全操作见附录 F、G。

自来水经调节阀 10，由转子流量计 17 计量后进入吸收柱。

由于气体流量与气体状态有关，所以每个气体流量计前均有表压计和温度计。空气流量计前装有计前表压计 23。为了测量填料层压降，解吸塔装有压差计 22。

在解吸塔入口设有富氧水取样阀 12,用于采集入口水样,出口水样在塔底排液平衡罐上贫氧水取样阀 20 取样。

两水样液相氧浓度由 9070 型测氧仪测得。

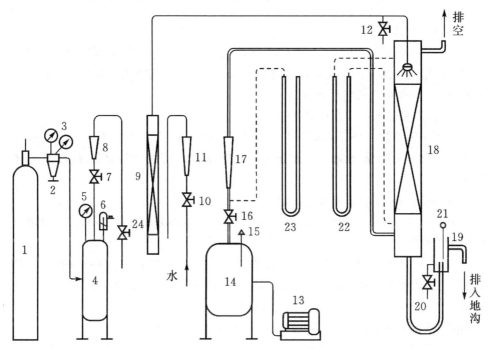

1—氧气钢瓶;2—氧减压阀;3—氧压力表;4—氧缓冲罐;5—氧压力表;6—安全阀;

7—氧气流量调节阀;8—氧转子流量计;9—吸收塔;10—水流量调节阀;

11—水转子流量计;12—富氧水取样阀;13—风机;14—空气缓冲罐;15—温度计;

16—空气流量调节阀;17—空气转子流量计;18—解吸塔;19—液位平衡罐;

20—贫氧水取样阀;21—温度计;22—压差计;23—流量计前表压计;24—防倒灌阀。

图 2-6-2　氧气吸收与解吸实验流程图

3.操作

1)流体力学性能测定

(1)测定干填料压降时,塔内填料务必事先吹干。

(2)测定湿填料压降:

①测定前要进行预液泛,使填料表面充分润湿。

②实验接近液泛时,进塔气体的增加量要减小,否则图中泛点不容易找到。密切观察填料表面气液接触状况,并注意填料层压降变化幅度,务必在各参数稳定后再读数据,液泛后填料层压降在几乎不变气速下明显上升,务必要掌握这个特点。

稍稍增加气量,再取一、两个点即可。注意不要使气速过分超过泛点,避免冲破和冲跑填料。

(3)注意空气转子流量计的调节阀要缓慢开启和关闭,以免转子撞破玻璃管。

2)传质实验

(1)氧气经减压后进入缓冲罐,罐内压力保持在 0.03～0.04 MPa,不要过高,并注意减压阀使用方法。为防止水倒灌进入氧气转子流量计中,通水前要关闭防倒灌阀 24,或先通入氧气后通水。

(2)传质实验操作条件选取:

水喷淋密度取 10～15 $m^3/m^2 \cdot h$,空塔气速 0.5～0.8 m/s 氧气入塔流量为 0.01～0.02 m^3/h,适当调节氧气流量,使吸收后的富氧水浓度控制在不大于 0.0199‰。

(3)塔顶和塔底液相氧浓度测定:

分别从塔顶与塔底取出富氧水和贫氧水,用溶氧仪分析各自氧的含量。(溶氧仪的使用见附录 E)

(4)实验完毕,关闭氧气时,务必先关氧气钢瓶总阀,然后才能关闭减压阀 2 及调节阀 8。检查总电源、总水阀及各管路阀门,确认安全后方可离开。

四、实验数据记录

本实验中的水流量,空气流量,空气压力,空气温度,塔压降等物理量测量都是双测量方式,既可以通过 U 管压差计及转子流量计,又可以通过传感器自动采集到智能仪表,通过软件采集数据到计算机。实验数据填入表 2-6-2 至表 2-6-4。

表 2-6-2　干填料时塔压降与气体流速实验数据

序数	空气流量 /($m^3 \cdot h^{-1}$)	空气压力/mmH_2O	空气温度/℃	塔压降/mmH_2O
1				
2				
...				

表 2-6-3　湿填料时塔压降与气体流速实验数据

序数	水流量 /(L·h⁻¹)	水温度 /℃	空气流量 /(m³·h⁻¹)	空气压力 /mmH₂O	空气温度 /℃	塔压降 /mmH₂O
1						
2	第一喷淋量					
...						
1						
2	第二喷淋量					
...						

表 2-6-4　传质实验数据记录

与空气达到氧溶解平衡水溶液中氧浓度(mg/L)：＿＿＿＿＿＿＿＿＿；

水流量 /(L·h⁻¹)	水温度 /℃	空气流量 /(m³·h⁻¹)	空气压力 /mmH₂O	空气温度 /℃	塔压降 /mmH₂O	富氧水氧浓度 /(mg·L⁻¹)	贫氧水氧浓度 /(mg·L⁻¹)

五、数据处理

(1)氧气在不同温度下的亨利系数 E 可用下式求取：

$$E=(-8.5694\times10^{-5}t^2+0.07714t+2.56)\times10^6(kPa)$$

(2)总传质系数 $K_x a$ 及液相总传质单元高度 H_{OL} 整理步骤：

①使用状态下的空气流量 V_2：

$$V_2=V_1\frac{P_1 T_2}{P_2 T_1}(m^3\cdot h^{-1})$$

式中，V_1 为空气转子流量计示值，m³/h；T_1、P_1 为标定状态下空气的温度和压强，K、kPa；T_2、P_2 为使用状态下空气的温度和压强，K、kPa。

②单位时间氧解吸量 G_A：

$$G_A=L(x_1-x_2)$$

式中，L 为水流量，kmol/h；x_1、x_2 为液相进塔、出塔的摩尔分率。

③进塔气相浓度 y_2，出塔气相浓度 y_1：

$$y_1=y_2=0.21$$

④对数平均浓度差 Δx_m：

$$\Delta x_m = \frac{(x_1 - x_{e1}) - (x_2 - x_{e2})}{\ln \dfrac{x_1 - x_{e1}}{x_2 - x_{e2}}}$$

$$x_{e1} = y_1/m \quad , x_{e2} = y_2/m$$

式中,m 为相平衡常数,$m = E/P$;E 为亨利常数;P 为系统总压强,$P =$ 大气压 $+$ 1/2(填料层压差)。

⑤液相总体积传质系数 $K_x a$

$$K_x a = \frac{G_A}{V_P \cdot \Delta x_m}$$

式中,V_p 为填料层体积,m^3。

⑥液相总传质单元高度 H_{OL}(m)

$$H_{OL} = \frac{L}{K_x a \cdot \Omega}$$

式中,L 为水的流量,kmol/s;Ω 为填料塔截面积,m^2。

(3)不同温度氧在水中的浓度见表 2-6-5。(溶氧仪校正参考附录 E)

表 2-6-5　不同温度氧在水中的浓度

温度/℃	浓度/mg·L⁻¹	温度/℃	浓度/mg·L⁻¹	温度/℃	浓度/mg·L⁻¹
0.00	14.6400	12.00	10.9305	24.00	8.6583
1.00	14.2453	13.00	10.7027	25.00	8.5109
2.00	13.8687	14.00	10.4838	26.00	8.3693
3.00	13.5094	15.00	10.2713	27.00	8.2335
4.00	13.1668	16.00	10.0699	28.00	8.1034
5.00	12.8399	17.00	9.8733	29.00	7.9790
6.00	12.5280	18.00	9.6827	30.00	7.8602
7.00	12.2305	19.00	9.4917	31.00	7.7470
8.00	11.9465	20.00	9.3160	32.00	7.6394
9.00	11.6752	21.00	9.1357	33.00	7.5373
10.00	11.4160	22.00	8.9707	34.00	7.4406
11.00	11.1680	23.00	8.8116	35.00	7.3495

(1)根据实验数据,在双对数坐标内,绘出填料塔干填料和有喷淋量时塔压降随气体流速的变化关系,标出湿填料的载点和泛点。

(2)根据传质实验数据,计算出传质系数 $K_x a$。

B 双塔二氧化碳吸收与解吸联动实验

实验要点:

(1)启动风机和泵前,检查旁路阀和出口阀开关位置。

(2)测干填料时填料要吹干,测湿填料时填料要先液泛。

(3)双塔液体流量维持一致,保持缓冲罐液位稳定。

一、实验目的及任务

(1)了解填料塔的构造,熟悉吸收与解吸流程,练习并掌握填料塔操作方法。

(2)观察气液两相在连续接触式塔设备内的流体力学状况,测定不同液体喷淋量下塔压降与空塔气速的关系曲线,并确定一定液体喷淋量下的液泛气速。

(3)掌握吸收或者解吸总传质系数 $K_x a$ 的测定方法,利用传质速率方程进行数据处理,并分析气体流量和液体喷淋量对 $K_x a$ 的影响。

(4)进行吸收解吸联合操作。

二、实验基本原理

1.填料塔流体力学性能

填料的作用主要是增加气液两相的接触面积,而气体在通过填料层时,由于存在局部阻力和摩擦阻力而产生压降。气体通过填料层压降的大小决定了塔的动力消耗,因此塔压降是塔设计中的重要参数,其大小与填料的类型和尺寸、气体流量和液体流量均有关;当填料一定时,塔压降 ΔP 与空塔气速 u 的关系如图 2-6-3 所示。

气体通过干填料层时,流体流动引起的压降和湍流流动引起的压降规律相一致。在双对数坐标系中,当无液体喷淋即喷淋量 $L_0 = 0$ 时,塔压降对气速作图可得一斜率为1.8～2的直线(图中线0)。当有喷淋量时,塔压降随空塔气速的关系出现折点。在低气速下压降正比于气速的1.8～2次幂。随气速的增加,出现载点(图中 A_1 点),持液量开始增大,压降-气速线向上弯,斜率变陡(图中 A_1B_1 段)。到液泛点(图中 B_1 点)后,在几乎不变的气速下,压降急剧上升。载点和泛点将 $\Delta P - u$ 关系分为三个区段:恒持液量区、载液区及液泛区。

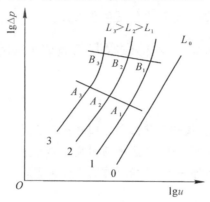

图2-6-3 塔压降与空塔气速的关系

2.传质实验

传质系数是决定传质过程速率高低的重要参数,实验测定可获取传质系数。对于相同的物系及一定的设备(填料类型与尺寸),传质系数随着操作条件及气液接触状况的不同而变化,吸收和解吸的流程如图2-6-4及图2-6-5所示。

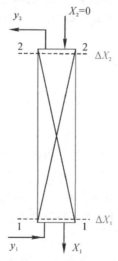

图2-6-4 吸收流程图

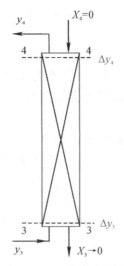

图 2 - 6 - 5　解吸流程图

根据传质速率方程,假定总体积传质系数为常数,在等温、低吸收率(或低浓、难溶等)条件下,可认为气液两相的平衡关系服从亨利定律,即平衡线为直线,操作线也是直线,因此可以用对数平均浓度差计算填料层传质平均推动力,整理得到相应的传质速率方程。

以吸收为例:

$$G_A = K_x a \cdot V_P \cdot \Delta Xm \qquad (2-6-5)$$

$$K_x a = G_A / (V_p \cdot \Delta X_m) \qquad (2-6-6)$$

式中:$K_x a$ 为总传质系数,$\mathrm{kmol/m^3 \cdot h}$;$V_P$ 为填料层体积,$V_p = Z \cdot \Omega$,$\mathrm{m^3}$;G_A 为单位时间吸收或解吸量,$\mathrm{kmol/h}$;ΔX_m 为填料塔平均推动力(液相对数平均浓度差,吸收和解吸通用,只是推动力的方向相反)。

通过实验测量得到 G_A 和 ΔX_m,则可计算得到总传质系数。

$$G_A = L_S(X_1 - X_2) = G_B(Y_1 - Y_2) \qquad (2-6-7)$$

$$\Delta X_m = \frac{\Delta X_2 - \Delta X_1}{\ln \dfrac{\Delta X_2}{\Delta X_1}}, \; \Delta X_2 = X_{e2} - X_2 \; \begin{matrix} X_{e2} = \dfrac{Y_2}{m} \\ , \\ X_{e1} = \dfrac{Y_1}{m} \end{matrix} \qquad (2-6-8)$$

$$\Delta X_1 = X_{e1} - X_1$$

相关的填料层高度的基本计算式为

$$H_{OL} = Z/N_{OL}, \; N_{OL} = \int_{x_2}^{x_1} \frac{\mathrm{d}x}{x_e - x} = \frac{x_1 - x_2}{\Delta x_m}, H_{OL} = \frac{L}{K_x a \cdot \Omega}$$

$$(2-6-9)$$

以上三式中:L_S 为吸收剂量;G_B 为稀有气体量;X_2 为液相进塔时的摩尔比(塔顶);X_1 为液相出塔的摩尔比(塔底);Y_1 为气相进塔的摩尔比(塔底);Y_2 为气相出塔时的摩尔比(塔顶);X_{e1} 为与出塔气相 Y_1 平衡的液相摩尔比(塔顶);X_{e2} 为与进塔气相 Y_2 平衡的液相摩尔比(塔底);m 为相平衡常数;Z 为填料层高度,m;Ω 为塔截面积,m^2;H_{OL} 为以液相为推动力的传质单元高度;N_{OL} 为以液相为推动力的传质单元数。

难溶气体在水中的溶解度很小,因此传质阻力几乎全集中于液膜中,即 $K_x = k_x$,由于属液膜控制过程,所以要提高总传质系数 $K_x a$,应增大液相的湍动程度。

三、实验设计

1.实验方案

实验主体装置为双填料塔(采用不同填料),选用难溶体系(水和 CO_2)。在吸收塔中用水吸收空气和 CO_2 混合气中的 CO_2,在解吸塔中用空气解吸水中的 CO_2。塔内液相从上向下喷淋,气相从下向上,逆流接触。常压下,可改变气相和液相的流量,测定气相的进出口浓度,则可计算得到不同条件下填料塔的吸收和解吸传质系数。

2.数据测试点及方法

实验整体测量方法:气相流量采用质量流量计,液相流量采用涡轮流量计,CO_2 流量采用气体转子流量计;温度采用电阻温度计;塔压力降采用 U 管差压计;气体进出口浓度由二氧化碳分析仪在线测出。

实验中气相和液相流量为控制点,通过设置阀门来调节控制。

(1)填料塔流体力学性能(拉西环)。设定吸收塔液体流量 L(m^3/h),改变气体流量从小到大,得到相应的塔压降。注意保证布点均匀,有液体喷淋量时多取几个点。

(2)吸收传质系数测定。根据式(2-6-6),需要通过实验测得 G_A 和 ΔX_m,则可计算得到总传质系数。

①G_A 的计算。由涡轮流量计测得水流量 V_{S1}(L/h),质量流量计测得空气流量 V_{B1}(m^3/h)(显示流量为 20 ℃,101.325 kPa 标准状态),CO_2 分析仪直接读出 y_1 及 y_2(mol%)。通过换算可以得到吸收剂量 L_{S1} 和稀有气体量 G_{B1}。

$$L_{S1}(kmol/h) = V_{S1} \cdot \frac{\rho_水}{M_水}$$

$$G_{B1} = \frac{V_{B1} \cdot \rho_0}{M_{空气}} \quad (标准状态下 \rho_0 = 1.205, M_{空气} = 29)$$

一般认为吸收剂水中不含 CO_2，则 $X_2=0$，则由式（2-6-7）可计算出 G_A 和 X_1。

②吸收塔平均推动力 ΔX_m 的计算。根据测出的水温可插值求出亨利常数 E（atm），本实验为 $p=1$（atm），则 $m=E/p$。

根据公式 $Y=\dfrac{y}{1-y}$，将 y 换算为 Y，则 $Y_1=\dfrac{y_1}{1-y_1}$，$Y_2=\dfrac{y_2}{1-y_2}$，则可通过式（2-6-8）得到 ΔX_m。

（3）解吸实验：

①G_A 的计算。同理，由涡轮流量计测得水流量 V_{S2}（L/h），质量流量计测得空气流量 V_{B2}（m^3/h）（显示流量为 20 ℃，101.325 kPa 标准状态），CO_2 分析仪直接读出 y_3 及 y_4（mol%）。通过换算可以得到吸收剂量 L_{S2} 和稀有气体量 G_{B2}。

$$L_{S2}(\text{kmol/h})=V_{S2}\cdot\frac{\rho_水}{M_水}$$

$$G_{B2}=\frac{V_{B2}\cdot\rho_0}{M_{空气}}\quad（标准状态下 \rho_0=1.205，M_{空气}=29）$$

因为解吸塔是直接将吸收后的液体用于解吸，则进塔液体浓度 X_4（解吸塔）即为前面吸收计算出来的实际浓度 X_1（吸收塔）；则可计算出 G_a 和 X_3。若解吸塔足够高或者解吸足够充分，X_3 趋近于 0。

②解吸塔平均推动力 ΔY_m 的计算。根据测出的水温可插值求出亨利常数 E（atm），本实验为 $p=1$（atm），则 $m=E/p$。

根据公式 $Y=\dfrac{y}{1-y}$，将 y 换算为 Y，则 $Y_3=\dfrac{y_3}{1-y_3}$，$Y_4=\dfrac{y_4}{1-y_4}$。则可通过式（2-6-8）变换得到 ΔY_m。

$$\Delta Y_m=\frac{\Delta Y_4-\Delta Y_3}{\ln\dfrac{\Delta Y_4}{\Delta Y_3}}，\ \Delta Y_4=Y_{e4}-Y_4\ \ Y_{e4}=m\cdot X_4，\Delta Y_3=Y_{e3}-Y_3，Y_{e3}=m\cdot X_3$$

3.实验装置及流程

（1）实验流程如图 2-6-6 所示。

气：空气来自风机出口总管，分成两路，一路经流量计 FI01 与来自流量计 FI05 的 CO_2 气混合后进入填料吸收塔底部，与塔顶喷淋下来的吸收剂（水，也称作贫液）逆流接触吸收，吸收后的尾气排入大气。另一路经流量计 FI03 进入填料解吸塔底部，与塔顶喷淋下来的含 CO_2 水溶液（也称作富液）逆流接触进行解吸，解吸后的尾气排入大气。钢瓶中的 CO_2 经减压阀、调节阀 VA05、流量计 FI05，进入吸收塔；

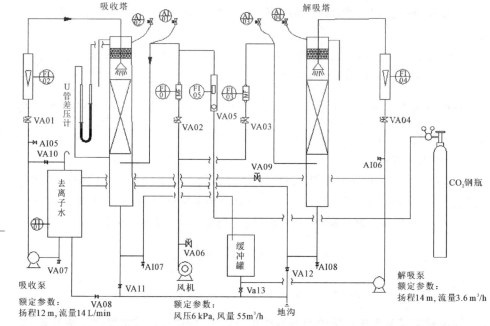

VA01—吸收液流量调节阀;VA02—吸收塔空气流量调节阀;VA03—解吸塔空气流量调节阀;
　　VA04—解吸液流量调节阀;VA05—吸收塔CO₂流量调节阀;VA06—风机旁路调节阀;
　　VA07—吸收泵放净阀;VA08—水箱放净阀;VA09—解吸液回流阀;VA10—吸收泵回流阀;
　　AI01—吸收塔进气采样阀;AI02—吸收塔排气采样阀;AI03—解吸塔进气采样阀;
　　AI04—解吸塔排气采样阀;AI05—吸收塔塔顶液体采样阀;AI06—吸收塔塔底液体采样阀;
　　AI07—解吸塔塔顶液体采样阀;AI08—解吸塔塔底液体采样阀;VA11—吸收塔放净阀;
　　VA12—解吸塔放净阀;VA13—缓冲罐放净阀;TI01—液相温度;FI01—吸收塔空气流量计;
FI02—吸收液流量计;FI03—解吸塔空气流量计;FI04—解吸液流量计;FI05—CO₂气体流量计。

图 2-6-6　吸收与解吸实验流程图

液:吸收用水为水箱中的去离子水,经吸收泵和流量计 FI02 送入吸收塔顶,吸收二氧化碳后进入塔底成为富液,经解吸泵和流量计 FI04 进入解吸塔顶,富液和解吸用空气接触后流入塔底,经解吸后的贫液从解吸塔底经倒 U 管溢流至水箱。

取样点:在吸收塔气相进口设有取样点 AI01,出口管上设有取样点 AI02,在解吸塔气体进口设有取样点 AI03,出口有取样点 AI04,待测气体从取样口进入二氧化碳分析仪进行含量分析。

(2)设备参数:

吸收塔:塔内径 100 mm;填料层高 550 mm;填料为陶瓷拉西环;丝网除沫。

解吸塔:塔内径 100 mm;填料层高 550 mm;填料为不锈钢 θ 环或鲍尔环;丝网除沫。

风机:旋涡气泵,6 kPa,55 m³/h。

吸收泵:扬程 12 m,流量 14 L/min。

解吸泵:扬程 14 m,流量 3.6 m³/h。

饱和罐:PE,50 L。

温度计:Pt100 传感器,0.1 ℃。

流量计:水涡轮流量计,200~1000 L/h,0.5%FS;吸收塔气相质量流量计,0~18 m³/h,±1.5%FS;解吸塔气相质量流量计,0~1.2 m³/h,±1.5%FS;气相转子流量计:1~4 L/min;

U 管差压计:±3000 Pa。

二氧化碳检测仪:量程 20%VOL,分辨率 0.01%VOL。

四、实验步骤

1.流体力学性能测定(吸收塔中进行)

(1)测量吸收塔干填料层 $\Delta p/Z - u$ 关系曲线:

①开启实验装置的总电源,打开风机旁路调节阀 VA06,关闭各调节阀,开启风机,慢慢打开调节阀 VA02。如果填料表面较湿,可加大空气流量,使塔内填料尽量吹干。

②调节阀配合旁路阀,从小到大调节空气流量,测定吸收塔干填料的塔压降,并记下空气流量、塔压降数据,因为干填料 $\Delta p/Z - u$ 的关系为直线,在量程范围内记录 5~6 个数据点即可。完成后开大旁路阀,关小调节阀 VA02。

③对实验数据进行处理,在对数坐标纸上以空塔气速 u 为横坐标,单位高度的压降 $\Delta P/Z$ 为纵坐标,标绘干填料层 $\Delta p/Z - u$ 的关系曲线。

(2)测量吸收塔一定喷淋量下填料层 $\Delta p/Z - u$ 关系曲线:

①水箱中加入去离子水至水箱液位的 75%左右,打开吸收泵回流阀 VA10,开启吸收泵,配合吸收液流量调节阀 VA01,适当调大水流量,对吸收塔填料进行润湿;并适当开大空气流量,进行一次预液泛,使填料表面充分润湿。待吸收塔底有一定液位时,及时开启解吸泵及解吸液回流阀 VA09,调节解吸液流量调节阀 VA04 和吸收液流量调节阀 VA01 的流量保持一致。

②调节水流量到第一喷淋量(建议三次喷淋量分别为 200、350、500 L/h),从小到大调节空气流量,观察填料塔中液体流动状况,并记下空气流量、塔压降和流动状况。湿填料时记录 8~10 个数据点,液泛前至少记录 5 个数据点,液泛以后,至少

记录 2 个数据点。实验接近液泛时,进塔气体的增加量要减小,否则泛点不容易找到。密切观察填料表面气液接触状况,并注意填料层压降变化幅度,一旦出现液泛,立即记下对应的空气流量值。液泛后,填料层压降在气速几乎不变的情况下会明显上升,务必要掌握这个特点。稍稍增加气量,再取 2 个点即可,改变空气流量后即可记下对应的塔压降。注意不要使气速过分超过泛点,避免冲破和冲跑填料。

③调节水流量,采用同样方法测定第二喷淋量时塔压降随空气流量的变化数据。

④测定完成后,关闭水和空气流量计调节阀。根据所测数据标绘出不同喷淋量下的 $\Delta p/Z - u$ 关系曲线。

2.吸收与解吸实验操作

参考步骤 1 的实验结果,控制液体流量和气体流量在合适范围内。

①调节吸收液流量调节阀 VA01 和解吸液流量调节阀 VA04 到实验所需流量。(按 250、400、550、700 L/h 水量调节)

②全开 VA06,启动风机,逐渐关小 VA06,调节 VA02、VA03 使 FI01、FI03 风量为 0.4~0.5 m³/h。实验过程中维持此风量不变。

③开启 VA05,开启 CO_2 钢瓶总阀,微开减压阀,根据 CO_2 流量计读数可微调 VA05 使 CO_2 流量为 1~2 L/min。实验过程中维持此流量不变。

特别提示:由于从钢瓶中经减压释放出来的 CO_2 的流量需要一定的稳定时间,因此,为减少水泵和风机的消耗,最好将此步骤提前半个小时进行,约半个小时后,CO_2 流量达到稳定后,再开水泵和风机。

④当各流量维持一定时间后(填料塔体积约 5 L,气量按 0.4 m³/h 计,全部置换时间约 45 s,按 2 min 为稳定时间),打开 AI01 电磁阀,在线分析进口 CO_2 浓度,等待 2 min,在检测数据稳定后采集数据,然后打开 AI02 电磁阀,等待 2 min,在检测数据稳定后采集数据。依次打开电磁阀 AI03、AI04 采集解吸塔进出口气相 CO_2 浓度。同时分别从吸收塔塔顶液体采样阀 AI05、解吸塔塔顶液体采样阀 AI07、解吸塔塔底液体采样阀 AI08,取样检测液相 CO_2 浓度。

液相 CO_2 浓度检测方法:用移液管取浓度约 0.1 mol/L $Ba(OH)_2$ 溶液 10 mL 于锥形瓶中,用另一支移液管取 25 mL 待测液加入盛有 $Ba(OH)_2$ 溶液的锥形瓶中,用橡胶塞塞好并充分振荡,然后加入 2 滴酚酞指示剂,用浓度约 0.1 mol/L HCl 溶液滴定待测溶液由紫红色变为无色。按下式计算得出溶液中 CO_2 的浓度:

$$C_{CO_2} = \frac{2C_{Ba(OH)_2}V_{Ba(OH)_2} - C_{HCl}V_{HCl}}{2V_{CO_2}} \text{mol/L}$$

⑤调节水量(按 200、350、500 L/h 调节水量),每个水量稳定后,按上述步骤依次取样。

⑥实验完毕后,应先关闭 CO_2 钢瓶总阀,等 CO_2 流量计无流量后,关闭减压阀、停风机、关水泵。

五、实验数据记录及结果

(1)实验数据记录及结果填入表 2-6-6 至表 2-6-8。以一组数据为例列出计算过程。

表 2-6-6 干填料时塔压降与气体流速实验数据

序数	空气流量/($m^3 \cdot h^{-1}$)	气速/($m \cdot h^{-1}$)	压差计读数/mmH_2O		塔压降/Pa
			左	右	
1					
2					
...					

表 2-6-7 湿填料时塔压降与气体流速实验数据

序数	水流量/(L·h^{-1})	水温度/℃	空气流量/($m^3 \cdot h^{-1}$)	气速/($m \cdot h^{-1}$)	压差计读数/mmH_2O		塔压降/Pa
					左	右	
1	第一喷淋量						
2							
...							
1	第二喷淋量						
2							
...							

表 2-6-8 传质实验数据记录

度数	吸收液流量	吸收塔气相组成		吸收气体流量	吸收温泉度	解吸液流量	解吸塔气相组成		解吸气体流量	解吸液温度
	V_s	y_1	y_2	V_B	T	V_s	y_3	y_4	V_B	T
	L·h^{-1}	/	/	$m^3 \cdot h^{-1}$	℃	L·h^{-1}	/	/	$m^3 \cdot h^{-1}$	℃
1										
2										
3										

(2)不同温度下 CO_2-H_2O 的相平衡常数 $m(m=E/P)$，E 为亨利常数，P 为系统总压强，$P=$ 大气压 $+1/2$（填料层压差），如表 $2-6-9$ 所示。

表 $2-6-9$　不同温度下 CO_2-H_2O 相平衡常数 m

温度 $t/℃$	5	10	15	20	25	30	35	40
$m=E/P$	877	1040	1220	1420	1640	1860	2083	2297

（3）根据实验数据，在双对数坐标内，给出不同喷淋量下的 $\Delta P/Z-u$ 关系曲线，标出湿填料时的载点和泛点（注意：A 段应平行）。

（4）列表计算填料塔的吸收量 $G_A[\mathrm{kmol}\ CO_2/\mathrm{h}]$；计算吸收塔对数平均浓度差 ΔX_m，吸收传质系数 $K_x a$，传质单元高度 H_{OL}。

（5）同理，列表计算填料塔的解吸量 $G_A[\mathrm{kmol}\ CO_2/\mathrm{h}]$；计算解吸塔对数平均浓度差 ΔY_m，解吸传质系数 $K_y a$。

附：溶液标定方法

0.1 mol/L 盐酸溶液的配制：取 9 mL 浓盐酸于 1 L 容量瓶中，定容，摇匀。

方法一：

①溴甲酚绿-甲基红混合指示剂：取 1 g/L 溴甲酚绿-乙醇溶液和 2 g/L 甲基红-乙醇溶液，按 3∶1 体积混合。

②0.1 mol/L 溶液的标定：取 270～300 ℃干燥至恒重的无水碳酸钠基准试剂约 0.2 g，精密称量（精确至万分位），置 250 mL 锥形瓶中。加入 50 mL 蒸馏水，加入 10 滴溴甲酚绿-甲基红混合指示剂，用配置好的盐酸溶液滴定至溶液由绿色变为暗红色，煮沸 2～3 分钟，冷却后继续滴定至溶液再呈暗红色，同时做空白试验。

盐酸溶液的准确浓度为

$$C=\frac{m}{(V_1-V_0)\times 0.05299}$$

式中：m 为无水碳酸钠的质量，g；V_1 为盐酸溶液用量，mL；V_0 为空白实验盐酸溶液用量，mL。

方法二：

①1 g/L 甲基橙溶液的配置：称取 0.1 g 甲基橙加蒸馏水 100 mL，热溶解，冷却后过滤备用。

②0.1 mol/L 溶液的标定：取 270～300 ℃干燥至恒重的无水碳酸钠基准试剂约 0.2 g，精密称量（精确至万分位），置 250 mL 锥形瓶中。加入 50 mL 蒸馏水，加入 1～2 滴甲基橙指示剂，用配置好的盐酸溶液滴定至溶液由黄色变为橙色，同时做空白试验。

盐酸溶液的准确浓度为

$$C = \frac{m}{(V_1 - V_0) \times 0.05299}$$

式中:m 为无水碳酸钠的质量,g;V_1 为盐酸溶液用量,mL;V_0 为空白实验盐酸溶液用量,mL。

Ba(OH)$_2$溶液浓度由上述标定过的已知浓度盐酸溶液进行标定。

实验 7　液液萃取实验

实验要点:

(1)务必在熟悉装置上每个设备、部件、阀门、开关的作用和使用方法后再进行实验操作。

(2)实验中,要绝对避免塔顶的两相界面在轻相出口以上。

(3)总结外加能量大小对操作的影响。

一、实验目的

(1)了解塔式萃取设备的结构和特点。

(2)熟悉塔式萃取工艺的流程,掌握液液萃取塔的操作方法。

(3)了解萃取塔性能的测定方法和传质效率的强化方法。

二、实验内容

(1)以煤油为分散相,水为连续相,进行萃取过程的操作。

(2)观察有无空气脉冲或不同进气量或不同搅拌转速时,塔内液滴的变化情况和流动状态。

(3)固定两相流量,测定有无脉冲或不同进气量或不同搅拌转速时或不同往复频率时萃取塔的传质单元数 N_{OE}、传质单元高度 H_{OE} 及总传质系数 $K_{YE}a$。

三、实验原理

液液萃取是利用原料液中不同组分在溶剂中溶解度的差异,来实现液液分离的常用单元操作过程。液液相传质和气液相传质均属于相间传质过程。这两类传质过程除具有相似之外,也有相当的差别。两相间的重度差较小,界面张力也不大,所以从过程进行的流体力学条件看,在液液相的接触过程中,能用于强化过程的惯性力不大,同时已分散的两相,分层分离能力也不高。因此,对于气液接触效率较高的设备,用于液液接触就显得效率不高,为了提高液液相传质设备的效率,常常会补给能量,如搅拌、脉动、振动等。为使两相逆流和两相分离,需设有分层段,以保证有足够的停留时间,让分散的液相凝聚,实现两相的分离。

填料萃取塔是石油炼制、化学工业和环境保护等部门广泛应用的一种萃取设备,具有结构简单、便于制造和安装等特点。塔内填料的作用可以使分散相液滴不断破碎与聚合,以使液滴的表面不断更新,还可以减少连续相的轴向混合。在普通填料萃取塔内,两相依靠密度差而逆向流动,相对速度较小,界面湍动程度低,限制了传质速率的进一步提高。为了防止分散相液滴过多聚结,增加塔内流体的湍动,可采用连续通入或断续通入压缩空气(脉冲方式)向填料塔提供外加能量,增加液体湍动。但是如果湍动太厉害,会导致液液两相乳化,难以分离。实验多采用连续通入压缩空气向填料塔内提供外加能量,增加液体滞动,强化传质。

桨叶式旋转萃取塔也是一种外加能量的萃取设备。在塔内由环形隔板将塔分成若干段,每段的旋转轴上装设有桨叶。在萃取过程中由于桨叶的搅动,增加了分散相的分散程度,促进了相际接触表面积的更新与扩大。隔板的作用在一定程度上抑制了轴向返混,因而桨叶式旋转萃取塔的效率较高。桨叶转速若太高,也会导致两相乳化,难以分相。

往复筛板萃取塔是将若干层筛板按一定间距固定在中心轴上,由塔顶的传动机构驱动而作往复运动。往复筛板萃取塔的效率与塔板的往复频率密切相关。当振幅一定时,在不发生乳化和液泛的前提下,效率随频率增加而提高。

萃取塔的分离效率可以用传质单元高度 H_{OE} 或理论级当量高度 h_e 表示。影响脉冲填料萃取塔分离效率的因素主要有填料的种类、轻重两相的流量及脉冲强度等。对一定的实验设备(几何尺寸一定,填料一定),在两相流量固定条件下,脉冲强度增加,传质单元高度降低,塔的分离能力增加。对几何尺寸一定的桨叶式旋转萃取塔来说,在两相流量固定条件下,从较低的转速开始增加时,传质单元高度开始降低,转速增加到某值时,传质单元将降到最低值,若继续增加转速,反而会使传质单元高度增加,即塔的分离能力下降。

本实验以水为萃取剂,从煤油中萃取苯甲酸,苯甲酸在煤油中的浓度约为0.2%(质量)。水相为萃取相(用字母 E 表示,在本实验中又称连续相、重相),煤油相为萃余相(用字母 R 表示,在本实验中又称分散相)。在萃取过程中苯甲酸部分地从萃余相转移至萃取相。萃取相及萃余相的进出口浓度由容量分析法测定。考虑到水与煤油是完全不互溶的,且苯甲酸在两相中的浓度都很低,可认为在萃取过程中两相液体的体积流量不发生变化。

(1)按萃取相计算的传质单元数 N_{OE} 计算公式为

$$N_{OE} = \int_{Y_{Et}}^{Y_{Eb}} \frac{\mathrm{d}Y_E}{(Y_E^* - Y_E)} \qquad (2-7-1)$$

式中:Y_{Et} 为苯甲酸在进入塔顶的萃取相中的质量比组成,kg 苯甲酸/kg 水,本实验中 $Y_{Et}=0$;Y_{Eb} 为苯甲酸在离开塔底萃取相中的质量比组成,kg 苯甲酸/kg 水;Y_E 为苯甲酸在塔内某一高度处萃取相中的质量比组成,kg 苯甲酸/kg 水;Y_E^* 为与苯甲酸在塔内某一高度处萃余相组成 X_R 成平衡的萃取相中的质量比组成,kg 苯甲酸/kg 水。

用 Y_E-X_R 图上的分配曲线(平衡曲线)与操作线可求得 $\frac{1}{(Y_E^* - Y_E)}$ — Y_E 关系。再进行图解积分或用辛普森积分可求得 N_{OE}。

(2)按萃取相计算的传质单元高度 H_{OE} 为

$$H_{OE} = \frac{H}{N_{OE}} \qquad (2-7-2)$$

式中:H 为萃取塔的有效高度,m;H_{OE} 为按萃取相计算的传质单元高度,m。

已知塔高度 H 和传质单元数 N_{OE} 可由上式取得 H_{OE} 的数值。H_{OE} 反映萃取设备传质性能的高低,H_{OE} 越大,设备效率越低。影响萃取设备传质性能 H_{OE} 的因素很多,主要有设备结构因素,两相物质性因素,操作因素,以及外加能量的形式和大小。

(3)按萃取相计算的体积总传质系数:

$$K_{YE}a = \frac{S}{H_{OE} \cdot \Omega} \qquad (2-7-3)$$

式中:S 为萃取相中纯溶剂的流量,kg 水/h;Ω 为萃取塔截面积,m²;$K_{YE}a$ 为按萃取相计算的体积总传质系数,$\dfrac{\text{kg 苯甲酸}}{(\text{m}^3 \cdot \text{h} \cdot \dfrac{\text{kg 苯甲酸}}{\text{kg 水}})}$。

同理,本实验也可以按萃余相计算 N_{OE}、H_{OE} 及 $K_{YE}a$。

四、实验装置

本实验中把常用的三种萃取塔(填料塔、桨叶旋转塔及往复筛板塔)设备都作了介绍,使用者可根据不同设备选做实验。流程示意图见图 2-7-1、图 2-7-2、图 2-7-3。

水相和油相的输送用磁力驱动泵,油相和水相的计量用 LZB-4 型转子流量计。脉冲空气是由频率调节仪控制电磁阀的接通时间和断开时间而形成的。脉冲强度可通过脉冲压力和脉冲频率表示。脉冲压力可从面板上的压力表读出,其大小可用面板后的针形阀来调节;脉冲频率可从频率调节仪上读出,其大小可通过频率调节仪的触摸按键来调节。

五、实验方法

（1）在实验装置最右边的储槽内放满水，在中间的储槽内放满配制好的煤油，分别开动水相泵和煤油相泵的电闸，将两相的回流阀打开，使其循环流动。

（2）全开水转子流量计调节阀，将重相（连续相）送入塔内。当塔内水面快上升到重相入口与轻相出口间中点时，将水流量调至指定值（4～10 L/h），并缓慢改变π形管高度使塔内液位稳定在轻相出口以下的位置。

（3）对桨叶旋转萃取塔或往复筛板塔，要打开电动机，适当地调节变压器使其转速或频率达到指定值。调速时应缓慢升速，绝不能调节过快致使电机产生"飞转"而损坏设备。

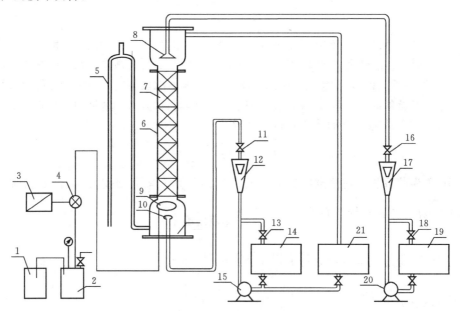

1—压缩机；2—稳压罐；3—脉冲频率调节仪；4—电磁阀；5—π形管；6—玻璃萃取塔；
7—填料；8—进水分布器；9—脉冲气体分布器；10—煤油分布器；11—煤油流量调节阀；
12—煤油流量计；13—煤油泵旁路阀；14—煤油储槽；15—煤油泵；16—水流量调节阀；
17—水流量计；18—水泵旁路调节阀；19—水储槽；20—水泵；21—出口煤油储槽。

图 2-7-1　填料萃取流程示意图

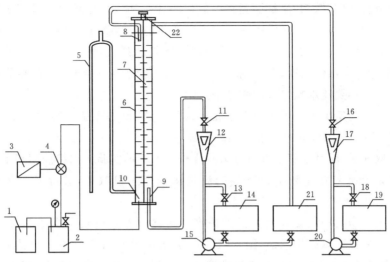

1—压缩机;2—稳压罐;3—脉冲频率调节仪;4—电磁阀;5—π形管;6—玻璃萃取塔;

7—桨叶搅拌器;8—进水分布器;9—煤油分布器;10—脉冲气体分布器;11—煤油流量调节阀;

12—煤油流量计;13—煤油泵旁路阀;14—煤油储槽;15—煤油泵;16—水流量调节阀;

17—水流量计;18—水泵旁路调节阀;19—水储槽;20—水泵;21—出口煤油储槽;22—搅拌电机。

图 2-7-2　桨叶旋转萃取流程示意图

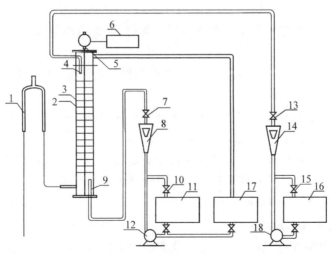

1—π形管;2—玻璃塔体;3—筛板;4—水相入口管;5—直流变速单机;6—调压器;

7—流量调节阀;8—煤油流量计;9—煤油入口管;10、15—回流阀;11—煤油储槽;

12、18—磁力泵;13—水流量调节阀;14—水流量计;16—水储槽;17—出口煤油储槽。

2-7-3　振动筛板萃取流程示意图

(4)将轻相(分散相)流量调至指定值(4~10 L/h),并注意及时调节 π 形管的高度。在实验过程中,始终保持塔顶分离段两相的相界面位于轻相出口以下。

(5)如果做有脉冲的实验,要打开脉冲频率仪的开关,将脉冲频率和脉冲空气的压力调到一定数值,进行某个脉冲强度下的实验。在该条件下,两相界面不明显,但要注意不要让水相混入油相储槽之中。

(6)操作稳定半小时后用锥形瓶收集轻相进、出口的样品各约 40 mL,重相出口样品约 50 mL 以备分析浓度之用。

(7)取样后,即可改变条件进行另一操作条件下的实验。保持油相和水相流量不变,将桨转速或脉冲频率或空气的流量调到另一组数值,进行另一条件下的测试。

(8)用容量分析法测定各样品的浓度。用移液管分别取煤油相 10 mL、水相 25 mL 样品,以酚酞做指示剂,用 0.01 mol/L NaOH 标准溶液滴定样品中的苯甲酸。在滴定煤油相时应在样品中加数滴非离子型表面活性剂醚磺化 AES(脂肪醇聚乙烯醚硫酸脂钠盐),也可加入其他类型的非离子型表面活性剂,并剧烈地摇动滴定至终点。

(9)实验完毕后,关闭两相流量计和脉冲频率仪开关,切断电源。滴定分析过的煤油应集中存放回收。洗净分析仪器,一切复原,保持实验台面的整洁。

注意事项:

(1)必须搞清楚装置上每个设备、部件、阀门、开关的作用和使用方法,然后再进行实验操作。

(2)在操作过程中,要绝对避免塔顶的两相界面在轻相出口以上。因为这样会导致水相混入油相储槽。

(3)由于分散相和连续相在塔顶及塔底滞留较多,改变操作条件后,稳定时间一定要足够长,大约需要 30 min,否则误差极大。

(4)煤油的实际体积流量并不等于流量计的读数。需用煤油的实际流量数值时,必须用流量修正公式对流量计的读数进行修正后方可使用。

附:由苯甲酸与 NaOH 的化学反应式

$$C_6H_5COOH + NaOH =\!\!=\!\!= C_6H_5COONa + H_2O$$

可知,到达滴定终点(化学计量点)时,被滴物的摩尔数 $n_{C_6H_5COOH}$ 和滴定剂的摩尔数 n_{NaOH} 正好相等。即

$$n_{C_6H_5COOH} = n_{NaOH} = M_{NaOH} \cdot V_{NaOH}$$

式中:M_{NaOH} 为 NaOH 溶液的体积摩尔浓度,mol 溶质/溶液;V_{NaOH} 为消耗 NaOH 溶液的体积,mL。

六、实验数据

实验数据填入表 2-7-1 中。

NaOH 溶液的体积摩尔浓度：＿＿＿＿＿＿＿ mol/L。

表 2-7-1　填料塔实验数据

序号			1	2	3
脉冲频率					
桨叶转速/(r·min^{-1})					
振动振幅/mm					
振动频率/(r·min^{-1})					
水流量计读数/(L·h^{-1})					
煤油流量计读数/(L·h^{-1})					
校正煤油流量/(L·h^{-1})					
浓度分析	塔顶重相	取样体积/mL			
		NaOH 用量/mL			
	塔顶轻相	取样体积/mL			
		NaOH 用量/mL			
	塔底重相	取样体积/mL			
		NaOH 用量/mL			
	塔底轻相	取样体积/mL			
		NaOH 用量/mL			
实验结果	塔顶重相				
	塔顶轻相				
	塔底重相				
	塔底轻相				
	水流量				
	煤油流量				
	传质单元数				
	传质单元高度 H_{OE}				
	总传质系数 $K_{YE}a$				

七、报告内容

(1)用数据表列出实验的全部数据,并以一个实验序号的数据进行计算举例。

(2)对实验结果进行分析讨论:对不同桨叶转速或不同脉冲频率或不同空气流量下的塔顶轻相浓度 X_{Rt}、塔底重相浓度 Y_{Eb} 及 $K_{YE}a$、N_{OE}、H_{OE} 值分别进行比较,并加以讨论。

八、思考题

(1)液液萃取设备与气液萃取传质设备有何主要区别?

(2)本实验为什么不宜用水作为分散相,倘若用水作为分散相,操作步骤是怎样的,两层相分层分离段应设在塔顶还是塔底?

(3)重相出口为什么采用∩形管,∩形管的高度是怎么确定的?

(4)什么是萃取塔的液泛。在操作中,你是怎么确定液泛速度的?

(5)对液液萃取过程来说是否外加能量越大越有利?

(6)如何用本实验的数据求取理论级当量高度?

实验 8   干燥速率曲线测定实验

实验要点:

(1)放物料时,手要用水淋湿以免烫手。

(2)放好物料后,检查确保物料与风向平行。

一、实验目的

(1)了解气流常压干燥设备的构造、基本流程和工作原理。

(2)掌握物料干燥速率曲线的测定方法。

(3)了解影响干燥速率曲线的因素(气流速度、气流温度、湿度、物料性质等)。

(4)加深对物料临界含水量 X_c 的概念及其影响因素的理解。

(5)加深了解决定恒速干燥和降速干燥阶段干燥速率的控制步骤。

(6)学习恒速干燥阶段物料与空气之间对流传热系数的测定方法。

二、实验任务

(1)测定物料(试样)在恒定条件(空气温度、湿度和流速)下的干燥速率曲线。

(2)确定物料临界含水量 X_c，恒速阶段的传质系数 K_H 及降速阶段的斜率 K_X。

(3)研究气流速度和气流温度对干燥速率曲线的影响(选做)。

三、实验原理

1.干燥曲线及干燥速率曲线

干燥曲线即物料的干基含水量 X 与干燥时间 θ 的关系曲线。它说明物料在干燥过程中，干基含水量随干燥时间的变化关系

$$X = F(\theta) \tag{2-8-1}$$

实验过程中，在恒定的干燥条件下，测定物料总质量随时间的变化，直到物料的质量恒定为止。此时物料与空气间达到平衡状态，物料中所含水分即为该空气条件下的平衡水分。物料的瞬间干基含水量为

$$X = \frac{W - W_c}{W_c}(\text{kg 水/kg 绝干物料}) \tag{2-8-2}$$

式中：W 为物料的瞬间质量，kg；W_c 为物料的绝干质量，kg。

将 X 对 θ 进行标绘，就得到如图 2-8-1(a)所示的干燥曲线。干燥曲线的形状由物料性质和干燥条件决定。

干燥速率曲线是指在单位时间内，单位干燥面积上汽化的水分质量。

$$Na = \frac{\mathrm{d}W}{A\,\mathrm{d}\theta} = \frac{\Delta W}{A\,\mathrm{d}\theta} \quad (\text{kg/m}^2 \cdot \text{s}) \tag{2-8-3}$$

式中：A 为干燥面积，m^2；W 为从被干燥物料中除去的水分质量，kg。

干燥面积和绝干物料的质量均可测得，为了方便起见，可近似用下式计算干燥速率：

$$Na = \frac{\mathrm{d}W}{A\,\mathrm{d}\theta} = \frac{\Delta W}{A\,\Delta\theta} \quad (\text{kg/m}^2 \cdot \text{s})\text{或}(\text{g/m}^2 \cdot \text{s}) \tag{2-8-4}$$

本实验是通过测出每蒸发一定量的水分(ΔW)所需要的时间($\Delta\theta$)来实现测定干燥速率的。

影响干燥速率的因素很多，它与物料性质和干燥介质(空气)的情况有关。在干燥条件不变的情况下，对同类物料，当厚度和形状一定时，速率 Na 是物料干基

含水量 X 的函数,如图 $2-8-1$(b)所示。

$$Na = f(X) \qquad\qquad (2-8-5)$$

由干燥速率曲线可知干燥过程分为三个阶段,即预热段、恒速段和降速段。预热段如图 $2-8-1$(b)中的 AB 段。物料在预热段含水率略有下降,物料温度升至湿球温度。预热段很短,往往忽略不计,有的干燥过程甚至没有预热段。

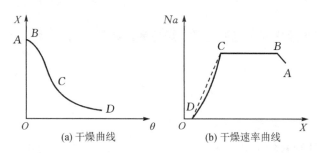

(a) 干燥曲线 　　　　　　　 (b) 干燥速率曲线

图 $2-8-1$　干燥曲线和干燥速率曲线

2.恒速干燥阶段

如图 $2-8-1$(b)中的 BC 段。在干燥过程开始时,由于整个物料的湿含量较高,其内部的水分能迅速地达到物料表面。因此,干燥速率由物料表面水分的汽化速率所控制,也就是干燥速率由干燥的空气条件决定,故此阶段亦称为表面汽化控制阶段。在此阶段,干燥介质传给物料的热量全部用于水分的汽化,物料表面的温度维持恒定(等于热空气湿球温度),物料表面处的水蒸气分压也维持恒定,故干燥速率恒定不变。

恒速段的干燥速率和临界含水量的影响因素主要有:固体物料的种类和性质;固体物料层的厚度或颗粒大小;空气的温度、湿度和流速;空气与固体物料间的相对运动方式。恒速段的干燥速率和临界含水量是干燥过程研究和干燥器设计的重要数据。

干燥时在恒速干燥阶段,物料表面与空气之间的传热速率和传质速率可分别以下面两式表示:

$$\frac{\mathrm{d}Q}{A\mathrm{d}\theta} = \alpha(t - t_w) \qquad\qquad (2-8-6)$$

$$\frac{\mathrm{d}w}{A\mathrm{d}\theta} = K_H(H_w - H) \qquad\qquad (2-8-7)$$

式中:Q 为由空气传给物料的热量,kJ;α 为对流传热系数,kW/m^2·℃;t、t_w 分别为空气的干、湿球温度,℃;K_H 为以湿度差为推动力的传质系数,kg/m^2·s·ΔH;H_w、H 分别为与 t、t_w 相对应的空气的湿度,kg/kg 干空气。

当物料一定,干燥条件恒定时,α、K_H 的值也保持恒定。在恒速干燥阶段物料表面保持足够润湿,干燥速率由表面水分汽化速率所控制。若忽略以辐射及传导方式传递给物料的热量,则物料表面水分汽化所需要的潜热全部由空气以对流的方式供给,此时物料表面温度即空气的湿球温度 t_w,水分汽化所需热量等于空气传入的热量,即:

$$r_w \cdot d_w = d_Q \tag{2-8-8}$$

r_w 为 t_w 时水的汽化潜热(kJ/kg)。因此有:

$$\frac{r_w \cdot d_w}{A \cdot d_\theta} = \frac{dQ}{A \cdot d_\theta} \tag{2-8-9}$$

即:

$$r_w K_h (H_w - H) = \alpha (t - t_w) \tag{2-8-10}$$

$$K_H = \frac{\alpha}{r_w} \cdot \frac{t - t_w}{H_w - H} \tag{2-8-11}$$

对于水-空气干燥传质系统,当被测气流的温度不太高,流速大于 5 m/s 时,式 (2-8-11)又可简化为

$$K_H = \frac{\alpha}{1.09} \tag{2-8-12}$$

K_H 的计算:

(1)H、H_w:由干湿球温度 t、t_w,根据湿焓图或计算出相应的 H,H_w。

(2)计算流量计处的空气性质:

空气从流量计到干燥室,虽然空气的温度、相对湿度发生变化,但其湿度未变。因此,我们可以利用干燥室处的 H 来计算流量计处的物性。已知测得孔板流量计前气温是 t_L,则:

流量计处湿空气的比体积:$v_H = (2.83 \times 10^{-3} + 4.56 \times 10^{-3} H)(t + 273)$ (kg 水/m³ 干气)

流量计处湿空气的密度:$\rho = (1 + H)/v_H$ (kg/m³ 湿气)

(3)计算流量计处的质量流量 m(kg/s):

测得孔板流量计的压差计读数为 ΔP(Pa):

流量计的孔流速度:$u_0 = C_0 \cdot \sqrt{\dfrac{2 \cdot \Delta P}{\rho}}$(m/s)。

流量计处的质量流量:$m = u_0 \cdot A_0 \cdot \rho$(kg/s);$A_0$ 为孔板孔面积。

(4)干燥室的质量流速 G(kg/m²·s):

虽然从流量计到干燥室空气的温度、相对湿度、压力、流速等均发生变化,但两个截面的湿度 H 和质量流量 m 却一样。因此,我们可以利用流量计处的 m 来计

算干燥室处的质量流速 G：

干燥室的质量流速：$G = m/A$ (kg/m² · s)；A 为干燥室的横截面积。

(5)传热系数 α 的计算：

干燥介质(空气)流过物料表面可以是平行的,也可以是垂直的,也可以是倾斜的。实践证明,只有空气平行物料表面流动时,其对流传热系数最大,干燥最快最经济。因此将干燥物料做成薄板状,其平行气流的干燥面最大,而在计算传热系数时,因为两个垂直面面积较小、传热系数也远远小于平行流动的传热系数,所以其两个横向面积的影响可忽略。

α 经验式:对水–空气系统,当空气流动方向与物料表面平行,其质量流速 $G = 0.68 \sim 8.14$ kg/m² · s；$t = 45 \sim 150$ ℃。

$$\alpha = 0.0143G^{0.8} \quad (\text{kW/m}^2 \cdot \text{℃}) \tag{2-8-13}$$

(6)计算 K_H：由式(2-8-13)计算出 α 代入式(2-8-12)即可计算出传质系数 K_H。

3.降速干燥阶段

如图 2-8-1(b)中的 CD 段。当物料干燥达到临界湿含量后,便进入降速干燥阶段。此时,物料中所含水分较少,水分自物料内部向表面传递的速率低于物料表面水分的汽化速率,干燥速率为水分在物料内部的传递速率所控制,故此阶段亦称为内部迁移控制阶段。随着物料湿含量逐渐降低,物料内部水分的迁移速率也逐渐下降,故干燥速率不断下降。

降速阶段干燥速率曲线简化为直线关系,即图 2-8-1(b)中 CD 虚线,则干燥速率近似为与物料的含水率成正比,直线斜率为

$$K_X = \frac{Na}{X - X^*} \tag{2-8-14}$$

式中,X 为物料含水率,X^* 为平衡含水率。

四、实验装置

实验装置如图 2-8-2 所示。装置由离心式风机送风,先经过一圆管经孔板流量计测风量,经电加热室加热后,进入方形风道,流入干燥室,再经方变圆管流入可手动调节流量的蝶阀(本实验装置可通过调节风机的频率来调节风量,实验时蝶阀处于全开状态),流入风机进口,形成循环风洞干燥气流。

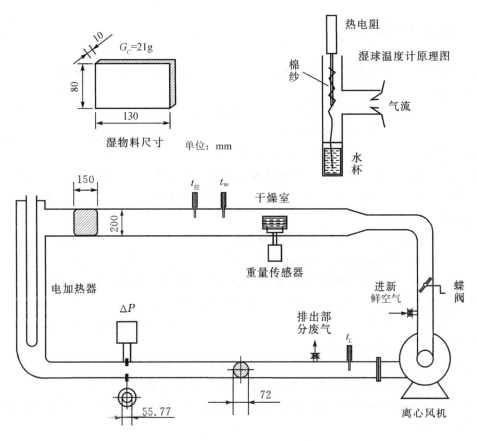

图 2-8-2　干燥实验装置流程图

为防止循环风的湿度增加,保证恒定的干燥条件,在风机进出口分别装有两个阀门,风机出口不断排放出废气,风机进口不断流入新鲜空气,以保证循环风湿度不变。

为保证进入干燥室的风温恒定,保证恒定的干燥条件,电加热的两组电热丝采用自动控温,具体温度可人为设定。

实验有三个计算温度,一是进干燥室的干球温度(为设定的仪表读数),二是进干燥室的湿球温度 t_w,三是流入流量计处用于计算风量的温度 t_L,其位置如图 2-8-2 所示。

实验装置管道系统均由不锈钢板加工,电加热和风道采用保温措施。

五、实验步骤

(1)将待干燥试样浸水,使试样含有适量水分总重约 70 g(不能滴水),以备干燥实验用。

(2)检查风机进出口放空阀是否处于开启状态;往湿球温度计小杯中加水。

(3)检查电源连接,开启仪控柜总电源,启动风机开关,并调节阀门,使仪表达到预定的风速值,一般风速调节到 600~900 Pa。

(4)风速调好后,通过温控器仪表手动调节干燥介质的干燥温度(一般在 65~85 ℃之间)。开启加热开关,温控器开始自动控制电热丝的电流进行自动控温,逐渐达到设定温度。

(5)放置物料前调节称重显示仪表显示回零。

(6)状态稳定后(干、湿球温度不再变化),将试样放在干燥室内的架子上(轻拿轻放),等约 2 min,开始读取物料重量(最好从整克数据开始记录),记录下试样质量每减少 3 g 所需时间,直至时间间隔 6 min 左右时停止记录。

(7)取出被干燥的试样,先关闭加热开关。当干球温度降到 60 ℃以下时,关闭风机的开关,关闭仪表开关。

注意事项:

(1)在总电源接通前,应检查相电是否正常,严禁缺相操作。

(2)不要将湿球温度计内的湿棉纱弄脱落,调试好湿球温度后,最好不要乱动湿球温度计。

(3)所有仪表按键提前设定或调节好,实验中不要随意调节。

(4)开启电加热前必须开启风机,并且必须调节变频器产生一定风量,关闭风机前必须先关闭电加热,且在温度降低到 60 ℃以下时再停风机。本装置在设计时,加热开关在风机开关下游,只有开启风机开关才能开启电加热,若关闭风机,则电加热也会关闭。

(5)重量传感器为该装置中较敏感部分,试样须轻拿轻放,不能重压传感器,以免超过量程导致传感器灵敏度降低或者损坏。平时不用时,应该将称重传感器遮盖,防止落灰,避免灵敏度降低。

六、实验数据及处理

实验数据列表如表 2-8-1 至表 2-8-3 所示。

表 2-8-1　设备物料参数

物料尺寸				干燥室尺寸		孔板尺寸	
长/mm	宽/mm	厚/mm	绝干重/g	高/mm	宽/mm	孔径/mm	管径/mm

表 2-8-2　干燥条件实验数据

序数	干球温度 t/℃	湿球温度 t_w/℃	流量计处温度 t_L/℃	压差计读数 ΔP/kPa
读数 1				
读数 2				
读数 3				
平均值				

表 2-8-3　干燥过程数据记录与处理

序数	W	ΔW	$\Delta\theta$	θ	X	Na	序数	W	ΔW	$\Delta\theta$	θ	X	Na
0							12						
1							13						
2							14						
3							15						
4							16						
5							17						
6							18						
7							19						
8							20						
9							21						
10							22						
11							23						

七、实验报告

（1）根据实验结果绘制出干燥曲线、干燥速率曲线，并得出恒定干燥速率、临界含水量、平衡含水量。

（2）计算出恒速干燥阶段物料与空气之间对流传热系数，降速干燥阶段的斜率。

（3）试分析空气流量或温度对恒定干燥速率、临界含水量的影响。

八、思考题

（1）测定干燥速率曲线有什么意义？

（2）分析影响干燥速率的因素有哪些？如何提高干燥速率？两个干燥阶段分别说明理由。

（3）本实验中如果湿球温度计指示温度升高了，可能的原因有哪些？

（4）一定干燥条件下，临界含水量受什么因素影响？为何说同一物料如果干燥速率增加了，则临界含水量增大？

（5）本实验为何采用部分干燥介质（空气）循环使用的方法？

102

实验9　二氧化碳临界状态观测及 $p-v-t$ 关系测定实验

实验要点：

（1）摇退或者摇进压力台上的活塞螺杆时，必须缓慢进行，切忌速度过快。

（2）尽量等待仪表稳定后再读数据，以减少恒压段测量误差。

（3）升温预设温度应略低于目标温度，等温度接近时，再进行微调，容易使温度稳定，且可以避免温度超过目标值。

气体的压力、体积、温度（p,v,t）是物质最基本的热力学性质。$p-v-t$ 数据不仅是绘制真实气体压缩因子图的基础，还是计算内能、焓、熵等一系列热力学函数的根据。在众多的热力学性质中，$p-v-t$ 参数可以直接地精确测量，而大部分热力学函数都可以通过 $p-v-t$ 参数关联计算，所以了解和掌握真实气体的 $p-v-t$ 性质的测试方法，对研究气体的热力学性质具有重要的意义。

一、实验目的

（1）了解 CO_2 临界状态的观测方法，增加对临界状态概念的感性认识，加深对课堂所讲的工质的热力状态、凝结、汽化、饱和状态等基本概念的理解。

（2）掌握 CO_2 的 $p-v-t$ 关系的测定方法，学会用实验测定实际气体状态变化规律的方法和技巧。

（3）学会活塞式压力计、恒温器等部分热工仪器的正确使用方法。

二、实验内容

(1)测定 CO_2 的 $p-v-t$ 关系。在 $p-v$ 关系坐标图中绘出低于临界温度($t=$ 20 ℃,$t=31.1$ ℃)和高于临界温度($t=50$ ℃)的三条等温曲线,并与标准实验曲线及理论计算值相比较,并分析差异原因。

(2)观测临界状态:

①临界状态附近气液两相模糊的现象;

②汽液整体相变现象;

③测定 CO_2 的 p_c、v_c、t_c 等临界参数并将实验所得的 v_c 值与理想气体状态方程和范德瓦尔斯方程的理论值相比较,简述造成其差异的原因。

三、实验设备及原理

(1)实验装置由压力台、恒温器和实验本体三部分组成,如图 2-9-1 所示。

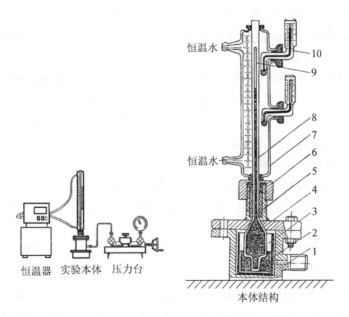

1—高压容器;2—玻璃杯;3—压力油;4—水银;5—密封填料;6—填料压盖;7—恒温水套;
8—承压玻璃管;9—CO_2;10—温度计。

图 2-9-1 CO_2 $p-v-t$ 关系测定实验装置及本体结构

(2)对简单可压缩热力系统,当工质处于平衡状态时,其状态参数 p、v、t 之间有:

$$F(p,v,t)=0 \quad 或 \quad t=f(p,v) \qquad (2-9-1)$$

本实验就是根据式(2-9-1),采用定温方法来测定 CO_2 的 $p-v$ 关系。从而找出 CO_2 的 $p-v-t$ 关系。

(3)实验中由压力台送来的压力油进入高压容器和玻璃杯上半部,迫使水银进入预先装了 CO_2 气体的承压玻璃管。CO_2 被压缩,其压力和容积通过压力台上活塞杆的进、退来调节,温度由恒温器供给的水套里的水温来调节。

(4)实验工质 CO_2 的压力由装在压力台上的压力表读出(如要提高精度可由加在活塞转盘上的平衡砝码读出,并考虑水银柱高度的修正)。温度由插在恒温水套中的温度计读出。比容首先由承压玻璃管内 CO_2 柱的高度来度量,而后再根据承压玻璃管内径均匀、截面积不变等条件换算得出。

四、实验步骤

1.开启实验本体上的日光灯,使用恒温器调定温度

(1)将蒸馏水注入恒温水浴内,注至离盖 30~50 mm 为止。检查并接通电路,开动电动泵,使水循环对流。

(2)设定恒温水浴温度为所需温度。数字式恒温水浴通过控制仪表设定;电接点式温度计设定通过旋转顶端的帽形磁铁移动凸轮示标,使凸轮上端面与所要设定的温度一致,调节完成后要将帽形磁铁用横向螺钉锁紧,以防转动。

(3)当水温未达到设定的温度时,恒温器指示灯是常亮的,当指示灯时亮时灭闪动时,说明温度已达到所需恒温。

(4)观察玻璃水套上的温度计,若其读数达到预期温度并稳定时(初次尽可能设定为 20 ℃,如果室温高于 20 ℃,则设定为略高于室温),可(近似)认为承压玻璃管内的 CO_2 的温度处于所标定的温度。

(5)当需要改变实验温度时(31.1 ℃,50 ℃),重复(2)~(4)即可。

2.加压前的准备

因为压力台的油缸容量比主容器容量小,需要多次从油杯里抽油,再向主容器充油,才能在压力表上显示压力读数。压力台抽油、充油的操作过程非常重要,若操作失误,不但加不上压力还会损坏实验设备,所以务必认真掌握,其步骤如下:

(1)关压力表及其进入本体油路的两个阀门,开启压力台上油杯的进油阀;

(2)摇退压力台上的活塞螺杆,直至螺杆全部退出,这时压力台油缸中抽满

了油；

（3）先关闭油杯阀门，然后开启压力表和进入实验本体油路的两个阀门；

（4）摇进活塞螺杆，经实验本体充油，如此反复，直至压力表上有压力读数为止；

（5）再次检查油杯阀门是否关好，压力表及实验本体油路阀门是否开启，若均已稳定，即可进行实验操作。

3.做好实验的原始记录及注意事项

（1）设备数据记录：仪表的名称、型号、规格、量程、精度。

（2）常规数据记录：室温、大气压、实验环境情况等。

（3）测定承压玻璃管内 CO_2 的质面比常数 k 值。

由于充进承压玻璃管内的 CO_2 质量不便测量，而玻璃管内径或截面积（A）又不易测准，因而实验中采用间接办法来确定 CO_2 的比容，认为 CO_2 的比容与其高度是一种线性关系，具体如下：

①已知液态 CO_2 在 20 ℃，9.8 MPa 时的比容

$$v(20\ ℃,9.8\ MPa)=0.00117\ m^3/kg$$

②如前操作实地测出本实验台在 20 ℃、9.8 MPa 时的 CO_2 液栓高度 Δh^*（m）。

③由②可知

$$v(20\ ℃,9.8\ MPa)=\frac{\Delta h^* A}{m}=0.00117\quad (m^3/kg)$$

则

$$\frac{m}{A}=\frac{\Delta h^*}{0.00117}=k\quad (kg/m^2)$$

那么任意温度、压力下 CO_2 的比容为

$$v=\frac{\Delta h}{m/A}=\frac{\Delta h}{k}\quad (m^3/kg)$$

式中，$\Delta h=h-h_0$；h 为任意温度、压力下水银柱高度；h_0 为承压玻璃管内径顶端刻度。

（4）实验中应注意以下几点：

①做各条定温线时，实验压力 $p\leqslant9.8\ MPa$，实验温度 $t\leqslant50\ ℃$。

②一般读取 h 时压力间隔可取 0.196～0.490 MPa，但在接近饱和状态时和临界状态时，压力间隔应取为 0.049 MPa。

③实验中读取 h 时，水银柱液面高度的读数要注意，应使视线与水银柱凸面平齐。

4.测定低于临界温度 $t=20\ ℃$ 时的等温线

(1)使用恒温器调定 $t=20\ ℃$，并保持恒温。

(2)压力记录从 4.41 MPa 开始，当玻璃管内水银上升后，应足够缓慢地摇进活塞螺杆，以保证定温条件。否则很难保持平衡，会导致读数不准。

(3)按照适当的压力间隔（建议 Δp 约为 0.5 MPa）读取 h 值，当开始出现液体时，这时进入汽液共存恒压阶段，改用按照适当水银高度间隔（建议 Δh 约为 1 cm）读取 p 值，当全液化后再以压力间隔读取 h 值至压力 $p=9.8$ MPa。

(4)注意加压后 CO_2 的变化，特别是注意饱和压力与饱和温度的对应关系，液化、汽化等现象，记录测得的实验数据及观察到的现象。

5.测定临界等温线和临界参数及临界现象观察

(1)仿照上文测出临界等温线，并在该曲线的拐点处找出临界压力 p_c 和临界比容 v_c，并记录数据。

(2)临界现象观察：

①整体相变现象。由于在临界点时，汽化潜热等于零，饱和汽线和饱和液线合于一点，所以这时汽液的相互转变不像临界温度以下时那样逐渐积累，需要一定的时间，表现为一个渐变的过程，而这时当压力稍有变化时，汽、液是以突变的形式相互转化。

②汽液两相模糊不清现象。处于临界点的 CO_2 具有共同参数（p，v，t），因而是不能区别此时 CO_2 是气态还是液态的。如果说它是气体，那么这个气体是接近液态的气体；如果说它是液体，那么这个液体又是接近气态的液体。下面就来用实验证明这个结论。因为这时是处于临界温度下。如果按等温线过程来使 CO_2 压缩或膨胀，那么管内是什么现象也看不到的。现在我们按绝热过程来进行。首先在压力等于 7.64 MPa 附近突然降压，CO_2 状态点由等温线沿绝热线降到液区，管内 CO_2 出现了明显的液面，这就说明，如果这时管内的 CO_2 是气体的话，那么这种气体离液区很接近，可以说是接近液态的气体；当 CO_2 在膨胀之后，突然压缩 CO_2 时，这个液面又立即消失了，这就说明此时 CO_2 液体离气区也是非常近的，可以说是接近气态的液体，既然此时的 CO_2 既接近气态又接近液态，所以其处于临界点附近。可以这样说：临界状态究竟如何，饱和汽、液分不清。这就是临界点附近饱和汽液模糊不清的现象。

6.绘制等温线

测定高于临界温度 $t=50\ ℃$ 时的等温线。

五、数据记录

将实验数据填入表2-9-1。

表2-9-1 实验数据记录表

室温_____℃,大气压_____kPa,毛细管顶端高度_____mm,实验人
_____。

序号	温度								
	20 ℃			31.1 ℃			50 ℃		
	压力/MPa	CO_2柱高度/mm	现象	压力/MPa	CO_2柱高度/mm	现象	压力/MPa	CO_2柱高度/mm	现象
1									
2									
...									

注意:CO_2柱高度即汞柱顶端刻度。

六、绘制等温曲线与比较

(1)根据实验数据在$p-v$图上画出三条等温线。

(2)将实验测得的等温线与图2-9-2所示的标准等温线比较并分析之间的
差异及原因。

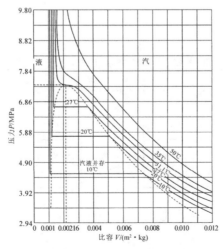

图2-9-2 CO_2标准等温曲线

实验10　二元汽液相平衡数据测定实验

实验要点：

(1)起始加热要徐徐进行,防止受热不均发生暴沸,防止釜内压力不平衡。

(2)实验加热过程中,不可随意打开取样口旋塞。

汽液平衡数据对化工单元操作的精馏、吸收等过程是极其重要的。在精馏塔的设计中,它是最基础的数据,许多特殊的二元体系,常常缺少有关此类数据,给设计带来困难。通过自行测定可取得较准确的数据。故掌握二元溶液的汽液相平衡数据测定方法是很有意义的。

一、实验目的

(1)了解和掌握循环法测定汽液相平衡数据的原理。

(2)通过实验了解平衡釜的构造,掌握汽液相平衡数据的测定方法和技能。

(3)掌握阿贝折射仪的测量原理和使用方法。

(4)测定常压下乙醇(1)-水(2)二元系的汽液相平衡数据。

(5)用汽液平衡方程求液相活度系数 γ_i。

(6)由活度系数关联某方程参数。

二、实验原理

(1)循环法测定汽液平衡数据的原理如图 2-10-1 所示。

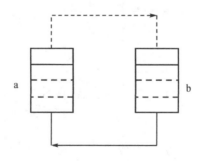

图 2-10-1　循环法原理图

恒压下,给沸腾器 a 中的二元溶液加热,逸出的蒸汽经冷凝后收集到容器 b 中,达一定数量后溢流回到 a。随着循环的进行,a、b 容器内溶液的组成不断发生变化。当体系达到汽液相平衡时,a、b 容器内组成不再随时间发生变化,沸腾器 a 中温度也达到一定值。从 a、b 容器内分别取样分析,即可得到该温度下的一组汽液平衡实验数据。

(2)本实验用阿贝折射仪测定溶液的折射率来确定溶液的组成。在一定温度下,纯物质具有一定的折射率,溶液的折射率与其组成有一定的相应关系。预先测出一定温度下一系列组成的溶液的折射率,即可根据待测溶液的折射率得到其组成。

三、实验装置与设备

(1)EC-2 型自动汽液平衡数据测定装置,流程图如图 2-10-2 所示。

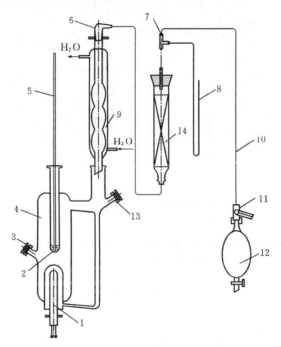

1—加热棒;2—蓖麻油;3—液相取样口;4—玻璃平衡釜;5—温度计;6—玻璃磨口接头;
7—三通管;8—U 管压差计;9—冷凝器;10—乳胶管;11—三通阀;12—气压球;13—汽相取样口;
14—干燥剂。

图 2-10-2 装置流程示意图

本装置是实验室化工专业专用的教学设备,是汽液双平衡的小型平衡釜,由汽液平衡釜、加热棒、冷凝器组成。它的优点是操作简便、建立平衡时间短、样品用量少、测定的平衡温度数据准确、汽相不夹带液滴、液相无返混与暴沸,是一种理想的实验仪器。它适用于常压下科研数据测定。

技术指标:

玻璃平衡釜容量:20~30 mL;加热棒功率:75 W;最高使用温度:140 ℃;操作压力:常压。

平衡釜内部结构比较复杂,使用前请仔细观察学习,搞清楚其内部构造和工作原理。其结构如图 2-10-3 所示。实验中,釜内二元溶液加热沸腾汽化后沿着提升管上升,顺着提升管上部的三个小立管馏出,在平衡室内达到汽液平衡,液相会进入液相储液槽,汽相会上升到冷凝器后冷凝到汽相储液槽。

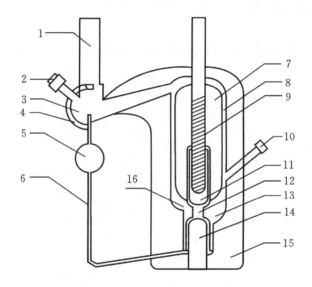

1—磨口;2—汽相取样口;3—汽相储液槽;4—连通管;5—缓冲球;6—回流管;7—平衡室;
8—钟罩;9—温度计套管;10—液相取样口;11—液相储液槽;12—提升管;13—沸腾室;
14—加热套管;15—真空夹套;16—加料液面。

图 2-10-3 二元气液平衡釜结构图

(2)加热与温控系统。

(3)超级恒温槽,温度精度±0.2 ℃。

(4)阿贝折射仪。

(5)水银温度计,测量精度±0.1 ℃

(6)注射器:规格: 1 mL,2 个;10 mL,1 个。

(7)大气压计。

(8)试剂:蒸馏水,无水乙醇。

四、实验步骤

1.准备工作

(1)连接好平衡釜上方冷凝器与水管。

(2)测温套管中倒入甘油,将标准温度计插入套管中,并将其露出部分中间固定一支温度计,对温度进行校正。

(3)检查系统有无泄漏,方法如下:将气压球与医用三通阀连接好,与大气相通,用手压瘪气压球,然后将三通阀直通系统,抽气使设备处于负压状态,U管压差计的液面升起,在一定值下停止。注意操作不能过快,以免将U管压差计中的液体抽入系统。停10 min,不下降为合格,可打开三通阀,使系统直通大气。

(4)注入液体,打开取样器,用大注射器注入100 mL已配置好的二元液体。

(5)冷凝器通水。

2.升温

开启开关,仪表应有显示。顺时针方向调节电流给定旋钮,电流表有显示后,温度控制的数值给定要按仪表的"∧、∨"键,在仪表的下窗口显示设定值。需调整参数时,继续按参数键,出现参数符号,可通过增减键给其所需值。详细操作可见控温仪表操作说明(AI人工智能工业调节器说明书,见附录A)的温度给定参数设置方法。当给定值和参数值都给定后控制效果不佳时,可将控温仪表参数CTRL改为2再次进行自整定。自整定需要一定时间,温度经过上升、下降、上升、下降,类似位式调节,很快就能达到稳定值。

按开关键(此时开关上的指示灯亮),顺时针调节电流,使电流表指针指向100 mA,进行低速升温。待5 min后,提高至200 mA,至釜开始沸腾。冷凝器下端有凝液滴下,液滴速率以每秒4~5滴为宜,否则继续增加电流,直至达到上述速度为止。

注意!温度控制仪的使用详见说明书(AI人工智能工业调节器说明书),不允许不了解使用方法就进行操作,这样会损坏仪表。

3.取样

待温度稳定达到平衡后,记录下温度计的读数后,用1 mL注射器和长注射针头从汽、液取样口同时取样,并在阿贝折射仪内分析,测定其折射率,对照标准曲线得出汽液相组成。取样次数视实验要求而定。用大注射器取出一定量釜液,依次加入与取样同量的一种纯物质,重新建立平衡,进行另一组数据测定。

4.停车

测定 4～5 组平衡数据后,关闭电源,停止冷凝器进水。

注意事项:

(1)在注射纯物质时要缓慢注入以免溅出,不能用水洗涤仪器。

(2)在温度维持恒定时要再加热 5 min 保证确实达到平衡。

(3)加热棒要采用阶梯状升温,不能升温过快。

每次取样时,使用大气压计记录当时的大气压。根据上述实验测得的数据填入表 2-10-1:

表 2-10-1　实验数据记录

序号	大气压/kPa	平衡温度/℃	汽相折射率	液相折射率	汽相组成	液相组成

五、计算

当汽液两相达到平衡时,除了两相的温度、压力相等外,任一组分在各相中的逸度必须相等,即 $\hat{f}_i^{液}=\hat{f}_i^{汽}$。

汽相:
$$\hat{f}_i^{汽}=\hat{\phi}_i y_i p \qquad (2-10-1)$$

液相:
$$\hat{f}_i^{液}=\gamma_i x_i f_i^{液} \qquad (2-10-2)$$

式中,$\hat{\phi}_i$ 为组分 i 在汽相混合物中的逸度;$f_i^{液}$ 为在系统温度与压力下纯液体 i 的逸度。

对于低压汽液平衡,其汽相可看作是理想气体混合物,即 $\hat{\phi}_i=1$,若忽略压力对液体逸度的影响,$\hat{f}_i^l=p_i^0$。则汽液平衡方程为

$$y_i p=\gamma_i x_i p_i^0 \qquad (2-10-3)$$

式中:p 为体系压力;γ_i 为组分 i 在液相中的活度系数;x_i,y_i 为组分 i 在液相、汽相中的摩尔分数;p_i^0 为纯组分 i 在平衡温度下的饱和蒸汽压,可由安托因 (Antoine)公式求得:$\ln p_i^0=A_i-\dfrac{B_i}{C_i+T}$,$A_i$,$B_i$,$C_i$ 为安托因常数。

根据实验测得的汽液平衡数据,即可求得不同组成的活度系数 γ_i。再由(威尔逊)Wilson 方程进行关联,求出威尔逊参数 λ_{12} 和 λ_{21}。

$$\ln\gamma_1 = -\ln(x_1 + x_2\lambda_{12}) + x_2\left(\frac{\lambda_{12}}{x_1 + x_2\lambda_{12}} - \frac{\lambda_{21}}{x_2 + x_1\lambda_{21}}\right)$$
$$\ln\gamma_2 = -\ln(x_2 + x_1\lambda_{21}) + x_1\left(\frac{\lambda_{21}}{x_2 + x_1\lambda_{21}} - \frac{\lambda_{12}}{x_1 + x_2\lambda_{12}}\right)$$

$$(2-10-4)$$

注:$\lambda_{12} = 0.2063$,$\lambda_{21} = 0.8325$。

六、数据处理

(1)用阿贝折射仪测得汽液相样品折射率,在同温度下折射率-组成曲线上查出汽相、液相的组成(和附录表 C-1 和 C-2 进行对照,估算数据可靠性)。

(2)通过式(2-10-3)计算活度系数 γ_i。

(3)通过式(2-10-4)求出威尔逊参数。

(4)再通过式(2-10-4)用以上得到的 λ_{12} 和 λ_{21} 计算 101.3 kPa 时不同 x_1 时的 γ_1 和 γ_2,然后由式(2-10-3)计算对应的 y_1 和 y_2,这时平衡温度可参考附录(表 C-2),并将所得实验值、计算值和文献值列表或者作图进行比较。

七、思考题

(1)实验中如何判断汽液两相已达到平衡?

(2)实验测定汽液相平衡数据的准确度受哪些因素影响?

实验 11   三元液液平衡数据测定实验

实验要点:

天平称量及注射器抽取操作要求精准。

一、实验目的

液液平衡数据是萃取过程开发和萃取塔设计的重要依据。液液平衡数据的获得主要依赖于实验测定。本实验介绍了醋酸、水、醋酸乙烯酯三元体系液液平衡数据的测定与关联方法。

二、实验原理

三元液液平衡数据的测定,有直接和间接两种方法。直接法是配制一定组成的三元混合物,在恒温下充分搅拌接触,达到两相平衡。静置分层后,分别测定两相的溶液组成,并据此标绘平衡结线。该法可以直接获得相平衡数据,但对分析方法要求比较高。

间接法是先用浊点测出三元体系的溶解度曲线,并确定溶解度曲线上各点的组成与某一可检测量的关系,然后再测定相同温度下平衡结线数据,这时只需根据溶解度曲线决定两相的组成。

本实验采用间接法测定醋酸、水、醋酸乙烯酯这个特定的三元系的液液平衡数据,实验数据填入表 2-11-1 及表 2-11-2 中。本实验标绘醋酸(A)-水(B)二元系汽液平衡相图如图 2-11-1 所示,醋酸(A)-醋酸乙烯酯(C)二元系汽液平衡相图如图 2-11-2 所示。

表 2-11-1　醋酸(A)-水(B)二元系汽液平衡数据

沸点/℃	118.1	115.2	113.1	109.7	107.4	105.7	104.3	103.2	102.2	101.4	100.7	100.3	100
x_B	0.0	0.05	0.10	0.20	0.30	0.40	0.50	0.60	0.70	0.80	0.90	0.95	1.00
y_B	0.0	0.10	0.188	0.336	0.453	0.548	0.644	0.726	0.801	0.864	0.928	0.963	1.00

表 2-11-2　醋酸(A)-醋酸乙烯酯(C)二元系汽液平衡数据

沸点/℃	118.1	110.5	104.1	95.4	89.8	85.7	82.5	80.0	77.8	75.9	74.4	73.5	72.7
x_C	0.0	0.05	0.10	0.20	0.30	0.40	0.50	0.60	0.70	0.80	0.90	0.95	1.00
y_C	0.0	0.204	0.368	0.576	0.700	0.784	0.845	0.889	0.925	0.954	0.979	0.990	1.00

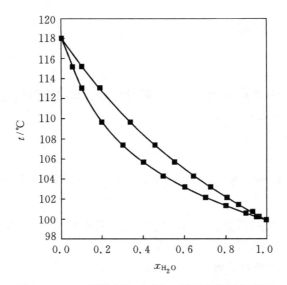

图 2 - 11 - 1　醋酸(A)-水(B)二元系汽液平衡相图

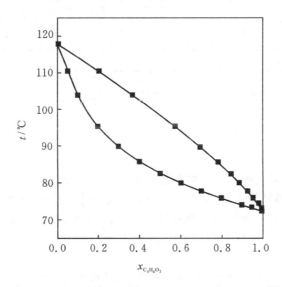

图 2 - 11 - 2　醋酸(A)-醋酸乙烯酯(C)二元系汽液平衡相图

三、实验装置及流程

1.实验装置

恒温箱:操作时,开启电加热器并用风扇搅动气流,使箱内温度均匀。本实验温度应控制在 25 ℃左右。

磁搅拌装置。

2.实验仪器

分析天平,具有侧口的 300 mL 三角磨口烧瓶及医用注射器等。

3.实验流程

配制一定组成的三元混合物,在恒温下充分搅拌接触,达到两相平衡。静置分层后,分别测定其中油、水相的溶液组成。

4.主要试剂及其物理常数

主要试剂及其物理常数如表 2-11-3 所示。

表 2-11-3 主要试剂及其物理常数

试剂	沸点/℃	密度/(g · cm^{-3})
醋酸	118	1.049
醋酸乙烯酯	72.5	0.9312
水	100	0.997

四、实验步骤

(1)本实验所需的醋酸、水、醋酸乙烯酯三元体系如表 2-11-4 所示,实验内容主要是测定平衡结线。首先,根据相图配制组成位于部分互溶区的三元溶液约 30 mL 放入锥形瓶中,配制时量取各组分的体积、质量,取一干硅橡胶塞塞住,用分析天平称取其质量,加入醋酸、水、醋酸乙烯酯后分别称重如表 2-11-5 所示,计算出三元溶液的浓度。

表 2-11-4 实验所需三元体系组成(体积)

锥形瓶	VAC/mL	H$_2$O/mL	HAC/mL
1	13	10	7
2	12	12	6
3	13	15	3

表 2-11-5　实验配置三相组成(质量)

组分	试剂瓶/g	VAC/g	H_2O/g	HAC/g
1	73.15	85.15	95.95	102.54
2	72.55	83.49	95.37	101.51
3	69.30	80.96	96.45	99.73

(2)将此盛有部分互溶三元溶液的锥形瓶放入已调节到 25 ℃ 的恒温箱,用电磁搅拌器搅拌 20 min,使系统达到平衡。然后,静止恒温 10~15 min,使其溶液分层,将锥形瓶从恒温箱中小心地取出,用注射器分别取油层及水层,利用酸碱中和法分析其中的醋酸含量,由溶解度曲线查出另一组成,并计算出第三组分的含量。

注意事项:

(1)实验中称量要尽可能准确,尽可能减少杂质。

(2)搅拌溶液分层后用注射器取液时,上下层取时不要混合,尽可能达到最优取液。

(3)从恒温箱中取出溶液时要小心,滴定中注意滴定的过程要按照滴定的要求进行。

五、实验数据及测定

(1)酸碱滴定法测定醋酸的含量。配置 0.1 mol/L 的 NaOH 标准溶液,放入碱式滴定管备用。分别取水、油相平衡液在两个锥形瓶内,滴入酸碱指示剂酚酞 2~3 滴,然后用备用的 NaOH 标准溶液滴定到溶液呈粉红色且保持一定时间不变色为终点,将实验数据填入表 2-11-6。

表 2-11-6　三元溶液中各组分的含量

序号	水相			油相		
	醋酸	水	醋酸乙烯酯	醋酸	水	醋酸乙烯酯
1						
2						
3						

(2)根据上述实验测得的数据填入到表 2-11-7 中:

实验日期:_____;温度:_____;

NaOH 标准溶液摩尔浓度_____;

表 2‑11‑7　1 mL 的水相和油相在滴定过程中所消耗的标准 NaOH 溶液量

序号	水相(H₂O‑HAC)	油相(H₂O‑HAC)
1		
2		
3		

六、思考题

(1)什么是三元液液平衡？有什么研究意义？

(2)影响三元体系平衡的因素有哪些？

实验 12　溶液超额摩尔体积测定实验

实验要点：

(1)加料时尽量避免汞洒落。

(2)加料时保证仪器内部没有气泡,保证密封。

溶液超额摩尔体积 V_M^E,是一个度量溶液的非理想程度的重要热力学性质,且具有直观和较易测量等优点。V_M^E 测试研究,将有助于丰富流体热力学性质和溶液理论的发展。

一、实验目的

(1)用倾斜式稀释膨胀仪测定 25 ℃(或 20 ℃)下,丙酮‑环己烷二元溶液的超额摩尔体积。

(2)通过实验要求同学们初步掌握 V_M^E 实验测定的原理和方法,用实验数据绘出 X ‑ V_M^E 曲线,从而加深对溶液超额摩尔体积热力学性质的理解。

二、实验原理

由热力学原理得知,理想溶液的摩尔体积 V_M^{id} 为

$$V_M^{id} = \sum X_i V_i \qquad (2-12-1)$$

式中，X_i 为组分 i 的摩尔分数；V_i 为纯组分 i 的摩尔体积。

然而，对于真实溶液的摩尔体积 V_M，不再具有这种简单的线性组合关系，故不能从纯组分的热力学性质来计算溶液的热力学性质，需要加校正项，可写为

$$V_M = \sum X_i V_i + V_M^E \qquad (2-12-2)$$

显然，式（2-12-2）中的校正项 V_M^E 是表示真实溶液摩尔体积超过理想溶液摩尔体积的量，故通常把 V_M^E 称作超额摩尔体积。由纯液体组分形成摩尔真实溶液时，混合过程中摩尔体积变化 V_M^E，和其他的热力学性质一样，超额摩尔体积也是由温度、压力组成的函数。

本实验采用倾斜式稀释膨胀仪，通过对 A 室中的被稀释液逐次稀释时毛细管 C 中水银高度的变化，测量计算值。

三、仪器设备及试剂

（1）主要仪器有如图 2-12-1 所示的 B 型倾斜式稀释膨胀仪、有机玻璃仪器固定框架、恒温水浴、温调仪、电动搅拌器、1/10 分度的精密水银温度计、铁支架、水银加料器及大小注射器等，仪器常数见表 2-12-1。

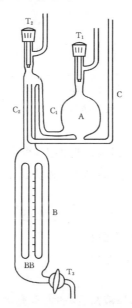

A—混合室；T_1、T_2—PTFE 针形阀；T_3—玻璃活塞；C、C_1、C_2—毛细管；B—刻度量管；
BB—水银计量球。

图 2-12-1　B 型倾斜式稀释膨胀仪示意图

表 2 - 12 - 1　实验用稀释膨胀仪仪器常数

稀释仪编号	V_{BB}/cm^3	d_C/cm	d_{C_1}/cm	d_{C_2}/cm
01	7.68	0.163	0.163	0.163
02	7.04	0.163	0.163	0.163
03	7.99	0.154	0.160	0.160
04	6.81	0.158	0.160	0.160

备注：V_{BB} 管在制作时可能会有变形，所以测量时 V_{BB} 体积要校正到 $V_{BB}=0.5\ cm^3$ 处，即每次 V_{BB} 的读数都要相应减去 $0.5\ cm^3$。

(2)实验所用的试剂有水银、丙酮、环己烷，其物性参数见表 2 - 12 - 2。

表 2 - 12 - 2　实验试剂物性参数

试剂	物性		
	分子量 M	沸点 $t_b/℃$	密度 $\rho/(g \cdot cm^{-3})$，25 ℃
丙酮	58.08	56.13	0.7886
环己烷	84.16	80.80	0.7739

四、实验步骤

(1)打开恒温水浴(去离子水)加热电源，将温调仪的旋钮调到所设定的温度，待水浴内的精密温度计显示温度快到所需温度时，细微调整温调仪旋钮，使之恒定在实验温度。

(2)将稀释膨胀仪固定到有机玻璃框架上，将水银加料器固定在铁支架上。用水银加料器将水银从 T_1 加入并充满 A 球(为防止水银洒落，最好将此操作放在一只大塑料盒中进行)。

(3)小心拿住框架两侧，将仪器置于恒温水浴中，恒温数分钟，用皮试注射器补加水银至 T_1 阀旋紧时刚好与水银面相接。

(4)测量毛细管中水银面高度 $h_C^0 = $ ＿＿＿＿＿ mm，$h_{C_1}^0 = $ ＿＿＿＿＿ mm，$h_{C_2}^0 = $ ＿＿＿＿＿ mm。

(5)用稀释液注射器，将稀释液从 T_2 加入至充满 BB 球。

(6)提起仪器框架，沿逆时针倾倒，使 A 球中水银通过毛细管 C_2 转入 BB 球直至充满 BB 球或略高于零刻度，然后将框架放回水浴。

(7)用稀释液注射器和被稀释液注射器分别将稀释液和被稀释液通过 T_2、T_1

加入，液体满至近 T_2、T_1 的支管处。此时毛细管 C_1、C_2 中如有气柱，可用洗耳球轻轻地从 T_1 处压水银，赶出气泡。

(8)恒温数分钟，观察毛细管 C 中水银高度不变后，将 T_1、T_2 阀分别慢慢旋紧，要确保阀下无气泡，同时 C 管中水银高度无明显上升，若发现阀下有气泡或 C 管中水银高度上升超过 1 mm 时，可将 T_1、T_2 阀旋松，将气泡挤出，同时避免液体受压。然后旋紧 T_1、T_2 阀并用洗耳球试漏。

(9)测量 B 管中水银体积 $V'_{BB} = $ _____ mm^3，毛细管中水银高度 $h'_C = $ _____ mm，$h'_{C_1} = $ _____ mm，$h'_{C_2} = $ _____ mm，装料完毕。

(10)稀释开始，将框架提起来，逆时针倾斜，让 A 球中水银从毛细管 C_2 中转入 B 管，与此同时 B 管中必有等体积的稀释液进入 A 球(每次转入量由所希望的实验点分布而定，一般为 1～1.5 cm)。用手摇动框架，使 A 球中液体充分混合。将仪器放回水浴，恒温至 C 管中水银高度不再升高。分别测量 B 管中水银体积 V_B，毛细管中水银高度 h_C、h_{C_1}、h_{C_2}。

(11)重复步骤(10)，六至八次。

(12)实验完毕，将搅拌电机转速拨回到零，切断电源。将框架取出水浴，放在实验台上，旋松 T_1、T_2 阀，将膨胀仪 B 管中水银从 T_3 放入水银加料器内。若有少量稀释液同时放入加料器中(加料器中水银要定时洗涤清洁)，等加料器中有机液体积得较多时可用注射器抽出装入残液回收瓶。A 球中的混合液用注射器吸去，此时可在 A 球重加水银，这样可用水银将残液挤入 T_1 内，便于用注射器抽去，最后水银面上的少量残液可用滤纸吸干。完成步骤(12)，则下次实验时可省去步骤(2)和(5)。

五、实验记录

室温 _____ ℃，恒温浴温度 _____ ℃，物系 _____，稀释仪编号 _____。

将实验数据填入表 2-12-3 中。

表 2-12-3 稀释过程实验数据记录

序号	h_C/mm	h_{C_1}/mm	h_{C_2}/mm	V_B/mm^3
1				
2				
...				

六、数据处理

(1)计算公式

$$n_1 = \left[V_{BB} + V'_{BB} + (h'_{C_2} - h^0_{C_2})a_2 + (h'_{C_1} - h^0_{C_1})a_1 + (h'_C - h^0_C)a \right] \frac{\rho_1}{M_1}$$

$$(2-12-3)$$

$$n_2 = \left[(V_B - V'_{BB}) + (h_{C_2} - h'_{C_2})a_2 + (h_{C_1} - h'_{C_1})a_1 \right] \frac{\rho_2}{M_2} \quad (2-12-4)$$

$$V^E_M = \frac{(h_C - h'_C)a}{n_1 + n_2} \quad (2-12-5)$$

式中,a_2、a_1、a 分别为毛细管 C_2、C_1 和 C 的截面积;ρ_1、ρ_2 分别为被稀释液和稀释液的密度;M_1、M_2 分别为被稀释液和稀释液的分子量;n_1 为被稀释液的摩尔数;n_2 为稀释液的摩尔数。

(2)计算 X,V^E_M 值。

(3)在毫米方格纸上绘制 $X-V^E_M$ 实验曲线,并与文献值加以比较。

(4)采用 $V^E_M = X(1-X)[A_0 + A_1(1-2X) + A_2(1-2X)^2]$ 方程式,用非线性最小二乘法拟合方程参数 A_0、A_1、A_2。

七、讨论与思考

(1)试论研究溶液超额体积的重要意义,举例说明。

(2)简述 T、P 与 V^E_M 的关系。

(3)实验数据误差分析。

实验 13 多釜串联停留时间分布测定实验

实验要点:

(1)若手动加入示踪剂一定要迅速,并且避免示踪剂接触到搅拌杆;若自动加入示踪剂,实验结束后,盐水管路要用清水反复冲洗,防止腐蚀设备。

(2)多台电导率仪读数时必须同时进行,电导率仪的电极不可随意拔出及晃动。

(1)了解多釜串联反应体系的流动特性,观察不同搅拌桨型式、内部构件及搅拌釜的流型。

(2)掌握用脉冲示踪法测定停留时间分布的实验方法和数据处理,分别计算单釜、两釜串联和三釜串联时的数学期望和方差。

(3)求取模型参数并与实际情况进行对比,分析反应器内流动特性。

二、实验原理

化学反应器中,由于流体流动、传热、传质等物理因素的影响,使得大型反应器与小型实验装置的反应结果往往有较大的差异。这些物理因素的非理想性,归根结底,是由于流动的非理想性引起的,这就是"返混"。返混程度是很难直接测定的,但一定的返混必然会造成一定的停留时间分布,目前判断非理想性的方法是用示踪法来测定停留时间分布。在反应器的入口加入示踪剂,在出口检测示踪剂的浓度响应。示踪剂的选择原则是易检测、不反应、不吸附、加入量小等。

但是返混与停留时间分布不存在一一对应的关系,因此不能用停留时间分布的实验测定数据直接表示返混程度,可以借助于反应器数学模型来间接表达。

停留时间分布的表示方法有两种,一种称为分布函数 $f(t)$;另一种为分布密度函数 $E(t)\mathrm{d}t$。以脉冲示踪法可求得停留时间分布密度函数 $E(t)$。

$$E(t) = \frac{C(t)}{C_0}, \quad C_0 = \frac{Q}{V} \qquad (2-13-1)$$

式中,$C(t)$ 为出口处示踪剂浓度;Q 为示踪剂的脉冲量;V 为流体的体积流量。

为了进行定量比较,引入随机函数的两个特征值,均值和方差。

$$\hat{t} = \frac{\int_0^\infty tE(t)\,\mathrm{d}t}{\int_0^\infty E(t)\,\mathrm{d}t} = \frac{\int_0^\infty tC(t)\,\mathrm{d}t}{\int_0^\infty C(t)\,\mathrm{d}t} = \frac{\sum_0^\infty tC(t)}{\sum_0^\infty C(t)} \qquad (2-13-2)$$

$$\sigma_t^2 = \frac{\int_0^\infty (t-\hat{t})^2 E(t)\,\mathrm{d}t}{\int_0^\infty E(t)\,\mathrm{d}t} = \frac{\sum_0^\infty t^2 C(t)}{\sum_0^\infty C(t)} - \hat{t}^2 \qquad (2-13-3)$$

令 $\theta = \dfrac{t}{\hat{t}}$,则 $\sigma_\theta^2 = \dfrac{\sigma_t^2}{\hat{t}^2}$,对于多釜搅拌反应体系,采用多级混合模型,其参数:

$$N = \frac{1}{\sigma_\theta^2} \qquad\qquad (2-13-4)$$

当 $N=1$，$\sigma_\theta^2=1$，为全混釜特征；当 $N\to\infty$，$\sigma_\theta^2\to 0$，为平推流特征；这里 N 是模型参数，是个虚拟釜数，并不限于整数。

三、实验设计

在流动体系中加入示踪剂，测定示踪剂浓度随时间的变化关系，则可以计算得到期望和方差，并能得到模型参数。

1.实验方案

实验测定三釜串联连续稳定流动过程的停留时间分布。三个相同条件的搅拌釜首尾串联，流动介质选用去离子水，其电导率为零。若选用数字型电导率仪，也可采用自来水做介质，设定自来水电导率为零。以 KCl 溶液或者 KNO_3 溶液作为示踪剂，采用脉冲示踪法。在每个反应釜出口处放置一根电极，测量反应器内电导率值随时间变化，即可得到各反应釜中离子浓度的变化情况。通过实验可得到三个釜的停留时间曲线。

电导率 H 对应了示踪剂浓度，则式（2-13-2）和式（2-13-3）可以表达为

$$\hat{t} = \frac{\sum t C_i(t)}{\sum C_i(t)} = \frac{\sum t(H_i)}{\sum (H_i)} \qquad\qquad (2-13-5)$$

$$\sigma_t^2 = \frac{\sum t_i^2 H_i}{\sum H_i} - \hat{t}^2 \qquad\qquad (2-13-6)$$

则三釜串联 $E(\theta)$ 实验值可以下式计算

$$E(t)_i = \frac{H_i}{\sum H_i \Delta t_i} \qquad\qquad (2-13-7)$$

$$E(\theta)_i = \hat{t} E(t)_i = \frac{\hat{t} H_i}{\sum H_i \Delta t_i} \qquad\qquad (2-13-8)$$

2.实验控制点及方法

实验中需控制的变量有水流量，通过流量计前阀门调节控制；搅拌釜流动状态，确定搅拌桨形式和挡板形式，通过调节电机转速控制；示踪剂加入量，可通过加入时间（自动）或者注射器吸取量（手动）来控制；取点时间间隔根据需要选定。

3.实验装置流程及参数

三釜串联实验流程如图 2-13-1 所示。三釜串联反应器中每个釜的体积为 1 L,直径 110 mm,高 120 mm,用调速装置调速,搅拌电机功率为 25 W,转速 90～1400 r/min,无级变速调节。实验时,水经转子流量计进入系统。稳定后在釜 1 上部由计算机控制电磁阀注入示踪剂(也可用注射器手动注入),由每个反应釜出口处电导电极检测示踪剂浓度变化,控制仪表显示,计算机进行数据采集并储存。

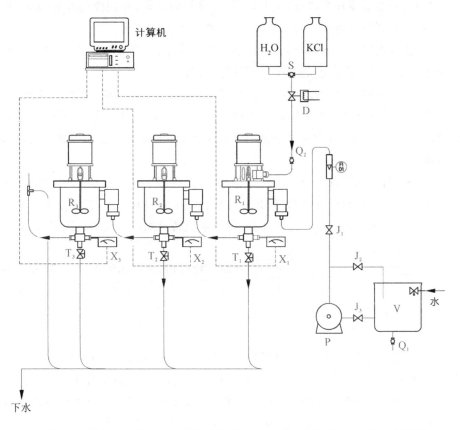

R_1、R_2、R_3—全混釜;X_1、X_2、X_3—电导率仪;P—水泵;V—水槽;T_1、T_2、T_3—调节阀;
S—三通阀;J_1、J_2、J_3—截止阀;D—电磁阀;Q_1、Q_2—球阀。

图 2-13-1 多釜串联停留时间分布测定实验流程图

4.实验所需物品

去离子水或自来水,饱和 KCl(或者 KNO_3)溶液,5 mL 注射器一支备用,1000 mL 量筒一个。

四、实验步骤

(1)提前准备饱和 KNO_3（或者 KCl）液体，注入标有 KNO_3 的储瓶内，将水注入标有 H_2O 的储瓶内。检查并正确连接电极导线，检查电极探头位置是否正确，连接水箱进水管线。

(2)打开总电源开关，开启入水阀门，向水箱内注水，将回流阀开到最大，启动水泵，慢慢打开进水转子流量计的阀门，给釜 1 注水。

(3)打开电导率仪各级开关，电导率仪分别调零，调节温度为水温，调节常数为连接电极上标定的出厂数值大小。调整完毕，备用。

(4)开启电磁阀开关和打开计算机软件。切换三通阀 S 转至示踪剂位置；设定示踪剂加入"阀开时间"秒数后，按下开始按钮，直到有示踪剂流出，确保阀前管路内充满 KNO_3 溶液。反复开关釜底排水阀数次，冲洗釜 1，直至连接釜 1 电导率仪显示值不再发生变化。

(5)关闭各釜底阀门，调节水流量维持在 20～30 L/h，直至各釜充满水，并能正常地从最后一级流出。（注意！必须排净管路中的所有气泡，特别是死角处。）

(6)开启釜 1、釜 2、釜 3 搅拌开关，调节电机转速到适当值并大致相同（电压表指示在 7～15 V）。

(7)当准备工作就绪，三釜流动搅拌状态稳定后，设定示踪剂加入"阀开时间"，一般建议 3 s，按下开始按钮，开始采集数据。如果选择手动加入，用注射器吸取 1～3 mL 示踪剂，从釜 1 顶部以最快的速度注入（去掉针头，并且避免示踪剂加到搅拌杆上）。

(8)当釜 3 出口电导率仪读数回零时，按下"结束"按钮，按下"保存数据"按钮保存数据文件。也可以一定时间间隔（3～5 min）读取并记录电导率仪数值。

(9)停止水泵和搅拌（停泵同时停止搅拌，以免影响有效体积大小），逐个打开反应釜底阀，用 1000 mL 量筒分别测量三个反应釜的有效体积：V_{R_1}、V_{R_2}、V_{R_3}。

(10)数据记录完毕，将实验柜三通阀转至"H_2O"位置，将程序中"阀开时间"调到 30 s 左右，按"开始"按钮，冲洗电磁阀及管路。反复 3～5 次（尽量多冲洗几次，确保冲洗干净，防止残留堵塞）。

(11)关闭各水路阀门、设备电源开关，退出实验程序，关闭计算机。

五、数据记录及处理

(1)将现场读取的数据或者在记录曲线上读取的数据填入表 2-13-1。

水温_____℃,时间间隔 Δt_____min(s)。

表 2-13-1　实验数据记录

序号	时间/s	釜 1 电导率值	釜 2 电导率值	釜 3 电导率值	备注
1	0				
2					
…					
n					
有效体积/mL		$V_{R_1}=$	$V_{R_2}=$	$V_{R_3}=$	

(2)分别计算单釜、双釜串联和三釜串联的实际平均停留时间,$\tau = \dfrac{V_R}{v}$。

(3)分别计算单釜、双釜串联和三釜串联的数学期望、方差和模型参数 N。

(4)计算三釜串联 $E(\theta)$ 实验值和理论值。理论值以三釜串联 CSTR 公式计算:$E(\theta) = \dfrac{N^N}{(N-1)!}\theta^{N-1}\mathrm{e}^{-N\theta}$。

(5)分别作三个釜出口的 $E(\theta)$-θ 曲线进行比较。

六、思考与讨论

(1)结合装置特点及操作条件,分析讨论实验值与理论值的偏差原因。

(2)t 与 τ 是否一致? 试分析原因。

实验 14　气液固三相流化床实验

实验要点:

先做气固实验,再做液固实验;实验时,注意各阀门的开关位置;切换时,注意更换顶部隔离板。

流体在低流速下向上流动时,通过颗粒床层,形成固定床,如果流体的流速较大,颗粒就会在流体中悬浮,形成流化床。流化床具有固体颗粒与流体之间传热、传质迅速的有利条件,固体颗粒一般能很快混合均匀,并且床内温度均匀,因此流化床已被广泛应用于化工、冶金、医药、食品等工业的物理及化学反应操作过程。

临界流化速度是流化床的操作下限。实际操作流速的大小与其有直接的关系,它是流化床设计的一项重要参数。

一、实验目的及要求

(1)以空气作为流体,测定一定固体颗粒在常温、常压下的临界流化气速。

(2)观察随气速改变而出现的床层膨胀、颗粒运动以及气泡等现象。

(3)以水作为流体,观测对比液固和气固流化床流化状态的差异。

(4)测量一定流速下流化床停留时间分布曲线(选做)。

(5)以具体催化剂应用于流化床(开发)。

二、实验原理

1.临界流化速度测定

当流体以不同速度由下向上通过固体颗粒床层时,根据流速的不同,可能出现以下几种情况,如图 2-14-1 所示。

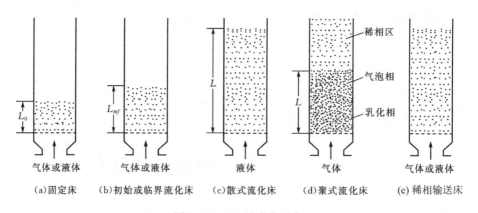

图 2-14-1 流态化现象

1)固定床阶段

当流体空塔速度较低时,颗粒所受的曳力较小,能够保持静止状态,流体只能穿过静止颗粒之间的空隙而流动,这种床层称为固定床,如图 2-14-1(a)所示,床

层高度为 L_0 不变。

2)流化床阶段

(1)临界流化状态:当流体空塔速度 u 稍大于 u'_{max} 时,颗粒床层开始松动,颗粒位置也在一定区间内开始调整,床层略有膨胀,但颗粒仍不能自由运动,床层的这种情况称为初始流化或临界流化,如图 2-14-1(b)所示,此时床层高度为 L_{mf},空塔气速称为初始流化速度或临界流化速度,以 u_{mf} 表示。

(2)流化床:当颗粒间流体的实际速度 $u_1(u/\varepsilon)$ 等于颗粒的沉降速度 u_t 时,固体颗粒将悬浮于流体中作随机运动,床层开始膨胀、增高,空隙率也随之增大,此时颗粒与流体之间的摩擦力恰好与其净重力相平衡。此后床层高度将随流速提高而升高,但颗粒间的实际流速恒等于 u_t,这种床层具有类似于流体的性质,故称为流化床,如图 2-14-1(c)、(d)所示。原则上,流化床有明显的上界面。

(3)稀相输送床阶段:若流速再升高达到某一极限时($u_1 > u_t$),流化床的上界面消失,颗粒分散悬浮于气流中,并不断被气流带走,这种床层称为稀相输送床,如图 2-14-1(e)所示,颗粒开始被带出的速度称为带出速度,其数值等于颗粒在该流体中的沉降速度。

(4)狭义流化床和广义流化床:狭义流化床特指上述第二阶段(即流化床阶段),广义流化床泛指非固定阶段的流固系统,其中包括流化床、载流床、气力或液力输送床。

当流体垂直向上流动通过颗粒床层时,其初期床压降 ΔP_B 将随流体流速 u 的增加而增加,压降和流速之间具有一般固定床的关系,在双对数坐标上表现为直线关系,压降与气速关系如图 2-14-2 中 AB 段所示。当流速达到某一数值,流体与颗粒的摩擦压降等于单位床面积颗粒浮重(W/A_t)时,再稍微增加流速,床中颗粒就会向上微动,颗粒重新排列使流体流动的阻力降低,因而床压降 $\Delta P_B = W/A_t$ 为其最大值,进一步增加流速,床层继续膨胀至起始流化点的空隙率 ε_{mf},此点即所谓"起始流化点",此时的流体表观速度称为"临界流化速度" u_{mf},若流体速度进一步增加,床内固体颗粒在流体中自由运动,床压降则保持恒定不变。在颗粒完全自由运动的流态化下,逐步降低流速直至"起始流化点"之前,床压降恒定。进一步降低流速,床压降也随之逐步减小。但此压降-流速曲线通常比逐步增大流速时得到的曲线要低,因为在没有振动的情况下,床层空隙率近似于起始流化点的空隙率 ε_{mf},该值大于原始固定床的空隙率 ε_{mf}。将降低流速所得的压降-流速曲线与最大压降(流化情况)ΔP_{max} 的水平线相交就得到了临界流化速度 u_{mf} 值,如图 2-14-2 所示。

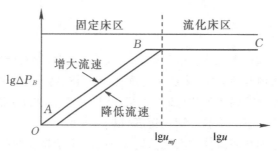

图 2-14-2 流化床压降-流速关系图

2.液固流化床停留时间分布

在实验 13 中,我们测定了多釜串联模型,得到了模型参数 N。同样,这里流化床也可以通过脉冲示踪法来测定,可以获得均值 $\hat{t}$ 和方差 θ_t^2(公式同实验 13),得到轴向扩散模型的参数 Pe。

$$\theta_\theta^2 = \frac{\theta_t^2}{\hat{t}^2} = \frac{2}{Pe} - 2\left(\frac{1}{Pe}\right)^2 (1 - \theta^{Pe}) \qquad (2-14-1)$$

三、实验组织设计

1.实验方案及参数测定

以分子筛或者硅胶固体颗粒堆填成床层,风机或者空压机为动力,空气经过阀门和转子流量计,从下向上通过固体颗粒,采用压力传感器测定床层压降。控制空气流量,测定床层压降,即可得到临界流化速度。可设置不同量程的两个流量计,这样在小量程流量计范围内布点间隔也小。

以水切换空气,控制水流量,模拟液固流化床反应器。在反应器上端水流出口处设置电导率仪电极,以脉冲示踪法从水流入口处加入示踪剂,监测电导率随时间变化,即可得到流化床停留时间分布曲线。

2.实验装置及流程

实验装置如图 2-14-3 所示。流化床内上部装有旋风分离器,其结构图见附录 I。水流量可采用转子流量计测得,如图内虚线框 A 所示,也可采用孔板流量计,如图内虚线框 B 所示。

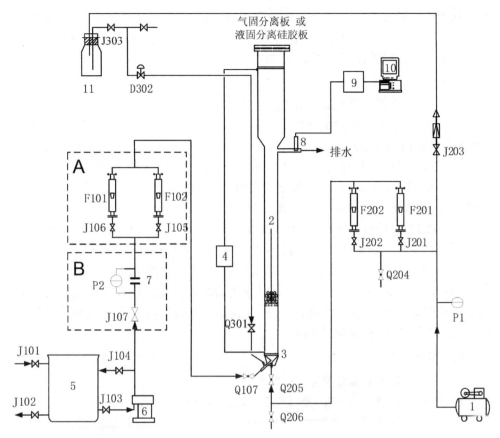

1—空气压缩机；2—流化床；3—气液分布板；4—差压变送器；5—水槽；6—进料泵；

7—孔板流量计；8—电极；9—电导率仪；10—计算机；11—示踪剂瓶；P1—压力表；

P2—差压传感器。

图 2-14-3　气固-液固流化床实验装置图

四、实验步骤

1.实验准备

准备一定量的催化剂颗粒(1～3 mm)，也可用活性氧化铝代替。

将流化床拆下，松开三相流化床下端法兰螺丝，装入催化剂支撑板。拧紧法兰螺丝，防止漏气。松开流化床上端法兰螺丝，从上端装入催化剂颗粒，厚约1～2 cm，将催化剂床层压实，在上端装入气固分离板(注：如果进行气固相实验，上端安装带孔分离板；如果进行液固实验，上端安装无孔硅胶板，便于溢流)，拧紧法兰螺丝。

将流化床装到设备支架上(如果气液分布板、催化剂支撑板已经装好,则不需要拆卸流化床,只需要打开上端法兰,装入催化剂)。将压差测量管线、示踪剂管线及溢流管线装好,溢流管线接入下水道。

2.气固流化床测定

(1)安装流化床上端气固分离板。

(2)关闭液相入口阀门 Q107 和放净阀门 Q206,关闭阀门 J203、J202、Q204、Q207,打开阀门 J201、Q205。

(3)开启压缩机,打开出口阀门,缓慢打开阀门 J201,调节转子流量计 F201 (1.6~16 m³/h)为 2 m³/h,观察流化床内催化剂床层变化,床层稳定后,打开差压传感器,测量床层压降,记录床层高度。

(4)继续缓慢增加空气流速,每次增加 0.5 m³/h,稳定后记录床层压降、气体流速及床层高度。持续增加气体流速,当即将超出 F201(1.6~16 m³/h)量程时,关闭 J201,打开 J202,切换 F202(6~60 m³/h)测量,注意观察床层变化。

(5)当流化床床层高度升高时,此时流速为临界流化速度(u_{mf}),当流化床床层高度超出溢流口时,为最大流化速度 u_t,流态化被破坏,即可停止实验。关闭空压机及差压传感器,其他阀门复位。

3.液固流化床测定

(1)安装流化床上端液固分离硅胶板。

(2)向液体储槽内加入自来水,至 2/3 液位,液位高于泵。

(3)加装示踪剂,将预先配制好的饱和 KCl 溶液加入示踪计罐内液位 2/3 处,并压紧上盖。

(4)将计算机与装置连接好,启动计算机,运行计算机测控系统,显示操作界面。

(5)电导率仪的准备。按电导率仪的使用说明书进行设置,调零,调整温度、电极常数达到要求值,备用。

(6)打开 J303,通过重力作用,使示踪剂充满阀门 Q301 到电磁阀 D302 之间的管路。(电导率测定操作方法在软件的"实时采集"界面中,调节阀开时间为 2~3 s,按下"开始实验"按钮,观察计算机屏幕,若有峰形出现即可,若无,重复此操作。)

(7)关闭气相入口阀门 Q205、放净阀门 Q206、截止阀 J106,打开 J103、J104。开启"水泵"电源开关,并按下变频调速器的"Run",旋转"频率"旋钮,待有频率显示,水泵有运转声,则可进行正常通水操作。打开 J105,缓慢关闭 J104,缓慢调节泵变频器频率,至流化床内催化剂颗粒正常流化,排出系统内气体,再缓慢降低变频器频率,至液体刚刚到达流化床下端取压口,记录孔板压降数值及床层压降数值。

(8)继续缓慢升高变频器频率,增加液体流速,记录孔板压降数值,每次增加 0.05 kPa(注:孔板流量计准确度有限,数值会不断跳动,等流量稳定 3 min,取最大值与最小值的平均值),稳定 3 min 后记录孔板压降、床层压降及床层高度,观察流化状态。持续缓慢升高变频器频率,当催化剂床层出现浮动时,为流化床起始流速;当催化剂最高床层超过溢流口时,流化态被破坏,为流化床带出速度,缓慢调小变频器频率,实验结束。过程中记录孔板压降、床层压降、催化剂床层,同时通过电脑测量电导率值并计算停留时间。

(9)待流化床进入正常流化状态,流速稳定 3 min 后,开始读取实验数据。由计算机屏幕上的实时采集界面,通过电脑软件打开电磁阀及 Q301,加入示踪剂(加示踪剂时间为 1 s),计算机同时进行数据采集,并在屏幕上显示流出曲线,即流化床出口处示踪剂浓度随时间变化的关系($C(t)-t$)。待曲线末端高度基本与起始高度平齐时,即可停止采集,一般不超过 10 min。保存数据,形成历史文件。

(10)注意观察床层变化,当流化床床层高度升高时,为临界流化速度(u_{mf}),当流化床床层高度超出溢流口为最大流化速度(u_t),流态化被破坏,即可停止实验。关闭水泵、空压机、差压传感器及电导率仪,其他阀门复位。

五、数据记录

室温_____℃,实验人_____,固体颗粒材料_____,颗粒粒径_____,静床层高度____。

(1)气固流化床实验数据填入表 2-14-1。

表 2-14-1 气固流化床实验数据记录

序号		气体流量/(m³·h⁻¹)	压降/kPa	床层高度/mm	现象
从小到大	1				
	2				
	…				
	n				
从大到小	n				
	…				
	2				
	1				

(2)液固流化床实验数据填入表 2-14-2。

表 2-14-2　液固流化床实验数据记录

序号	液体流量/(m³·h⁻¹)	液体流速/(m·s⁻¹)	压降/kPa	床层高度/mm	现象
1					
2					
...					

(3)液固流化床停留时间分布实验数据(选做)。

六、实验数据处理

(1)将流量数据换算成表观流速数据(床内径 40 mm,长 500 mm;扩大段内径:80 mm,长 180 mm;反应器总长 780 mm)。

(2)将总压降数据换算成床压降数据(板压降关系另给)。

(3)在双对数坐标纸上绘出流速-床压降数据点。

(4)根据图中情况确定出固定床段和流化床段的数据点。

(5)将固定床段的数据用最小二乘法计算出其关系,将流化床段取平均值。

(6)将两条直线绘于图上,并从其交点确定出临界流化速度 u_{mf} 值。

(7)计算液固流化床期望 $\hat{t}$、方差 θ_t^2 和模型的参数 Pe。(选做)

七、讨论

(1)实验床径大小对测定临界流化速度有何影响?

(2)分布板对测定临界流化速度有何影响?

(3)测定数据的多少对测定有无影响?

(4)通过实验提出你对实验的意见和改进建议。

实验 15　空气纵掠平板时局部换热系数测定实验

实验要点:

(1)加热电压切忌过高,防止温度过高。

(2)禁止实验过程中在风口处走动。

流体纵掠平板是对流换热中最典型的问题,本实验通过测定空气纵掠平板时的局部换热系数掌握对流换热的基本概念和规律。

一、实验目的

(1)了解实验装置的原理,熟悉空气流速及壁面温度的测量方法,掌握测量仪器仪表的使用方法。

(2)测定空气纵掠平板时的局部换热系数。

(3)掌握强制对流换热实验数据的处理方法。

二、实验原理

局部换热系数 α 由下式定义:

$$\alpha = \frac{q}{t_w - t_f} \quad \text{W/(m}^2 \cdot \text{℃)} \qquad (2-15-1)$$

式中,q 为物体表面某处的热流密度,W/m^2;t_w 为平板上相应点的表面温度,℃;t_f 为来流的温度,℃。

无量纲传热准则数 Nu_x 为:

$$Nu_x = \frac{\alpha \cdot x}{\lambda} \qquad (2-15-2)$$

无量纲流动准则数 Re_x 为:

$$Re_x = \frac{u \cdot x}{\upsilon} \qquad (2-15-3)$$

式中,x 为距离平板前缘的距离,m;λ,υ 分别为按定性温度确定的空气的导热系数和黏性系数,用来与壁温的平均值作为定性温度,即 $\dfrac{\overline{t_w} + t_f}{2}$,平均壁温 $\overline{t} = \dfrac{1}{2}(t_w^{\max} + t_w^{\min})$。

本实验的任务就是要得出 $\alpha - x$ 和 $Nu_x - Re_x$ 关系曲线。

三、实验设计

1.实验方案

实验主体设备为一块可加热的金属平板,常温空气匀速水平掠过平板时,空气与平板进行对流换热。实验通过测量空气来流温度 t_f、平板表面温度 t_w 及热流密度 q，即可得到 α 和 Nu_x。测量空气来流速度 u，可进一步求得 Re_x。

　2.实验装置

　　实验由风箱、风机、有机玻璃通道组成实验流动系统，空气经双扭线进口进入风道以保证实验段中有较均匀的空气流速。空气流速通过调风门来调节。

　　实验装置上所用的试件是一表面包覆薄层金属片的平板，它纵向插入在有机玻璃风道的中间。采用低电压的直流电经金属片两端的电源导板对金属片直接通电，所需直流电由整流电源供给，调节整流电源输出电压可改变对平板的加热功率。由于金属片是均质的，且金属片与平板之间接触良好，因此，可以认为金属表面具有恒定的热流密度。实验时，只要测定金属片的电流和在其上的电压降，即可准确地反映其热流密度，而表面温度的变化也可直接反映出表面传热系数的大小。

　　实验装置如图 2-15-1 所示。实验段风道由有机玻璃制成，中间插入一可滑动的平板、中间纵向包覆一个不锈钢片，形成很薄且两侧对称的楔形板，中间沿纵轴不均匀地布置了 22 对热电偶，通过热电偶换接件，与电位差计相连。不锈钢片的两端经电源导板与低压电源连接。

　　平板试件的基本参数：板长 $L=0.33$ m；板宽 $B=80\times10^{-3}$ m；金属片宽 $b=65\times10^{-3}$ m；金属片厚 $d=l\times10^{-4}$ m；金属片总长 $l=2L=0.66$ m；热电偶布置位置如表 2-15-1 所示。

表 2-15-1　热电偶布置位置

热电偶编号	1	2	3	4	5	6	7	8	9	10	11
离板前沿距离/mm	0	0	2.5	5	7.5	10	15	20	25	32.5	40
热电偶编号	12	13	14	15	16	17	18	19	20	21	22
离板前沿距离/mm	50	60	75	90	110	130	160	190	220	260	300

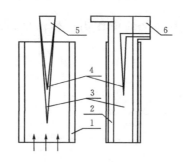

1—实验段风道；2—平板；3—不锈钢片；4—热电偶；5—电源导板；6—热电偶换接件。

图 2-15-1　实验装置示意图

3.测试方法

空气来流速度 u：用皮托管测量，根据伯努利方程，皮托管所测得的空气流动压 $\Delta p (\text{N/m}^2)$ 与气流速度 $u (\text{m/s})$ 的关系如下：

$$\Delta p = \frac{1}{2} \rho \cdot u^2 \qquad (2-15-4)$$

式中，ρ 为空气密度，kg/m^3，由来流温度 t_f 查表确定；$\Delta p = \Delta h \times 9.81 (\text{N/m}^2)$，$\Delta h$ 为微压计读数（mmH_2O）。所以空气来流速度：

$$u = \sqrt{\frac{2 \times 9.81}{\rho} \Delta h} \quad (\text{m/s}) \qquad (2-15-5)$$

电热功率 Q：通过平板测量段加热电压 V 和电流 I 来计算，$Q = IV$。

热流密度 q：假定①电热功率均布在整个金属片表面，②不计金属片向外界辐射散热的影响，③忽略金属片纵向导热的影响，则 $q = VI/lb$。

空气来流温度 t_f：取环境温度也即实验时的室内温度，采用普通温度计测量。

平板表面壁面温度 t_w：平板的中间沿着纵向不均匀地设有 22 对铜-康铜热电偶，其冷端置于空气中，以使测量系统简化。热端所处温度为板壁温度 t_w，冷端温度为空气来流温度 t_f，由电位差计测出的热电偶电势为 $E(t_w - t_f)$，在以室温作参考温度时，热端温度在 50～80 ℃，冷端热端每 1 ℃ 温差的热电势输出可近似取 0.043 mV/℃，这对本实验已足够准确，因此冷热端的温度差 $t_w - t_f$，可由式（2-15-6）求出：

$$t_w - t_f = E(t_w - t_f)/0.043 \quad (\text{℃}) \qquad (2-15-6)$$

四、实验步骤

（1）按实验需求接线，注意检查所有连接线正负极是否正确。调整好电位差计。

（2）关闭风机风门，开启风机，待正常运转后将风门调至所需开度。

（3）开启整流器电源，对平板缓慢加热，逐步提高输出电压。为保证不损坏试件，又能达到足够的测温准确度，片温控制在 80 ℃ 以下，加热时可用手抚摸至手无法忍受时为止。注意工作电流不得超过 29 A。

（4）每调节一次风速，须待微压计、热电偶读数稳定后方能测量各有关数据，空气流速可调整 2～3 个工况。

五、数据记录

室温 _____ ℃，实验人 _____ 。

将实验数据填入表 2-15-2 及表 2-15-3。

表 2-15-2　实验数据记录 1

项　目	工况 1(半开)	工况 2(全开)	备注
加热电压/V			
加热电流/A			
微压差计读数/mm			

表 2-15-3　实验数据记录 2

序号	电势/mV		备注
	工况 1(半开)	工况 2(全开)	
1			
2			
...			
22			

六、实验报告要求

(1)根据式(2-15-1)至式(2-15-3)和实验数据,计算出 α_x,Nu_x 和 Re_x(列表给出计算结果)。

(2)绘制 α_x-x 关系曲线,并在双对数坐标纸上绘制 Nu_x-Re_x 关系曲线。

(3)分析沿平板对流换热的变化规律,并将实验结果与有关参考书给出的空气纵掠平板时的换热准则式与线图进行比较。

七、注意事项

(1)电位差计必须按操作步骤使用,根据所测信号的大小选择合适的量程,以免损坏。

(2)电源及测量系统上都标有正、负极标记,红为正极,黑为负极,注意不要接错。

(3)为避免对通风量产生干扰,距风口 0.5 m 处要留有空间,禁止实验过程中在风口处走动。

(4)一定要在风机处于正常工作情况下才能启动整流电源。变工况调节时,欲提高热负荷则要先开大风门,后增加工作电流,并随时观察以免工作电流超过额定值;减小热负荷时则要先减小工作电流,后关小风门。实验完毕时必须先关加热电源,待平板降温后再关闭关风机。

计算 α_x 时为何做 3 个假定？能否在实验数据处理时考虑这些影响，如何计算。

附：可供比较的准则关系式：

$Nu_x = 0.332\,Re_x^{\frac{1}{2}}\,Pr^{\frac{1}{3}}$（层流恒壁温）；

$Nu_x = 0.453\,Re_x^{\frac{1}{2}}\,Pr^{\frac{1}{3}}$（层流恒热流）；

$Nu_x = 0.0296\,Re_x^{\frac{5}{4}}\,Pr^{\frac{1}{3}}$（紊流）。

实验 16　固体小球对流传热系数测定实验

实验要点：

(1)管式加热炉及小球温度较高，切忌直接触摸。

(2)管式加热炉测量温度计位置务必放置正确，防止加热时失控导致温度过高。

工程上经常遇到借助流体宏观运动将热量传给壁面或者由壁面将热量传给流体的过程，此过程通称为对流传热（或对流给热）。显然流体的物性及流体的流动状态还有周围的环境都会影响对流传热。了解与测定各种环境下的对流传热系数具有重要的实际意义，可应用于换热器、冷凝器、暖气片、电子元器件散热、宇航材料隔热及建筑材料保温等领域。

一、实验目的

(1)测定不同环境与小钢球之间的对流传热系数，并对所得结果进行比较。

(2)了解非定常态导热的特点及毕奥准数(Bi)的物理意义。

(3)熟悉流化床和固定床的操作特点。

二、实验原理

自然界和工程上，热量传递的机理有传导、对流和辐射。传热时可能有几种机理同时存在，也可能以某种机理为主，不同的机理对应不同的传热方式或规律。

当物体中有温差存在时，热量将由高温处向低温处传递，物质的导热性主要是

分子传递现象的表现。通过对导热的研究,傅里叶提出:

$$q_y = \frac{Q_y}{A} = -\lambda \frac{\mathrm{d}T}{\mathrm{d}y} \qquad (2-16-1)$$

式中,$\dfrac{\mathrm{d}T}{\mathrm{d}y}$ 为 y 方向上的温度梯度,K/m。

上式称为傅里叶定律,表明导热通量与温度梯度成正比。负号表明,导热方向与温度梯度的方向相反。

金属的导热系数比非金属大得多,大致在 $50 \sim 415$ W/m·K 范围。纯金属的导热系数随温度升高而减小,合金却相反,但纯金属的导热系数通常高于由其所组成的合金。本实验中,小球材料的选取对实验结果有重要影响。

热对流是流体相对于固体表面作宏观运动时,引起的微团尺度上的热量传递过程。事实上,它必然伴随有流体微团间,以及与固体壁面间的接触导热,因而是微观分子热传导和宏观微团热对流两者的综合过程。具有宏观尺度上的运动是热对流的实质。流动状态(层流和湍流)的不同,传热机理也就不同。

牛顿提出对流传热规律的基本定律——牛顿冷却定律:

$$Q = qA = \alpha A (T_w - T_f) \qquad (2-16-2)$$

α 并非物性常数,其取决于系统的物性因素、几何因素和流动因素,通常由实验来测定。本实验测定的是小球在不同环境和流动状态下的对流传热系数。

强制对流较自然对流传热效果好,湍流较层流的对流传热系数要大。

热辐射是当温度不同的物体,以电磁波形式,各辐射出具有一定波长的光子,当被相互吸收后所发生的换热过程。热辐射和热传导、热对流的换热规律有着显著的差别,传导与对流传热速率都正比于温度差,而与冷热物体本身的温度高低无关。热辐射则不然,即使温差相同,还与两物体绝对温度的高低有关。本实验尽量避免由于热辐射传热对实验结果带来的误差。

物体的突然加热和冷却过程属非定常导热过程。此时导热物体内的温度,既是空间位置又是时间的函数,$T = f(x, y, z, t)$。物体在导热介质的加热或冷却过程中,导热速率同时取决于物体内部的导热热阻及与环境间的外部对流热阻。为了简化,不少问题可以忽略两者之一进行处理。然而能否简化,需要确定一个判据,通常定义无因次准数毕奥数(Bi),即物体内部导热热阻与物体外部对流热阻之比进行判断。

$$Bi = \frac{\text{内部导热热阻}}{\text{外部对流热阻}} = \frac{\dfrac{\delta}{\lambda}}{\dfrac{1}{\alpha}} = \frac{\alpha V}{\lambda A} \qquad (2-16-3)$$

式中,$\delta = \dfrac{V}{A}$ 为特征尺寸,对于球体为 $\dfrac{R}{3}$。

若 Bi 很小，$\dfrac{\delta}{\lambda} \ll \dfrac{1}{\alpha}$，表明内部导热热阻远小于外部对流热阻，此时，可忽略内部导热热阻，系统可简化为整个物体的温度均匀一致，使温度仅为时间的函数，即 $T = f(t)$。这种将系统简化为具有均一性质进行处理的方法，称为集总参数法。实验表明，只要 $Bi < 0.1$，忽略内部热阻进行计算，其误差不大于 5%，通常为工程计算所允许。

将一直径为 d_s，温度为 T_0 的小钢球，置于温度为恒定 T_f 的周围环境中，若 $T_0 > T_f$，小球的瞬时温度 T，随着时间 t 的增加而减小。根据热平衡原理，球体热量随时间的变化应等于通过对流换热向周围环境的散热速率。

$$-\rho C V \frac{\mathrm{d}T}{\mathrm{d}t} = \alpha A (T - T_f) \qquad (2-16-4)$$

$$\frac{\mathrm{d}(T - T_f)}{(T - T_f)} = -\frac{\alpha A}{\rho C V} \mathrm{d}t \qquad (2-16-5)$$

初始条件：$t = 0, T - T_f = T_0 - T_f$。

式（2-16-5）求积分得：

$$\int_{T_0 - T_f}^{T - T_f} \frac{\mathrm{d}(T - T_f)}{T - T_f} = -\frac{\alpha A}{\rho C V} \int_0^t \mathrm{d}t$$

$$\frac{T - T_f}{T_0 - T_f} = \exp\left(-\frac{\alpha A}{\rho C V} \cdot t\right) = \exp(-Bi \cdot Fo) \qquad (2-16-6)$$

$$Fo = \frac{\alpha t}{(V/A)^2} \qquad (2-16-7)$$

定义时间常数 $\tau = \dfrac{\rho C V}{\alpha A}$，分析式（2-16-6）可知，当物体与环境间的热交换经历了四倍于时间常数的时间后，即：$t = 4\tau$，可得：

$$\frac{T - T_f}{T_0 - T_f} = e^{-4} = 0.018$$

表明过余温度 $T - T_f$ 的变化已达 98.2%，以后的变化仅剩 1.8%，对工程计算来说，往后可近似看作定常数处理。

对小球 $\dfrac{V}{A} = \dfrac{R}{3} = \dfrac{d_s}{6}$ 代入式（2-16-6）整理得：

$$\alpha = \frac{\rho C d_s}{6} \cdot \frac{1}{t} \ln \frac{T_0 - T_f}{T - T_f} \qquad (2-16-8)$$

或

$$Nu = \frac{\alpha d_s}{\lambda} = \frac{\rho C d_s^2}{6\lambda} \cdot \frac{1}{t} \ln \frac{T_0 - T_f}{T - T_f} \qquad (2-16-9)$$

通过实验可测得钢球在不同环境和流动状态下的冷却曲线,由温度记录仪记下 $T-t$ 的关系,就可由式(2-16-8)和式(2-16-9)求出相应的 α 和 Nu 的值。

对于气体,在 $20<Re<180000$ 范围,即高 Re 数下,绕球换热的经验式为:

$$Nu=\frac{\alpha d_s}{\lambda}=0.37\,Re^{0.6}Pr^{\frac{1}{3}} \qquad (2-16-10)$$

若在静止流体中换热:$Nu=2$。

三、实验装置与流程

实验装置有罗茨风机、玻璃流化床、管式加热炉、温度记录仪及相关仪表和阀门,装置流程如图 2-16-1 所示。空气经罗茨风机升压,通过流量计进入玻璃流化床后放空。实验时,将嵌有热电偶的小钢球放入管式加热炉内加热至 $400\sim500\ ℃$(要保证在小球温度下降至 $400\ ℃$ 附近时能够开始数据记录),之后取出小球并将其置于颗粒床层中,调节气流阀门的大小及小球的放置位置可以获得不同环境,如流化床、固定床、强制对流与自然对流。进行热交换,记录数据得到钢球温度随时间变化的冷却曲线。建议先进行自然对流实验过程。

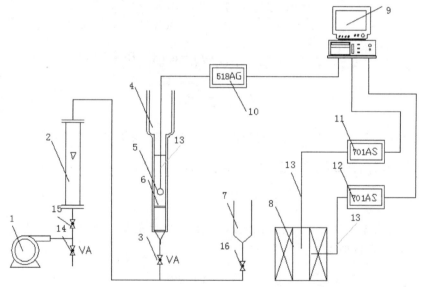

1—罗茨风机;2—转子流量计;3—调节阀;4—玻璃流化床;5—嵌装热电偶的碳钢小球;
6—气体分布器;7—扩大管(内径 45 mm);8—管式加热炉(1 kW);9—计算机;
10—小球测温智能仪表;11—加热炉测温智能仪表;12—加热炉控温智能仪表;13—热电偶;
14—放空阀;15、16—调节阀。

图 2-16-1 测定固体小球对流传热系数的实验装置

四、实验步骤及方法

(1)首先确定实验需查找哪些数据(小球不锈钢密度,比热 C,导热系数等),需测定哪些数据。

(2)按下设备电源开关,按钮绿灯亮;打开计算机处于工作状态。

(3)打开管式加热炉的加热电源,设定温度为实验所需温度,450~500 ℃。

(4)测定小钢球的直径。将嵌有热电偶的小钢球悬挂在加热炉中,观察小球测温仪表温度变化,当温度升至 450 ℃时,迅速取出钢球,放在不同的环境条件下进行实验,钢球的温度随时间变化的关系由温度记录仪记录,即冷却曲线。

(5)装置运行的环境条件有:自然对流、强制对流、固定床和流化床。流动状态有:层流和湍流。

(6)自然对流实验:将加热好的钢球迅速取出,置于空气中,尽量减少钢球附近的空气扰动,计算机采集小球温度随时间变化的冷却曲线数据。

(7)强制对流实验:打开放空阀 14 和调节阀 16,关闭调节阀 3,启动罗茨风机,缓慢配合调节阀 14 和 15,使气流流量达到实验所需的流量,并使转子保持平稳;将再次加热好的小球置于扩大管中,采集小球冷却曲线数据,并记录流量计读数。

(8)固定床实验:关闭调节阀 16,调节调节阀 3,并配合调节阀 14 和 15,将实验流程中的玻璃流化床 4 调节至固定床状态,将再次加热好的小球置于固定床的砂粒中,进行固定床实验,采集小球冷却曲线数据,并记录流量计读数。

(9)流化床实验:将实验流程中的玻璃流化床 4 调节至流化床状态,其余步骤同(8)。

五、实验数据处理

(1)计算不同环境和流动状态下的对流传热系数 α,进行对比。

(2)计算实验用小球的 Bi,确定其值是否小于 0.1。

(3)将实验值与理论值进行比较,分析实验结果同理论值偏差的原因,对实验方法与实验结果进行讨论。

(4)绘制小球不同环境下的冷却曲线,并对曲线做线性化处理,即 $\ln \dfrac{T_0-T_f}{T-T_f}$ - t 关系,斜率 $k=\dfrac{6\alpha}{\rho C d_s}$。

六、结果与讨论

(1)本实验加热炉的温度为何要控制在 400～500 ℃,太高太低有何影响?

(2)本实验对小球的选择有哪些要求,为什么?

(3)影响热量传递的因素有哪些?

(4)Bi 数的物理含义是什么?

(5)自然对流条件下实验要注意哪些问题?

(6)每次实验的时间需要多长,应如何判断实验结束?

主要符号说明:

A——面积,m^2;

Bi——毕奥准数,无因次;

C——比热,$J/(kg \cdot K)$;

d_s——小球直径,m;

Fo——傅里叶准数,无因次;

Nu——努塞尔准数,无因次;

Pr——普朗特准数,$Pr = \dfrac{c_p \mu}{\lambda} = \dfrac{\upsilon}{\alpha}$,无因次;

Re——雷诺准数,$Re = \dfrac{u\rho d_s}{\mu} = \dfrac{u d_s}{\upsilon}$,无因次;

q_y——y 方向上单位时间单位面积的导热量,$J/(m^2 \cdot s)$;

Q_y——y 方向上的导热速率,J/s;

R——半径,m;

T——温度,K 或℃;

T_0——初始温度,K 或℃;

T_f——流体温度,K 或℃;

T_w——壁温,K 或℃;

t——时间,s;

V——体积,m^3;

α——对流传热系数,$W/(m^2 \cdot K)$;

λ——导热系数,$W/(m \cdot K)$;

δ——特征尺寸,m;

ρ——密度,kg/m^3;

τ——时间常数,s;

μ——黏度，Pa·s。

实验 17　多功能膜分离实验

实验要点：

(1)保证溶液进入膜之前的初滤步骤，使用完后立即清洗。

(2)渗透汽化过程发生了相变，而超滤则是筛分过程。

本实验装置由两部分组成。一部分是中空纤维超滤膜系统，另一部分是平板膜-渗透汽化系统。两者可分别单独操作，即分别进行超滤实验和渗透汽化研究，也可串联使用，如图 2-17-1 所示。

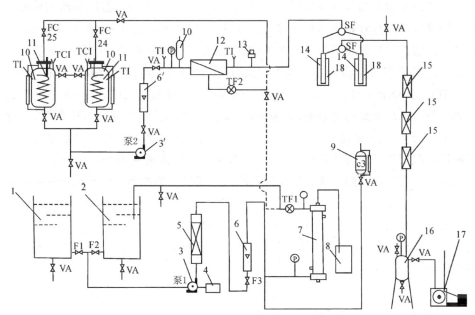

F1、F2、F3—阀门；TCI—控温热电偶；TI—测温热电偶；P—压力表；TF—调节阀；
SF—三通阀；1—清洗槽；2—溶液槽；3、3′—泵；4—超小型变频器；5—精滤器；
6、6′—转子流量计；7—超滤器；8—超滤液储罐；9—保护液储罐；10—溶液储罐；
11—加热器；12—膜池；13—压力变送器；14—捕集器；15—干燥器；16—缓冲罐；
17—真空泵；18—冷阱。

图 2-17-1　膜分离实验装置工艺流程图

A 中空纤维超滤膜分离实验

一、实验目的及任务

(1)熟悉中空纤维超滤膜分离装置的构造与操作过程。

(2)对聚乙二醇20000的水溶液进行分离,得到超滤液和浓缩液。

(3)计算截流率Ru。

二、实验原理

一般对水溶液的膜处理过程根据膜孔径大小可分为微滤、超滤、纳滤和反渗透等。微滤可用于溶液颗粒物过滤,超滤一般用于大分子溶液分离,纳滤则可分离较小分子的溶液。超滤所用的膜为非对称膜,其表面活性分离层平均孔径约为10~200 Å,能够截留分子量为500以上的大分子与胶体微粒,所用操作压差在0.1~0.5 MPa。超滤膜分离过程中,原料液在以压力差为推动力的作用下,其中溶剂透过膜上的微孔流到膜的低限侧,为透过液,大分子物质或胶体微粒被膜截留,不能透过膜,从而实现原料液中大分子物质及胶体物质与溶剂的分离。超滤膜对大分子物质的截留机理主要是筛分作用,决定截留效果的因素主要是膜的表面活性层上孔的大小与形状。除了筛分作用外,膜表面、微孔内的吸附作用和粒子在膜孔中的滞留作用也使大分子被截留。实践证明,某些情况下,膜表面的物化性质对超滤分离有重要影响,因为超滤处理的是大分子溶液,溶液的渗透压对过程有影响。从这一意义上讲,它与反渗透类似。但是,由于溶质分子量大、渗透压低,可以不考虑渗透压的影响。

三、实验装置主要部件

中空纤维膜采用外压式膜组件,如图2-17-2所示。膜截流分子量为6000,膜材料为聚砜,操作压力低于0.2 MPa,使用温度5~30 ℃,膜面积为0.5 m²,pH值为1~14。溶液中分子量小于6000的分子可以通过,大于6000的分子则被截留。

精滤器:滤芯为聚砜,过滤精度为5~10 μm,滤芯可更换。

液体输送泵:不锈钢射流式自吸离心泵。

超小型变频器与液体输送泵配套使用,对电机进行无级调速实现流量调节。

不锈钢储槽,外形尺寸:450 mm×220 mm×500 mm,容积约 40 L,有效容积约为 30 L。

玻璃转子流量计:LZB-10,6～60 L/h。

分析仪器:722S 型分光光度计,用于液体样品分析。

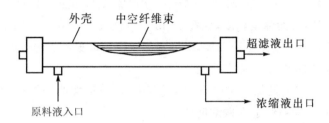

图 2-17-2　中空纤维膜超滤组件

四、分析试剂及分析方法

1.分析试剂及物品

聚乙二醇:MW20000,500 g;冰乙酸:化学纯,500 mL;次硝酸铋:化学纯,500 g;碘化钾:化学纯,500 g;醋酸钠:化学纯,500 g;蒸馏水;棕色容量瓶:100 mL,2 个;容量瓶:500 mL,1 个,1000 mL,1 个,100 mL,10 个;移液管:50 mL,1 支;量液管:10 mL,1 支;量筒:10 mL,2 个;工业滤纸若干。

2.发色剂配制

A 液:准确称取 1.600 g 次硝酸铋置于 100 mL 容量瓶中,加冰乙酸 20 mL,全溶,蒸馏水稀释至刻度。

B 液:准确称取 40.000 g 碘化钾置于 100 mL 棕色容量瓶中,蒸馏水稀释至刻度。

发色剂(Dragendoff):量取 A 液、B 液各 5 mL 置于 100 mL 棕色容量瓶中,加冰乙酸 40 mL,蒸馏水稀释至刻度。有效期为半年。

醋酸缓冲液:量取 0.2 mol/L 醋酸钠溶液 590 mL 及 0.2 mol/L 冰乙酸溶液 410 mL 置于 1000 mL 容量瓶中,配制成 pH 值为 4.8 的醋酸缓冲液。

3.分析操作

用光电比色法分析原料液、超滤液和浓缩液的浓度。分光光度计使用说明见附录 H。

开启分光光度计，波长置于 510 nm 处，预热 20 min。

绘制标准曲线：准确称取在 60 ℃ 下干燥 4 h 的聚乙二醇 1.000 g 溶于 1000 mL 容量瓶中，分别吸取聚乙二醇溶液 1.0、3.0、5.0、7.0、9.0 mL 稀释于 100 mL 容量瓶内配成浓度为 10、30、50、70、90 mg/L 的聚乙二醇标准溶液。再各取 50 mL 聚乙二醇标准溶液加入 100 mL 容量瓶中，分别加入 Dragendoff 试剂及醋酸缓冲液各 10 mL，蒸馏水稀释至刻度，放置 15 min，于波长 510 nm 下，用 1 cm 比色池，在 722 型分光光度计上测定光密度，蒸馏水为空白。以聚乙二醇浓度为横坐标，光密度为纵坐标作图，绘制出标准曲线。

量取 50 mL 待测液加入 100 mL 容量瓶中，用与标准曲线操作相同的方法测光密度值，再从标准曲线上查取浓度值。

五、实验步骤

(1)于溶液槽内配制浓度约为 30 mg/L 的聚乙二醇水溶液 30 L。调节超小型变频器频率约为 29 Hz，使膜后压力 $p_2=0.015$ MPa，膜前压力 p_1 为随动压力约为 $0.016\sim0.018$ MPa，流量为 30 L/h。

(2)系统运转数分钟，取原料液 100 mL 待分析。开始实验，收集超滤液，运转 30 min 后停止，同时取超滤液和浓缩液各 100 mL 待分析。

(3)对待测液进行比色分析，得到对应浓度值，记录实验数据。

(4)下一组实验可以继续进行，以得到不同运行条件下的结果。实验结束后，停止运转。

(5)系统清洗：系统处理一定浓度的料液后须用清水清洗系统。方法是放净系统存留的料液，接通清洗水系统，开泵运转 $20\sim30$ min，清洗污水放入下水道，停泵，切断电源。

(6)加保护液：放掉系统的清洗水，从保护液储罐加入保护液约 500 mL。保护液为 1% 的甲醛水溶液。保护液的作用是防止纤维膜被细菌"吞食"。夏季，停用两天以内，可以不加；冬季，停用五天以内，可以不加。超过上述期限，必须加入保护液，下次操作前放出保护液并保存可再用。

六、实验数据记录及处理

将实验数据填入表 2-17-1 中。

表 2-17-1 超滤实验数据记录

液体	膜前压 /MPa	膜后压 /MPa	流量 /(L·h⁻¹)	运转时间 /min	吸光度 /(L·(g·cm)⁻¹)	浓度 /(mg·L⁻¹)
原料液						
超滤液 1						
浓缩液 1						
超滤液 2						
浓缩液 2						
超滤液 3						
浓缩液 3						

求截留率 Ru：

$$Ru = \frac{C_0 - C_n}{C_0} \times 100\% = \frac{A_0 - A_n}{A_0} \times 100\%$$

式中，C 为浓度，A 为吸光度；下标 0 为原料液，n 为超滤液。Ru 越大，表示超滤组件分离效果越好。

B 渗透汽化(蒸发)实验

一、实验目的及任务

1.熟悉渗透汽化分离装置的构造与操作。
2.了解渗透汽化的原理和过程，了解渗透汽化膜分离的工艺原理与过程。
3.熟悉渗透汽化膜分离的操作。
4.基本掌握分离性能的影响因素。

二、实验原理与特点

渗透汽化是一种通过致密高分子膜有选择性分离和富集有机物溶液中某一组分的新型膜分离过程，是利用膜对液体混合物中组分的溶解与扩散性能的不同来实现其分离的膜分离过程。渗透汽化原理如图 2-17-3 所示。在膜的上部充满要分离的流体混合物，膜的下部空腔为汽相，接真空系统。流体混合物与膜接触，各组分溶解到膜的表面上，并依靠膜两侧表面间的浓度差向膜的下侧扩散，被真空泵抽出，可冷凝成透过液。由于组分通过膜的渗透速率不同，易渗透组分在透过物中浓集，难渗透组分则在原液侧浓集。膜的下部空腔也可以不接真空而用惰性气体吹扫,将透过物带出。有机溶液在过程中发生了相变:膜上游侧的液体通过膜变成膜下游侧的汽体,这也是渗透汽化名称的由来。渗透汽化分离过程和反渗透有相似的传质过程。其与反渗透不同点在于:渗透汽化过程存在相变,渗透汽化膜的下游是负压。因此渗透汽化在操作中必须不断加入能量,其大小至少相当于透过物潜热的热量。

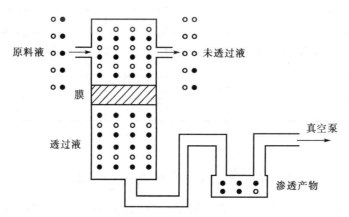

图 2-17-3 渗透汽化原理图

渗透汽化过程的主要操作指标是渗透通量与分离系数,这主要取决于物质在膜的渗透性质。一般认为物质透过渗透汽化膜是溶解扩散机理,过程分三步进行:

(1)原料液组分在膜表面溶解;

(2)组分以分子扩散方式从膜的液相侧传递到汽相侧;

(3)在膜的汽相侧,透过的组分解吸到汽相中。

过程的控制步骤在扩散过程,可用费克定律表示为

$$J = -D \frac{\mathrm{d}C}{\mathrm{d}x} \tag{2-17-1}$$

扩散系数 D 随物质浓度而变,可用下式表述:

$$D = D_0 \exp(rC) \tag{2-17-2}$$

式中,D_0 为浓度为零时组分的扩散系数;r 为塑化系数,其值与膜的结晶度、塑化度及膜与组分相互作用参数等因素有关。将以上两式组合,并积分得:

$$J = \frac{D_0}{rl} [\exp(rC_1) - \exp(rC_2)] \tag{2-17-3}$$

式中,l 为膜的活性分离层的厚度;C_1,C_2 分别为膜的液相侧和汽相侧表面处组分的浓度。

渗透率 Q 表达式如下:

$$Q = \frac{Jl}{\Delta P} = \frac{D_0}{r(P_0 - P_2)} [\exp(rC_1) - \exp(rC_2)] \tag{2-17-4}$$

式中，P_0 为操作温度下纯液体的饱和蒸气压；P_2 为膜汽相侧的总压。

两组分同时透过膜时，如果组分的溶解度不随另一组分的存在而变化，组分的扩散系数与浓度无关，也不因另一组分的存在而改变，汽相侧的压力趋近于零，则总渗透通量是两组分的渗透通量之和，分离系数 α 为两组分（i 与 j）的渗透率之比：

$$\alpha = \frac{Q_i}{Q_j} \qquad\qquad (2-17-5)$$

实际过程中，当两组分同时透过膜时将存在相互之间的作用，以及组分与高分子膜之间的作用，导致其扩散系数的改变，用上式计算分离系数将产生较大的误差。

渗透汽化过程的突出优点是分离系数高，可达几十甚至上千，因而分离效率高，但其透过物有相变，需要提供汽化热，因此，此过程对于一些难于分离的近沸点混合物、恒沸物及混合物中少量杂质的分离十分有效，可以产生良好的经济效益。

恒沸液分离是渗透汽化研究和应用的重要领域。乙醇-水分离的研究最多。无水乙醇是重要的原料和溶剂，可由植物纤维发酵制得，属有前途的汽油代用品和再生能源。其生产过程中最大问题在于从发酵液中将百分之几的乙醇提浓至无水乙醇。目前可用渗透汽化过程将稀乙醇溶液中的乙醇透过膜而富集，这种膜称之为透醇膜，尚在研究开发中。另一类是透水膜，可用将高浓度的乙醇溶液中的少量水透过膜而除去，这样即可打破乙醇-水混合物的恒沸点。这一过程已经实现了工业化。

对于近沸点组分，如苯和环己烷，共沸点分别是 80.1 ℃ 和 80.7 ℃，难以用一般的精馏方法分离，采用渗透汽化过程，其分离系数可达 200 左右，显示出很好的发展前景。此外，混合物中少量水的分离和废水中少量有毒有机物质的分离也是渗透汽化有可能应用的领域。

渗透汽化的评价指标：

（1）分离因子 α 和 β，其定义如下：

$$\alpha = \frac{c'(1-c)}{c(1-c')}, \beta = \frac{c'}{c} \qquad\qquad (2-17-6)$$

式中，c' 为优先渗透组分在渗透物中的质量分数，c 为优先渗透组分在原料混合物中的质量分数。

（2）渗透通量 J：单位时间内通过单位膜面积的渗透量，单位为 kg/($m^2 \cdot$ h) 或 g/($m^2 \cdot$ h)。

（3）渗透通量计算：

$$J = \frac{\Delta W}{St} \times 60$$

式中，ΔW 为样品量，g；S 为膜面积，m^2；t 为取样时间，min。

料液温度、膜下游压力、料液浓度及料液的循环量对分离因子和渗透通量均有较明显的影响。

三、实验装置

渗透汽化装置的核心部件是膜池，膜池为折流式，由不锈钢制成，膜面积约 46.5 cm^2，膜池结构如图 2-17-4 所示。实验对象由进料罐、循环泵、膜池、真空泵等组成。实验中，物料经由循环泵开始循环，通过真空泵抽真空在膜下形成负压，物料经过膜池的时候由于膜下为负压，组分可通过渗透汽化进入冷阱中的收集器里，通过三通阀可以更改选择收集器。

液体加料泵：隔膜泵，直流 24 V，流量 1 L/min，压力输出 125 PSI，输入 60 PSI。溶液料罐：不锈钢制，容积 2 L，2 个，内设电加热管，功率 1 kW。玻璃转子流量计：不锈钢制，LZB-6，60 L/h。

真空泵：旋片式。压力传感器：约 300 kPa；E 型温度传感器；玻璃制产物捕集器。

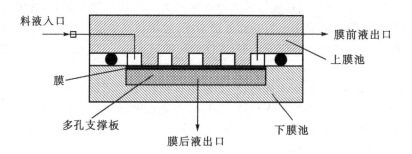

图 2-17-4　渗透汽化膜池示意图

四、实验内容和步骤

(1)在溶液储罐中加入 95％乙醇为原料，开启料液加热器，打开循环泵，使料液循环，达到温度浓度均匀。操作条件：温度为 40 ℃，常压；真空度为 2.7 kPa；流量为 30 L/h。(严禁原料罐低液位加热或者干烧!)

(2)将捕集器在电热干燥箱中烘干，缓慢冷却至室温，称重，安装到位。

(3)当料液达到预定温度后，开启真空泵抽气。在上述参数下空运转数分钟，一切正常之后取原料液样品 1～2 mL，置于样品瓶中待分析。

(4)安装好冷阱,实验开始。记录时间、温度、流量、膜后压力。

(5)定时测定循环料液的浓度。

(6)运转 20 min 后,立即同时将两个三通阀切换至另一个捕集器,取下有样品的冷阱,待捕集器中样品全部溶化为液体,取下捕集器,用预先备好的胶塞塞紧管口,以防样品损失。擦净冷阱外面凝结的水珠,称重,用阿贝折射仪检测乙醇含量。同时检测实验结束时的原料液浓度。可获得浓度较高的乙醇溶液。

(7)按正确程序关闭真空泵,实验结束。

五、实验报告

(1)根据上述实验测得的数据填入表 2-17-2 中:

实验日期:_____ 实验人员:_____ 学号:_____ 温度:_____℃

表 2-17-2　渗透汽化实验数据记录

实验序号	温度/℃	渗透液中乙醇质量分数/%	分离因子	备注
1				
2				
3				
4				
实验条件	①膜后真空度: ②膜前后压差: ③开始时乙醇料液浓度: ④结束时乙醇料液浓度:			

(2)本实验测定料液温度与分离因子的关系,即改变料液的温度,其他条件(膜前后压差、操作时间、流量等)不变,测量渗透汽化产物中乙醇和水的含量,得出一条分离因子随温度变化的关系曲线。画出分离因子与温度的关系曲线。

六、思考题

(1)温度和分离因子之间的关系说明什么?

(2)如果实验拟测定温度对渗透通量 J 的影响,那么实验需取哪些数据,如何操作?

七、故障处理

(1)如果料液浓度无变化或冷阱内物料浓度与原料液相同,说明膜破损,需要更换新膜。

(2)如果溶液温度控制失灵,应检查仪表和热电偶是否正常。

(3)如果流量没有或很小,应检查电机电源极性是否接反。

(4)如果真空度不足,说明管路漏气,应检漏。

实验18　中空纤维膜气体分离实验

实验要点:

确保实验气体无油。

一、实验目的

(1)通过本实验,对膜分离这一新兴技术加深了解,使理论和实际结合起来。

(2)学会无油压缩机的使用方法,能安全提供压力和流量可调的气源。

(3)记录实验数据,并对数据进行分析、评价。

二、实验原理和装置

气体膜分离是指利用主体混合物中各组分在非多孔性膜中渗透速率的不同使各组分分离的过程。气体膜分离过程的推动力是膜两侧的压力差,在压力差的作用下,气体首先在膜的高压侧溶解,并从高压侧通过分子扩散传递到膜的低压侧,然后从低压侧解吸进入气相,利用各种物质溶解、扩散速率的差异从而达到分离目的。

膜法气体分离技术是当今迅速发展的高新技术。由于膜分离技术具有没有相变、不需要再生、投资少、操作费用低、寿命长、操作简便、占地面积少、操作弹性大、维护费用低等优点,该技术已广泛用于煤炭、冶金、石油、化工、医药、食品等行业,在氢气的回收、富氮、富氧、脱湿等化工过程中得到广泛的应用。工业上应用最广的气体膜分离过程是从合成氨厂排放气和石油化工厂中各种含氢气体中回收氢。使用气体膜分离组件可以从合成氨排放气中回收96％的氢,经济效益很大,已获广泛应用。用膜分离方法分离空气,制取氧含量为 30%～40% 的富氧空气受到普遍重视。富氧空气用于工业炉中助燃可以大大提高燃料的利用率。小型制取富氧空气的膜分离器在医药领域也有广泛应用前景。用于氧氮分离的膜材料有硅橡胶、PPO 等。气体膜分离在天然气提氦、CO_2 等酸性气体脱除等方面亦有广泛的应用前景。

实验流程如图 2-18-1 所示,装置采用透明管制作分离器外壳,能直接看到中空纤维膜在分离器内的状态。装置采用开架式结构,元件直接排列在板面上,元件位置、管路走向一目了然,可以直观形象地演示气体膜分离过程,也可以直接作为小型富氧、富氮装置使用。

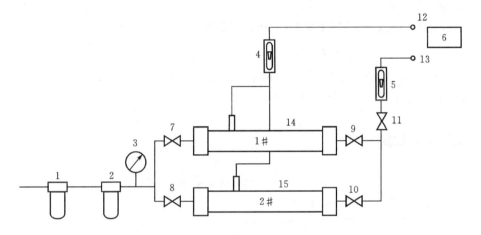

1—空气过滤器;2—精密过滤器;3—压力表;4—富氧流量计;5—富氮流量计;6—测氧仪;7、8—进气阀;9、10—富氮调节阀;11—富氮总调节阀;12—富氧取样口;13—富氮取样口;14、15—膜分离器。

图 2-18-1　气体膜分离实验流程示意图

三、实验步骤

对气源的要求是压力稳定可调节、无腐蚀性、无油、干净的气体,本实验由小型无油压缩机提供。开车前检查所有阀门,使其处于关闭状态。

1.单根膜分离器操作

(1)接通电源,启动压缩机,气体通过过滤器 1、精密过滤器 2,并在压力表上显示系统压力,压缩机所提供压力与系统所需压力范围一致(0～0.8 MPa)。打开进气阀 7 和富氮调节阀 9,富氮流量计 5 及富氧流量计 4 都处于开通位置,通过调节富氮总调节阀 11 来控制流量。可测得 1♯ 膜分离器数据。

（2）给定一个压力，调节富氮总调节阀 11，富氮流量从小到大，读取富氮流量 Q_1 和富氧流量 Q_2，用数字式测氧仪测量富氮气体中氧浓度 C_1，和富氧气体中氧浓度 C_2。

（3）浓度的测量：按测氧仪说明书操作，先校正，再把测氧仪软管插入取样口处进行测量，软管尽量深插。

（4）以上测量过程中，流量变化时，压力也会随之变化，应随时通过调节压缩机气罐下侧排气阀来保证压力稳定。

（5）若要单独进行 2♯ 膜分离器操作，只需关闭阀门 7、9，打开阀门 8、10 即可，其他操作步骤同 1♯ 膜分离器。

（6）测后停机：先关掉压缩机，待压力降到零时，关闭所有阀门。

2.两根膜分离器并联操作

接通电源，启动压缩机，打开阀门 7、8、9、10 及流量计 4、5，通过控制阀门 11 来测量，具体步骤同单根膜操作过程。

四、实验数据

（1）分离器尺寸：$\varnothing$30 mm×1000 mm，膜根数 $n=2000$。

（2）膜面积：$A=32285.48$ cm^2。

（3）膜性能：（用纯氧、纯氮评价）

1♯：$\alpha=6.3$。

$J_{N_2}=1.47\times10^{-6}$ cm^3/cm$^2\cdot$S$\cdot$cmHg，$J_{O_2}=9.28\times10^{-6}$ cm^3/(cm$^2\cdot$S$\cdot$cmHg)。

2♯：$\alpha=3.29$。

$J_{N_2}=3.4\times10^{-6}$ cm^3/cm$^2\cdot$S$\cdot$cmHg，$J_{O_2}=1.12\times10^{-5}$ cm^3/(cm$^2\cdot$S$\cdot$cmHg)。

（4）实验数据记录表如表 2-18-1 所示。

表 2-18-1　膜分离实验数据记录

日期：　　　　　室温：　　　　　　大气压：

压力 P/MPa	富氮流量 Q_1/(m$^3\cdot$h^{-1})	富氧流量 Q_2/(m$^3\cdot$h^{-1})	富氮气体中氧浓度 C_1/O$_2$%	富氧气体中氧浓度 C_2/O$_2$%

(5)数据处理：

根据公式 $\alpha = \dfrac{y(1-x)}{x(1-y)}$ 求实际分离系数，进行误差分析。

五、注意事项

(1)使用温度：0～30 ℃；使用压力：0～0.8 MPa。

(2)原料气体要求是无腐蚀性、无油干净的气体，以免影响膜的性能和使用寿命。

(3)取样时软管尽量深插，吸球要缓慢松开。

(4)过滤器如果有水要及时放掉，空气过滤器放水时应逆时针转动下边的旋钮，精密过滤器放水时用手捏紧橡胶钮，向任意方向扳动，即可放水。

实验 19　萃取精馏实验

实验要点：

(1)萃取剂在气体达到高位进料口之前开始进料。

(2)保温电流不可过大，一般控制在小于 0.2 A。

(3)了解学习多个单元操作过程耦合作用的应用。

一、实验目的

(1)以乙二醇为萃取剂，对乙醇溶液(95.5%)进行萃取精馏，在塔顶得到超过共沸组成的乙醇溶液。

(2)通过实验，熟悉萃取精馏的过程，加深对理论知识的了解。

二、实验原理

萃取精馏是一种特殊的精馏方法。它与共沸精馏的操作很相似，但并不形成共沸物，所以比共沸精馏使用范围更大一些。它的特点是从塔顶连续加入一种高沸点添加剂(亦称萃取剂)去改变被分离组分的相对挥发度，使普通精馏方法不能分离的组分得到分离。

萃取精馏方法对相对挥发度较低的混合物来说是有效的,例如,异辛烷-甲苯混合物相对挥发度较低,用普通精馏方法不能分离出较纯的组分,当使用苯酚做萃取剂,在近塔顶处连续加入后,改变了物系的相对挥发度,由于苯酚的挥发度很小,可和甲苯一起从塔底排出,并通过另一普通精馏塔将萃取剂分离。又例如,水-乙醇用普通精馏方法只能得到最大浓度95.5%的共沸物乙醇,当采用乙二醇做萃取剂时能破坏共沸状态,乙二醇和水在塔底流出,水被分离出来。再如甲醇-丙酮有共沸组成,用普通精馏方法只能得到最大浓度为87.9%的丙酮共沸物,当采用极性介质水做萃取剂时,同样能破坏共沸状态,水和甲醇在塔底流出,甲醇被分离出来。

萃取精馏的操作条件较复杂,萃取剂的用量、料液比例、进料位置、塔的高度等都有影响。可通过实验或计算得到最佳值。选萃取剂的原则有:选择性要高;用量要少;挥发度要小;容易回收;价格便宜。

三、实验装置技术指标

萃取精馏实验装置流程如图2-19-1所示。

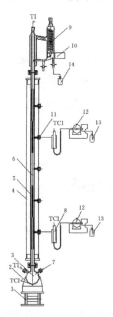

1—升降台;2—加热套;3—塔釜;4—夹套;5—保温层;6—塔反应器;7—进料口;8—预热器;
9—冷凝器;10—回流比控制器;11—进料口;12—进料阀;13—进料罐;14—采集罐。

图2-19-1 萃取精馏实验装置流程图

玻璃塔体参数：

内径：20 mm。

填料高度：1.4 m。

塔的侧口位置：五个侧口，每个侧口间距为 250 mm，塔上下侧口距塔底和塔顶各 200 mm。

填料：2.0 mm×2.0 mm(316 L 型不锈钢 θ 网环)。

釜容积：500 mL。

加热功率：300 W。

保温套管直径：60～80 mm。

保温段加热功率(上下两段)：各 300 W。

预热器直径：30 mm。

预热器加热功率：70 W。

回流控制器：0～99 s 可调。

四、操作方法

1.电路检查

(1)插好操作台板面各电路接头，检查各接线端子标记与线上标记是否吻合。

(2)检查仪表柜内接线有无脱落，电源的相、零、地线位置是否正确，各部分的控温、测温热电偶是否放入相应位置的孔内，无误后进行升温操作。注意！一定要保证外壳接地。

2.加料

打开釜的加料口或取样口，向釜内注入一些需要精馏的物质或釜残液，同时加入几粒陶瓷环，以防暴沸。给计量管加入萃取剂及待分离物料。

3.升温

(1)合上总电源开关，按钮指示灯点亮，分别按动测温电源开关，仪表有显示，按动按键转换开关按钮，观察各测温点指示是否正常(当开关未按下时为开路，显示数据不正常，需按下开关后才能观察出结果)。本装置每个测温仪表有三个按键转换开关按钮，按键 1 为空白、2 为脱萃取剂塔釜温度、3 为萃取塔顶温度。

(2)开启釜热控温开关，仪表有显示。顺时针方向调节电流给定旋钮，待电流表有显示后，按动仪表上的参数给定键，仪表下窗口会显示给定值，通过增减键调节给定值，此后经数秒钟进入正常状态。需调整参数时，按右上角的参数键，出现参数符号，并可通过增减键给其所需值。详细操作可见控温仪表操作说明(AI 人工智能工业调节器说明书)的温度给定参数设置方法。当给定值和参数值都给定后控制效果不佳时,可将控温仪表参数 CTRL 改为 2 再次进行自整定。自整定需要一定时间,温度经过上升、下降、再上升、下降;类似位式调节,很快就会达到稳定值。

升温操作注意事项:

釜热控温仪表的给定温度要高于沸点温度 50～80 ℃,达到足够的温差以进行传热。其值可根据实验要求而定,边升温边调整,当很长时间还没有蒸气上升到塔头内时,说明加热温度不够高,还须提高。此温度过低则蒸发量少,没有馏出物;温度过高则蒸发量大,易造成液泛。打开预热器电源,顺时针方向调节上、下预热器电流给定旋钮,使电流维持在 0.1～0.2 A,控温仪表同时控制两个预热器的温度,仪表的给定温度是上预热器的温度,故下预热器给定电流值就很重要。

已经开始沸腾时,打开上下段保温电源,顺时针方向调节保温电流给定旋钮,使电流维持在 0.2 A。(注意:不能过大,过大会造成过热,使加热膜受到损坏,另外,还会造成因塔壁过热而变成加热器,回流液体不能与上升蒸气进行气液相平衡的物质传递,反而会降低塔分离效率。)

升温后观察塔釜和塔顶温度变化,当塔顶出现气体并在塔头内冷凝时,进行全回流一段时间后可开始出料。

回流比操作时,应开启回流比控制器以给定比例,也就是通电时间与停电时间的比值,通常是以秒计,此比例即采出量与回流量之比。

续精馏时,在一定的回流比和一定的加料速度下,当塔底和塔顶的温度不再变化时,认为已达到稳定。可取样分析,并收集之。塔底釜液定时排料或按一定速度排料,维持釜的液面稳定。

4.停止操作

关闭各部分开关,无蒸气上升时停止通冷却水。

五、实验内容

以乙醇溶液(39%水、61%乙醇或者 95.5%乙醇)为原料,以乙二醇为萃取剂,采用连续操作法进行萃取精馏。在计量管内注入乙二醇,另一计量管内注入水-乙醇混合物液体。乙二醇加料口在上部,水-乙醇混合物进料口在下部。向釜内注入含少量水的乙二醇(大约 60 mL),此后可进行升温操作。同时打开预热器升温,当釜开始沸腾时,打开保温电源,并开始加料。控制乙二醇的加料速度为 80 mL/h,水-乙醇溶液与乙二醇体积比为 1:2.5～1:3。不断调节转子流量计的转子,使其稳定在所要求的范围。注意!用秒表定时记下计量管液面下降值以供调节流量用。

当塔顶开始有液体回流时,打开回流电源,给定回流值在 3:1 并开始用量筒收集流出物料,同样记下开始取料时间,要随时检查进出物料的平衡情况,调整加料速度或蒸发量。此外还要调节釜液排出量,大体维持液面稳定。在操作中用微量注射器取流出物注入气相色谱仪(阿贝折射仪)进行分析。塔顶流出物中乙醇为 95%~98.5%(mol%),大大超过共沸组成。操作中要详细记录各个条件,以便整理写出实验报告。

六、故障处理

(1)开启电源开关后,如指示灯不亮,并且没有交流接触器吸合声,则说明是保险损坏或电源线没有接好。

(2)开启仪表等各开关后,如指示灯不亮,并且没有继电器吸合声,则说明是分保险损坏或接线没有接好。

(3)控温仪表、显示仪表如出现四位数字,则说明热电偶有断路现象。

(4)仪表正常但电流表没有指示,可能是保险或固态变压器、固态继电器损坏。

(5)仪表如显示温度为负值,则说明热电偶接线反相。

七、实验报告要求

(1)写出详细的实验过程,分析萃取精馏为何能得到远高于共沸组成的产品。

(2)试分析以乙二醇为萃取剂,分离乙醇和水的原理。

实验 20　共沸精馏实验

一、实验目的

(1)通过实验加深对共沸精馏过程的理解。

(2)熟悉精馏设备的构造,掌握精馏操作方法。

(3)能够对精馏过程做全塔物料衡算。

(4)学会使用气相色谱仪分析气液两相组成。

二、实验原理

精馏是利用不同组分在气液两相间的分配,通过多次气液两相间的传质和传热来达到分离的目的。对于不同的分离对象,精馏方法也会有所差异。例如,分离乙醇和水的二元物系,由于乙醇和水可以形成共沸物,而且常压下的共沸温度和乙醇的沸点温度极为相近,所以采用普通精馏方法只能得到乙醇和水的混合物,而无法得到无水乙醇。为此,在乙醇-水系统中加入第三种物质,该物质被称为共沸剂。共沸剂具有能和被分离系统中的一种或几种物质形成最低共沸物的特性。在精馏过程中共沸剂将以共沸物的形式从塔顶蒸出,塔釜则得到无水乙醇。这种方法就称作共沸精馏。

乙醇-水系统加入共沸剂苯以后可以形成四种共沸物。现将它们在常压下的共沸温度、共沸组成列于表 2-20-1。为了便于比较,再将乙醇、水、苯三种纯物质常压下的沸点列于表 2-20-2。

表 2-20-1 乙醇-水-苯三元共沸物性质

共沸物(简记)	共沸点/℃	共沸物组成/%		
		乙醇	水	苯
乙醇-水-苯(T)	64.85	18.5	7.4	74.1
乙醇-苯(AB$_z$)	68.24	32.37	0.0	67.63
苯-水(BW$_z$)	69.25	0.0	8.83	91.17
乙醇-水(AW$_z$)	78.15	95.57	4.43	0.0

表 2-20-2 乙醇、水、苯的常压沸点

物质名称(简记)	乙醇(A)	水(W)	苯(B)
沸点温度/℃	78.3	100	80.2

从表 2-20-1 和表 2-20-2 中列出的沸点看,除乙醇-水二元共沸物与乙醇沸点相近之外,其余三种共沸物的沸点与乙醇沸点均有 10 ℃左右的温度差。因此,可以设法使水和苯以共沸物的方式从塔顶分离出来,塔釜则得到无水乙醇。

整个精馏过程可以用图 2-20-1 来说明。图中 A、B、W 分别为乙醇、苯和水的英文字头;AB$_z$,AW$_z$,BW$_z$代表三个二元共沸物,T 表示三元共沸物。图中的曲线为 25 ℃下的乙醇-水-苯三元共沸物的溶解度曲线。该曲线的下方为两相区,上

方为均相区。图中标出的三元共沸物 T 处在两相区内。

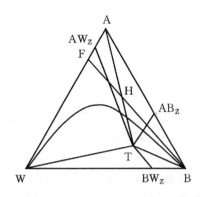

图 2-20-1　水-乙醇-苯的三角相图

以 T 为中心,连接三种纯物质 A、B、W 及三个二元共沸点组成点 AB$_z$、AW$_z$、BW$_z$,将该图分为六个小三角形。如果原料液的组成点落在某个小三角形内。当塔顶采用混相回流时精馏的最终结果只能得到这个小三角形三个顶点所代表的物质。故要想得到无水乙醇,就应该保证原料液的组成落在包含顶点 A 的小三角形内,即在△ATAB$_z$或△ATAW$_z$内。从沸点看,乙醇-水的共沸点和乙醇的沸点仅差 0.15 ℃,就本实验的技术条件无法将其分开。而乙醇-苯的共沸点与乙醇的沸点相差 10.06 ℃,很容易将它们分开。所以分析的最终结果是将原料液的组成控制在△ATAB$_z$中。

图 2-20-1 中 F 代表未加共沸物时原料乙醇、水混合物的组成。随着共沸剂苯的加入,原料液的总组成将沿着 FB 连线变化,并与 AT 线交于 H 点,这时共沸剂苯的加入量称为理论共沸剂用量,它是达到分离目的所需最少的共沸剂量。

上述分析只限于混相回流的情况,即回流液的组成等于塔顶上升蒸气组成的情况。而塔顶采用分相回流时,由于富苯相中苯的含量很高,可以循环使用,因而苯的用量可以低于理论共沸剂的用量。分相回流也是实际生产中普遍采用的方法。它的突出优点是共沸剂的用量少,共沸剂提纯的费用低。

三、实验装置流程及试剂

1.实验装置流程

实验流程图如图 2-20-2 所示。本实验所用的精馏塔为内径 ∅20 mm×200 mm 的玻璃塔。内部上层装有 θ 网环型 ∅2 mm×2 mm 的高效散装填料,下部装有三角网环型的高效散装填料。填料塔高度略高于 1.2 m。

塔釜为一只结构特殊的三口烧瓶。上口与塔身相连,侧口用于投料和采样,下口为出料口。釜侧玻璃套管插入一只测温热电阻,用于测量塔釜液相温度,釜底玻璃套管装有电加热棒,采用电加热,用于加热釜料,并通过一台自动控温仪控制加热温度,使塔釜的传热量基本保持不变。塔釜加热沸腾后产生的蒸汽经填料层到达塔顶全凝器。为了满足各种不同操作方式的需要,在全凝器与回流管之间设置了一个特殊构造的容器。在进行分相回流时,它可以用作分相器兼回流比调节器。当进行混相回流时,它又可以单纯地作为回流比调节器使用。这样的设计既实现了连续精馏操作,又可进行间歇精馏操作。

此外,需要特别说明的是在进行分相回流时,分相器中会出现两层液体。上层为富苯相、下层为富水相。实验中,富苯相由溢流口回流入塔,富水相则采出。当间歇操作时,为了保证有足够高的溢流液位,富水相可在实验结束后取出。

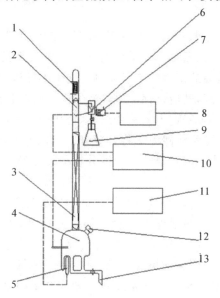

1—全凝器;2—测温热电阻;3—填料塔;4—塔釜;5—电加热器;6—分相器;7—电磁铁;
8—回流比控制器;9—收集器;10—温度显示;11—温控仪;12—进料口;13—出料口。

图 2-20-2 共沸精馏流程图

2.实验试剂

80 g 乙醇(化学纯),含量 95%;苯(分析纯)35g,含量 99.5%。

四、实验步骤

(1)将原料加入塔釜,打开电源,记录时间、塔釜及塔顶的初始温度和加热电流。

(2)30 min 后打开回流比,调至 5∶1,再过 20 min 后调至 3∶1。

(3)溢流开始后,在有水珠连续流出的条件下,将回流比调至 1∶1,再过 10 min 后调至 1∶3 至结束。

(4)3 h 后开始蒸出过量的苯,根据色谱分析结果,分次放出若干量蒸出液,直至将塔釜内苯蒸净。

(5)将所有蒸出液放入分液漏斗内,静置 5 min,将分离后的富苯相和富水相分别称重,并分别分析。

五、实验原始数据

将原始数据及产物分析记录填入表 2-20-3 及表 2-20-4 中。

表 2-20-3 精馏过程各时刻实验记录

时刻	上段加热电流/A	釜加热电流/A	下段加热电流/A	塔顶温度/℃	塔釜控温/℃	气相色谱峰面积		
						水	乙醇	苯
14:13	0.31	0.38	0.30	20.9	19.6	—	—	—
14:33	0.30	0.38	0.28	62.2	71.9	—	—	—
14:47	0.26	0.38	0.35	62.3	71.4	—	—	—
15:07	0.28	0.39	0.36	62.6	76.8	17196	691623	41614
15:27	0.28	0.39	0.36	62.7	77.2	15949	858342	14889
15:47	0.28	0.39	0.35	62.8	76.9	9569	736762	—
16:07	0.28	0.39	0.36	62.9	76.8	7031	754778	—
16:27	0.28	0.39	0.36	63.0	76.4	4392	777177	53430
16:47	0.27	0.39	0.36	63.0	76.2	3279	779262	59449
17:30	—	—	—	—	—	0	766581	0

165

表 2 - 20 - 4 塔顶塔釜产物分析记录

物相名称	质量/g	气相色谱峰面积		
		水	乙醇	苯
富水相	13.91	222785	402540	151316
富苯相	35.51	34460	161813	428813
乙醇	57.38	0	649184	21738

备注:1.气相色谱操作条件:压力为 0.065 MPa,汽化室温度为 130 ℃,柱箱温度为 165 ℃。

2.各物质校正因子:f(水)=0.758,f(乙醇)=1,f(苯)=1.330。

六、实验数据处理

做全塔物料衡算,并对共沸物形成的富水相和富苯相进行分析和衡算,将数据填入表 2 - 20 - 5,求出塔顶三元共沸物的组成。

表 2 - 20 - 5 塔顶三元共沸物组成

项目	水	乙醇	苯
质量分数			
相对误差			

七、思考题

(1)如何计算共沸剂的加入量?

(2)需要测出哪些量才可以作全塔的物料衡算?具体的衡算方法是什么?

(3)将计算出的三元共沸物组成与文献值比较,求出其相对误差,并分析实验过程中产生误差的原因。

实验 21 连续酯化反应精馏实验

实验要点:

(1)保证管路连接密封性良好,防止酸外漏腐蚀。

(2)保温电流不可过大,一般控制在小于 0.2 A。

反应精馏是精馏技术中的一个特殊领域。由于它在操作过程中具有化学反应与分离同时进行的特点，能显著地提高总体转化率、降低能耗，所以它在酯化、醚化、酯交换、水解等化工生产中得到了应用，并渐渐显示其优越性。

一、实验目的

（1）通过实验了解反应精馏过程是既服从质量作用定律又服从相平衡规律的复杂过程。

（2）掌握反应精馏塔的操作方法；

（3）学会用仪器分析塔内物料组成，能进行全塔物料衡算和塔的操作过程分析。

（4）了解反应精馏与常规精馏的区别。

二、实验原理

反应精馏过程不同于常规精馏，它既有精馏中热质传递的物理现象，又有物质变化的化学现象，两者同时存在，相互影响，使过程更加复杂。反应精馏对下列两种情况特别适宜：①精馏促进反应，如可逆平衡反应。精馏将部分产物分离出来，可以使反应向正方向移动，从而提高了反映速度。②反应促进精馏，如异构体混合物的分离。通常因沸点接近，常规精馏方法不易分离，但当异构体某组分能发生化学反应时，可以使沸点发生变化，并在精馏塔内使其分离。

酸类与酯类的酯化反应属于第一种情况。酯化反应精馏过程使用的催化剂为硫酸，这是由于它不受温度限制，在塔操作温度下能较好地进行反应。

本实验以醋酸和乙醇为原料并在酸催化剂作用下生成乙酸乙酯的可逆反应。反应的化学方程式为：

$$CH_3COOH + C_2H_5OH \xrightleftharpoons{H^+} CH_3COOC_2H_5 + H_2O$$

实验的进料为连续式，并在不同部位分别进料。在塔的上部某位置加入带有硫酸催化剂的醋酸，塔的下部某位置加入乙醇。通过塔釜加热至沸，塔内轻组分逐渐向塔的上部移动，重组分向塔的下部移动。具体说，醋酸沸点高，从顶部向下移动，乙醇沸点低，从塔下部向上移动，两者在塔内进行接触并进行化学反应，同时生成酯和水。这时塔内有四元组成，由于醋酸在气相中有缔合作用，除醋酸外，其他三个组分还存在三元或二元共沸物。而水-酯、水-醇共沸物沸点较低，醇、酯能不断地向塔顶移动，醋酸在向塔底移动过程中不断与上升的乙醇反应，使醋酸浓度不断降低。在乙醇过量的情况下,醋酸在塔内基本上能全部转化,故釜内醋酸含量较低。由此,也可说精馏塔本身就是一个反应器。全过程的物料衡算和热量衡算表达如下:

1.物料平衡方程

全塔物料平衡图如图 2-21-1 所示。

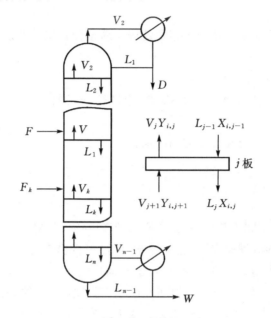

图 2-21-1　全塔物料平衡图

对第 j 块理论板上 i 组分进行物料衡算:

$$L_{j-1}X_{i,j-1}+V_{j+1}Y_{i,j+1}+F_jZ_{i,j}+R_{i,j}=V_jY_{i,j}+L_jX_{i,j} \quad (2-21-1)$$

$$2\leqslant j\leqslant n,i=1,2,3,4$$

2.汽液平衡方程

对平衡级上的某组分 i 有下列平衡关系:

$$K_{i,j}\cdot X_{i,j}-Y_{i,j}=0 \quad\quad\quad (2-21-2)$$

每块板上组分和符合下式:

$$\sum_{i=1}^{n}Y_{i,j}=1,\sum_{i=1}^{h}X_{i,j}=1 \quad\quad\quad (2-21-3)$$

3.反应速度方程

$$R_{i,j}=k_jP_j\left[\frac{X_{i,j}}{\sum \theta_{i,j}X_{i,j}}\right]\times 10^4 \quad\quad (2-21-4)$$

该式指反应原料组分浓度相同的条件,如不同则需修正。

4.热量衡算方程

对平衡级上进行热量衡算:

$$L_{j-1}h_{j-1}-V_jH_j-L_jh_j+V_{j+1}H_{j+1}+F_jH_{fj}-Q_j+R_jH_{rj}=0$$

$$(2-21-5)$$

三、实验装置及流程

实验装置及流程如图 2 - 21 - 2 所示。

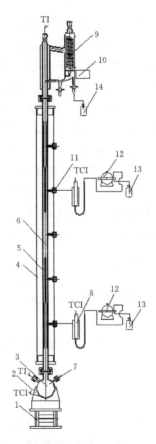

1—升降台;2—加热套;3—塔釜;4—夹套;5—保温层;6—塔反应器;7—进料口;8—预热器;
9—冷凝器;10—回流比控制器;11—进料口;12—进料阀;13—进料罐;14—采集罐。

图 2 - 21 - 2　反应精馏实验装置流程图

玻璃制精馏塔的结构尺寸为:直径 20 mm,高 1.5 m,填料:∅2.0 mm×2.0 mm (316 L 型不锈钢 θ 网环);塔釜为四口烧瓶,置于 300 W 电热包中,容积 500 mL;塔身镀透明导电膜,用固态变压器调节电流,作保温用,保温段加热功率(上下两段):各 300 W;预热器直径:30 mm,加热功率:70 W;回流控制器:0~99 s 可调。采用精度智能化仪表与固态继电器、固态变压器控制电路组成自动控制釜温。塔顶冷凝液的回流用摆动式回流比控制器操作。用铂电阻做测温元件,数字温度显示仪测定釜液和塔顶温度。

四、实验步骤

在釜内加入 200 g 接近于稳定操作组成的釜液。在醋酸、乙醇计量管内注入各自的原料(醋酸内含 0.3% 硫酸),开启泵,微微调节带刻度的旋转柄,让原料充满管路各部分后停泵。开启釜加热及塔保温的电源,调节温度控制电路的手动电位器。调节保温的固态变压器的手动电位器,使电流表指示在 0.5 A 以下(注意:启动时电流不能过大,以免设备骤热而破裂),给定釜加热的控温数值,过一段时间根据温度显示的情况逐步提温。精馏塔头通冷却水。当釜液开始沸腾时,再次给定釜加热温度,此后会以自动控温方式操作,塔身保温电压固定后不再改变。当蒸汽上升至塔顶后,全回流 15 min。以后开始进醋酸和乙醇,回流比控制在 5,酸醇分子比在 1:1.3,进料速度为 0.5 mol(乙醇)/h,或者按其他给定值进行操作。

进料后要仔细观察塔底与塔顶温度,并测定塔顶与釜的出料速度,及时调节使进出料基本处于平衡状态。稳定操作 1 h,以后每隔 30 min 对塔顶、塔釜馏出液进行取样分析。另外,用微量注射器,在位于不同塔高的取样口内取液样,直接注入色谱仪测出在该操作条件下的塔内浓度分布。每 30 min 将收集馏出物称重一次。

当两次所得重量相近时,才可改变回流比重复上述操作,测出不同回流比的反应精馏数据。

实验完毕后关闭加料泵,停止加热,待精馏塔内液体全部流至塔釜后,卸出釜液称重。最后停止通冷却水。

五、数据处理

(1)根据实验的内容,自行设计记录表格,记录全部实验数据。

(2)根据下式计算反应精馏酯化收率:

$$y = \frac{\text{馏出液醋酸乙酯的质量}}{\text{进料醋酸的质量}} \times 100\% \qquad (2-21-6)$$

求出醋酸和乙醇的转化率,做全塔的物料衡算。

六、思考与讨论

(1)不同回流比条件下,塔不同高度的液体组成分布状况如何?

(2)改变塔操作的各个条件,酯化收率如何变化?

(3)怎样才能提高反应精馏的收率?

乙醇、水和乙酸乙酯形成共沸物的沸点及组成如表 2-21-1 所示。

表 2-21-1　乙醇、水和乙酸乙酯形成共沸物的沸点及组成

沸点/℃	组成/%		
	乙酸乙酯	乙醇	水
70.2	82.6	8.4	9.0
70.4	91.9	0	8.1
71.8	69.0	31.0	0

主要符号说明:

F_j——j 板进料流量;

h_j——j 板上液体焓值;

H_j——j 板上气体焓值;

H_{fi}——j 板上原料焓值;

H_{rj}——j 板上反应热焓值;

$K_{i,j}$——i 组分汽液平衡常数;

$k_{i,j}$——j 板上反应速度常数;

L_j——j 板上下降液体量;

P_j——j 板上液体混合物体积(持液量);

Q_j——j 板上冷却或加热的热量;

$R_{i,j}$——j 板上单位时间单位液体体积内 i 组分反应量;

V_j——j 板上上升蒸汽量;

$X_{i,j}$——j 板上组分 i 的液体分子分数;

y——酯化收率;

$Y_{i,j}$——j 板上 i 组分的气体分子分数;

$Z_{i,j}$——j 板上 i 组分的原料组成;

$\theta_{i,j}$——反应混合物 i 组分在 j 板上的体积。

实验 22　连续流化床干燥实验

实验要点：

(1)物料加水比例适当,既要保证一定湿度,并且要保证颗粒松散,不能粘在一起。

(2)鼓风时,应拆下风机入口连接管路,保证风机能提供流化床所需足量风量。抽气时,接上风机进气口管路,且正确使用活动吸管。

(3)实验中风机旁路阀一定不能全关。放空阀实验前后应全开,实验中应全关。

(4)干燥器外壁带电,操作时严防触电;加热电压和保温电压一定要缓慢升压,根据上升频率和需要调整。

一、实验目的

(1)了解和掌握连续流化床干燥工作原理和操作方法。

(2)测定流化床内物料与空气之间的平均对流传热系数 α_v,估算脱水速率,流化床干燥器的热效率 η 和热损失。

(3)了解流化干燥的明显优点之一是气-固间对流传热效果好,即 α_v 值大。

二、实验原理

1.对流传热系数 α_v

$$\alpha_v = \frac{Q}{V \cdot \Delta t_m} \quad \text{(W/m}^3 \cdot \text{℃)} \qquad (2-22-1)$$

热气体向固体物料传递热量,会引起物料升温和水分蒸发。其传热速率 Q 为

$$Q = Q_1 + Q_{蒸} \quad \text{(W)} \qquad (2-22-2)$$

$$Q_1 = G_c c_{m2}(\theta_2 - \theta_1) = G_c(c_s + c_w X_2)(\theta_2 - \theta_1) \quad \text{(W)} \qquad (2-22-3)$$

$$Q_{蒸} = W(I'_V - I'_L) = W(r_0 + c_v \theta_m) - c_w \theta_1 \quad \text{(W)} \qquad (2-22-4)$$

2.脱水速率 W

由物料衡算：

$$W = G_c(X_1 - X_2) = G_1(1 - w_1)\left(\frac{w_1}{1 - w_1} - \frac{w_2}{1 - w_2}\right)$$

$$= \frac{G_{01} - G_{11}}{\Delta_1}(1 - w_1)\left(\frac{w_1}{1 - w_1} - \frac{w_2}{1 - w_2}\right) \quad (2-22-5)$$

3. **热效率 η**

$$\eta = \frac{\text{蒸发水分需要的热量} Q_{\text{蒸}}}{\text{输入干燥设备的总热量} Q_{\text{入}}} \times 100\% \quad (2-22-6)$$

$$Q_{\text{蒸}} = W(2492 + 1.88t_2 - 4.187\theta_1) \quad (\text{W}) \quad (2-22-7)$$

根据热量衡算,输入总热量为预热器 P 和干燥器 D 加入热量之和:

$$Q_{\text{入}} = Q_P + Q_D = U_P I_P + U_D I_D \quad (\text{W}) \quad (2-22-8)$$

输出总热量为空气焓值变化和物料焓值变化之和:

$$Q_{\text{出}} = L(I_2 - I_0) + G_c(I_2' - I_1') \quad (\text{W}) \quad (2-22-9)$$

湿空气焓值 $I = (1.01 + 1.88H)t + 2492H$,kJ/kg;

湿物料焓值 $I' = (C_m + XC_w) \times \theta$,kJ/kg。

4. **热损失**

$$\eta_{\text{损}} = \frac{Q_{\text{入}} - Q_{\text{出}}}{Q_{\text{入}}} \times 100\% \quad (2-22-10)$$

三、实验设计

1. 实验方案

实验主体设备为可加热保温玻璃流化床干燥器,空气由风机提供并经预热器预热后,进入干燥器。干燥器内温度稳定后,含水湿物料被连续送入干燥器,热空气以一定流速通过多孔分布板,和含水固体颗粒接触向其传热,使固体颗粒达到流化状态并引起湿物料中水分蒸发,直至干燥后固体物料从出料口连续溢流送出,形成连续干燥过程。

要估算对流传热系数 α_v,需测定传热速率 Q 和气固相传热推动力 Δt_m,则需测定气体和固体的进料速度及温度变化。气体流量采用孔板流量计测量,固体加料速率采用加料量和加料时间来测定,在设备多点设置温度计来测量温度值。预热器和干燥器均采用电加热,输入热量由加热电压和电流得到,输出热量可由气体和固体的焓值变化得到。

2. 实验装置流程

本实验所用连续流化床干燥装置流程如图 2-22-1 所示。

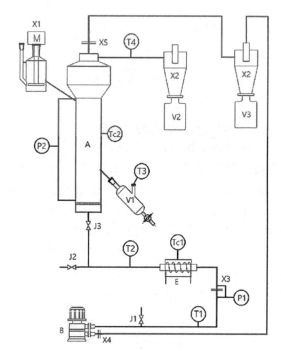

B—风机；J1—旁路阀；T1—风机出口温度计；P1，P2—压差计；X3—孔板流量计；
E—空气预热器；Tc1—预热控温；T2—空气进口温度计；J2—放空阀；J3—进气阀；
V1—出料接收瓶；T3—出料温度计；A—流化床干燥器（玻璃制，表面镀导电膜）；
Tc2—透明膜电加热控温；X1—搅拌进料器；X5—取干燥器内剩料插口；T4—干燥器出口温度计；
X2—旋风分离器；V2—粉尘接收瓶；V3—剩料接收瓶；X4—风机进气口活接阀。

图 2-22-1　流化床干燥实验装置流程图

1.机电设备

风机：为旋涡式气泵，可作鼓风和抽气两用。干燥实验正常操作时作鼓风机用，切记此时阀 X4 须卸开；实验结束后，风机作为抽气机用，可抽出干燥器内剩余物料。具体方法：①停风机，将风机进口与剩料接收瓶旋风分离器接口通过 X4 连接好；②将 X5 放入干燥器上口内；③打开风机旁路阀 J1；④启动风机，即可将干燥器内物料抽干净。

加料电机：直流调速电机，最大电压为 12 V。

预热器：电阻丝加热，用电流器调节电流来控制温度。

干燥器保温：干燥器为玻璃制，外表面镀有导电膜代替电阻丝，可通电加热，用电流器调节电流控温。

2.干燥器尺寸

流化床内径 $D = 76$ mm,高度 $h = 600$ mm,干燥器有效容积 $V = \frac{\pi}{4}D^2 h$。

3.空气流量测定

孔板流量计,材质为不锈钢,孔径 $d = 17$ mm,孔板流量计流量系数 $C_0 = 0.67$。实际的气体体积流量随操作的压强和温度而变化,测量时需作校正。具体方法:

(1)流量计处的体积流量 $V_0 = C_0 A_0 \sqrt{\frac{2}{\rho} \Delta p}$ (m^3/s)。

(2)若设备的气体进口温度与流量计处的气体温度差别较大,两处的体积流量是不同的,此时体积流量需用状态方程作校正(对空气在常压下操作时通常用理想气体状态方程)。对于流化床干燥器,大气干球温度为 t_0,干燥器进口气体温度为 t_1,则干燥器进口体积流量 $V_1 = V_0 \frac{273 + t_1}{273 + t_0}$ (m^3/s)。

4.湿度测定

(1)空气湿度:只测实验时的室内空气湿度。用干、湿球湿度计测取。干燥器出口空气湿度由物料脱水量衡算得到。

(2)物料湿度测定:用快速水分测定仪,使用方法见说明书。

四、实验方法及步骤

1.实验前准备、检查工作

(1)按流程示意图检查设备、容器及仪表是否齐全、完好。

(2)按快速水分测定仪说明书要求,调好水分测定仪冷热零点,待用。

(3)将分子筛(或者其他适用材料)筛分好所需粒径,并缓慢加入适量水搅拌均匀(可提前一天备好),称好所用重量,备用。

(4)检查拆下风机进口连接管路,流量调节阀打开,放空阀打开,进气阀关闭。

(5)向湿球湿度计的水槽内灌水,使湿球温度计处于正常状况。

(6)准备计时工具(可用手机)。

(7)记录流程中所有温度计的温度值。

2.实验操作

(1)从准备好的湿料中取出多于 10 g 的物料,用快速水分测定仪测出干燥器

的物料湿度 w_1。

（2）启动风机，调节空气流量到指定读数。接通预热器电源，设定加热温度至 60 ℃，加热空气。当干燥器的气体进口温度接近 60 ℃ 时，打开进气阀，关闭放空阀、调节阀使压差计读数恢复至规定值。同时向干燥器通电，保温电流大小以在预热阶段维持干燥器出口温度接近于进口温度为准 。

（3）启动风机后，在进气阀尚未打开前，将湿物料倒入料瓶，准备好出料接收瓶。

（4）待空气进口温度（60 ℃）和出口温度基本稳定时，记录有关数据，包括干、湿球湿度计的值。启动直流电机，调速到指定值，开始进料。同时按下秒表，记录进料时间，并观察固粒的流化情况。

（5）加料后注意维持进口温度 t_1 不变、保温电流不变、孔板流量计上的压差计读数不变。

（6）操作到有固料从出料口连续溢流时，再按一下秒表，记录出料时间。

（7）连续操作 30 min 左右。此期间，每隔一定时间（例如 5 min）记录一次有关数据，包括固料出口温度 θ_2。数据处理时，取操作基本稳定后的几次记录的平均值。

（8）关闭直流电机旋钮，停止加料，同时停秒表记录加料时间和出料时间，打开放空阀，关闭进气阀，切断加热和保温电源。

（9）将干燥器的出口物料称量和测取湿度 w_2（方法同 w_1）。放下加料器内剩余湿料，称量，确定实际加料量和出料量。并用旋涡气泵吸气方法取出干燥器内剩料、称量。

（10）停风机，一切复原（包括将所有固料都放在一个容器内）。

五、注意事项

（1）干燥器外壁带电，操作时严防触电，平时玻璃表面应保持干净。

（2）实验前一定要弄清楚应记录的数据，要掌握快速水分测定仪的用法，正确测取固料进、出料含水量的数值。

（3）实验中风机旁路阀一定不能全关。放空阀实验前后应全开，实验中应全关。

（4）保温电压一定要缓慢升压。

（5）注意节约使用硅胶，并严格控制加水量，绝不能过大。

（6）本实验设备管路均未严格保温，主要目的是观察流化床干燥的全过程，热损失较大。

六、数据记录

流化床干燥操作实验原始数据记录表如表 2-22-1 所示。

表 2-22-1　流化床干燥操作实验原始数据记录表

颗粒直径,1.6~3 mm	
加水量,每 500 g 物料中加入 30~40 mL 水	
干燥器内径 D	76 mm
绝干物料比热 Cs,kJ/(kg·℃)	
加料管内初始物料量 G_{01},g	
加料管内剩余物料量 G_{11},g	
干燥器出口和干燥器内剩余物料量共计 G_2,g	
加料时间 $\Delta\tau_1$	min= s
出料时间 $\Delta\tau_2$	min= s
进干燥器物料的含水量 w_1,kg 水/kg 湿物料	(快速水分测定仪读数)
出干燥器物料的含水量 w_2,kg 水/kg 湿物料	(快速水分测定仪读数)

名称		进料前	进料后	开始出料后 (每隔 5 min 记录一次)			平均
流量压差计读数 Δp,kPa							
风机吸入口	大气干球温度 t_0,℃						
	大气湿球温度 t_w,℃						
	相对湿度 ϕ						
干燥器进口温度 t_1,℃							
干燥器出口温度 t_2,℃							
进流量计前空气温度 t_0,℃							
干燥器进口物料温度 θ_1,℃							
干燥器出口物料温度 θ_2,℃							
流化床层压差 Δp_1,kPa							
流化床层平均高度 h,mm							
预热器加热电流显示值,A							
预热器电阻 R_p,Ω							
干燥器保温电流显示值,A							
干燥器保温电阻 R_d,Ω							

七、思考题

（1）比较流化床干燥和洞道式干燥的优缺点及适用对象。

（2）提高热效率减少热损失的途径有哪些？

主要符号说明：

α_v——气体对流传热系数，$W/m^3 \cdot \text{℃}$；

Δt_m——对数平均传热温差，℃；

Q_1——湿含量为 X_2 的物料从 θ_1 升温到 θ_2 所需要的传热速率，W；

$Q_蒸$——蒸发 W(kg/s)水所需的传热速率，W；

G_c——绝干物料速率，kg/s；

c_{m2}——出干燥器物料的湿比热容，$kJ/kg \cdot \text{℃}$；

c_s——绝干物料比热容，$kJ/kg \cdot \text{℃}$；

c_w——水比热容，$4.187 kJ/kg \cdot \text{℃}$；

c_v——水蒸气比热容，$1.88 kJ/kg \cdot \text{℃}$；

r_0——0 ℃时水的汽化潜热，$r_0 = 2492\ kJ/kg$；

W——单位时间内蒸发水分量（脱水速率），kg/s；

I_V'——θ_m 温度下水蒸气的焓，kJ/kg；

I_L'——θ_L 温度下液态水的焓，kJ/kg；

t_1、t_2——干燥器进、出口空气温度，℃；

θ_1、θ_2——干燥器进、出口物料温度，℃；

θ_m——干燥器进、出口物料平均温度，℃；

G_1——实际加料速率 kg/s；

w_1、w_2——进、出口湿基含水量，kg 水/kg 物料；

X_1、X_2——进、出口干基含水量，kg 水/kg 绝干物料；

G_{01}、G_{11}——加料初重与余重，kg；

Δt——加料时间，s；

U_P、U_D——预热器和干燥器电压，220 V；

I_P、I_D——预热器和干燥器电流，A；

L——绝干空气流量，kg/s；

I——空气焓值；

I'——物料焓值；

V——干燥器有效容积，m^3；

V_0——流量计处的气体体积流量(t_0),m³/s;

V_1——干燥器进口气体体积流量(t_1),m³/s;

Δp——孔板流量计压差,Pa;

C_0——孔板流量计流量系数;

A_0——孔板流量计孔截面积,m²;

ρ——空气在t_0时的密度,kg/m³;

t_0——流量计前温度,℃。

附 录

附录 A AI 系列人工智能仪表

一、面板说明

AI 系列人工智能仪表显示窗如图 A-1 所示。

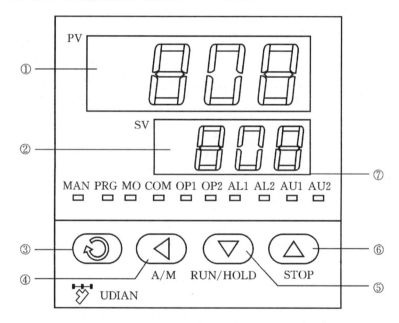

①—上显示窗;②—下显示窗;③—设置键;④—数据移位(兼手动/自动切换);
⑤—数据减少键;⑥—数据增加键;⑦—10 个 LED 指示灯,其中 MAN 灯灭表示
自动控制状态,亮表示手动输出状态;PRG 灯亮表示仪表处于程序控制状态;
MO、OP1、OP2、AL1、AL2、AU1、AU2 分别对应模块输入输出动作;
COM 灯亮表示正与上位机进行通信。

图 A-1 AI 系列人工智能仪表显示窗

二、基本使用操作

显示切换：按⊖键可以切换不同的显示状态。AI-808可在①、②两种状态下切换，AI-708P可在①、③、④等三种状态下切换，AI-808P可在①、②、③、④等四种状态下切换，AI-708只有显示状态①，无需切换。

修改数据：如果参数锁没有锁上，仪表下显示窗显示的数值除AI-808/808P的自动输出值及AI-708P/808P的已运行时间和给定值不可直接修改外，其余数据均可通过按◁、△或▽键来修改下显示窗口显示的数值。例如：需要设置给定值时（AI-708/808型），可将仪表切换到显示状态①，即可通过按◁、△或▽键来修改给定值。AI仪表同时具备数据快速增减法和小数点移位法。按▽键减小数据，按△键增加数据，可修改数值位的小数点同时闪动（如同光标）。按键并保持不放，可以快速地增加/减少数值，并且速度随小数点右移自动加快（三级速度）。而按◁键则可直接移动修改数据的位置（光标），操作快捷。

附录 B 阿贝折射仪

一、仪器用途

阿贝折射仪是一种能测定透明、半透明液体或固体折射率 n_D 和平均色散 $n_F - n_C$ 的仪器（其中以测透明液体为主）。如果仪器接有恒温器，可测定温度为 $0 \sim 70 \ ℃$ 内溶液的折射率 n_D。

折射率和平均色散是物质的重要光学常数之一，能借以了解物质的光学性能、纯度、浓度及色散大小等。本仪器能测出蔗糖溶液内含糖量的百分数（0%～95%，相当于折射率为 1.333～1.531）。故此种仪器是石油工业、油脂工业、制药工业、造漆工业、食品工业、日用化学工业、制糖工业和地质勘查等有关工厂、教学及科研单位不可缺少的常用设备之一。

二、仪器规格

测量范围：n_D 1.300～1.700。
测量精度：±0.0002。

三、仪器工作原理

如图B-1所示,根据折射定律,当光线从介质1进入介质2时,入射角α_1和折射角α_2之间有下列关系:

$$n_1 \cdot \sin\alpha_1 = n_2 \cdot \sin\alpha_2$$

式中,n_1和n_2为界面两侧介质的折射率,折射率为物质的特性常数,对一定波长的光在一定温度压力下,是一个定值。

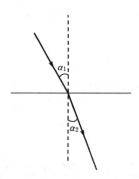

图 B-1　光线从介质1进入介质2

若光线从光密介质进入光疏介质,入射角小于折射角,改变入射角可以使折射角达到90°,此时的入射角成为临射角,阿贝折射仪就是根据这个原理设计的。折射仪的光学结构如图B-2所示。

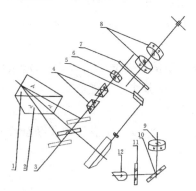

1—进光棱镜;2—折射棱镜;3—摆动反光镜;4—消色散棱镜;5—望远物镜组;6—平行棱镜;
7—分划板;8—目镜;9—读数物镜;10—反光镜;11—刻度板;12—聚光镜。

图 B-2　折射仪的光学结构

进光棱镜与折射棱镜之间有一微小均匀的间隙,间隙充满被测液体,光线经过折射仪放大作用后显示到分划板上,如图 B-3 所示。

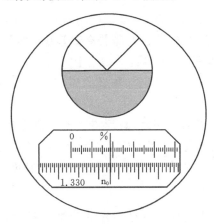

图 B-3 折射率示值成像与刻度

四、使用与操作

阿贝折射仪的外部结构如图 B-4,使用前应先熟悉每个操作部位的功能。

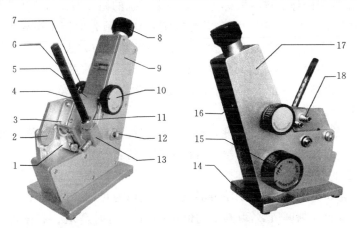

1—反射镜;2—转轴;3—遮光板;4—温度计;5—进光棱镜座;6—色散调节手轮;
7—色散值刻度圈;8—目镜;9—盖板;10—锁紧手轮;11—折射棱镜座;12—照明刻度盘聚光镜;
13—温度计座;14—底座;15—折射率刻度调节手轮;16—校正螺钉;17—壳体;18—恒温器接头。

图 B-4 阿贝折射仪外部结构图

1.准备工作

(1)测定之前,必须先用标准试样进行校正。在折射棱镜的抛光面加1~2滴溴代萘,再贴上标准试样的抛光面,当读数视场指示于标准试样上标示值时,观察望远镜内明暗分界线是否在十字线中间,若有偏差则用螺丝刀微量旋转图B-4中校正螺钉16,带动物镜偏摆,使分界线移动至十字线中心。通过反复观察与校正,使标示值的起始误差降至最小(包括操作者的瞄准误差)。此后,在测定过程中不允许随意再动此部位。

(2)每次测定工作之前及校正时,必须将进光棱镜的毛面、折射棱镜的抛光面和标准试样的抛光面,用丙酮(或者乙醇:乙醚=3:7的混合物)和脱脂棉花轻轻擦拭干净,以免留有其他物质,影响成像清晰度和测量精度。

2.测定工作

(1)测定透明、半透明液体。将被测液体滴加在折射棱镜表面,并迅速将进光棱镜盖上,锁紧手轮10,要求液层均匀,充满现场,无气泡。打开遮光板3,调节反射镜1角度,调节目镜8,使十字线成像清晰,旋转手轮15,在视场中找到明暗分界线位置,再旋转手轮6使分界线变成黑白,微调手轮15,使分界线位于十字线的中心,适当转动聚光镜12,此时,目镜视场下方显示的示值即为被测液体的折射率。

(2)测定透明固体。被测物体上需有一个平整的抛光面。打开进光棱镜,在折射棱镜的抛光面加1~2滴溴代萘,并将被测物体的抛光面擦干净放上去,使其接触良好,此时便可在目镜视场中寻找分界线,瞄准和读数方法同上。

(3)测定半透明固体。被测物体上也须有一个平整的抛光面。测量时将固体的抛光面用溴代萘粘在折射棱镜上,打开反射镜1,并调整角度利用反射光束测量,具体操作方法同上。

(4)测量蔗糖溶液内糖量浓度。操作方法同测量液体折射率,读数可直接从视场中示值上半部读出,即为蔗糖溶液含糖量浓度的百分数。

(5)测定平均色散值。基本操作方法同测量折射率,只是以两个不同方向转动色散调节手轮6时,使视场中明暗分界线变成黑白为止,此时需记下每次在色散值刻度圈7上指示的刻度值 Z,取其平均值,再记下其折射率 n_D。根据折射率 n_D 值,在阿贝折射仪色散表的同一横行中找出 A 和 B 值(若 n_D 在表中两数中间时用内插法求得)。再根据 Z 值在表中查出相应的 σ 值。当 $Z>30$ 时,σ 取负值;当 $Z<30$ 时,σ 取正值。按照所求出的 A、B 和 σ 值,代入色散公式 $n_F - n_C = (A+B) \cdot \sigma$,就可求出平均色散值。

(6)若需测量在不同温度时的折射率,将温度计旋入温度计座13,接上恒温水管,调节到所需温度即可进行测量。

五、维护与保养

为了确保仪器的精度,防止损坏,请注意以下几点:

(1)仪器应放置于干燥、空气流通的室内,以免光学零件受潮发霉。

(2)当测定腐蚀性液体时,应及时做好清洗工作(包括光学零件、金属零件及油漆表面),防止腐蚀损坏。仪器使用完后必须做好清洁工作,放入木箱内,箱内应存有干燥剂。

(3)被测试样中不应有硬性杂质,当测试固体试样时,应防止把折射棱镜表面拉毛或产生压痕。

(4)保持仪器清洁,严禁油手或汗手触及光学零件,如果光学零件粘了灰尘或者油污应该用脱脂棉和丙酮处理擦干。

(5)仪器应避免剧烈振动或撞击,防止损伤影响精度。

附录 C 乙醇-水溶液物性参数

一、乙醇-水溶液相平衡数据

表 C-1 和表 C-2 分别为乙醇-水溶液的 $x-y$ 常数和 $t-x-y$ 常数,图 C-1 和图 C-2 则是相对应的关系曲线。

表 C-1 常压下乙醇-水溶液相平衡常数(mol%)

x	0.00	0.01	0.02	0.04	0.06	0.08	0.10	0.14	0.18
y	0.00	0.110	0.175	0.273	0.340	0.392	0.430	0.482	0.513
x	0.20	0.25	0.30	0.35	0.40	0.45	0.50	0.55	0.60
y	0.525	0.551	0.575	0.595	0.614	0.635	0.657	0.678	0.698
x	0.65	0.70	0.75	0.80	0.85	0.894	0.90	0.95	1.00
y	0.725	0.755	0.785	0.820	0.855	0.894	0.898	0.942	1.00

表 C-2　常压下乙醇-水溶液 $t-x-y$ 数据(mol%)

液相摩尔分数 x	汽相摩尔分数 y	温度 t/℃	液相摩尔分数 x	汽相摩尔分数 y	温度 t/℃
0	0	100	0.3273	0.5826	81.5
0.0190	0.17	95.5	0.3965	0.6122	80.7
0.0721	0.3891	89.0	0.5079	0.6564	79.8
0.0966	0.4375	86.7	0.5198	0.6599	79.7
0.1238	0.4704	85.3	0.5732	0.6841	79.3
0.1661	0.5089	84.1	0.6763	0.7385	78.74
0.2337	0.5445	82.7	0.7472	0.7815	78.41
0.2608	0.5580	82.3	0.8943	0.8943	78.15

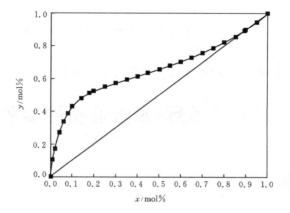

图 C-1　常压下乙醇-水溶液关系曲线

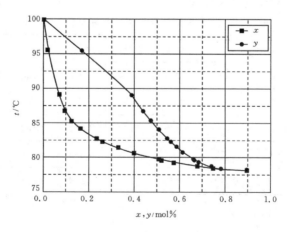

图 C-2　常压下乙醇-水溶液 $t-x-y$ 关系曲线

二、乙醇-水溶液折光率与溶液浓度的关系

图 C-3 为实验测得 30 ℃和 40 ℃时折射率和乙醇摩尔分率的关系。实验者可根据环境温度选择不同测量温度。

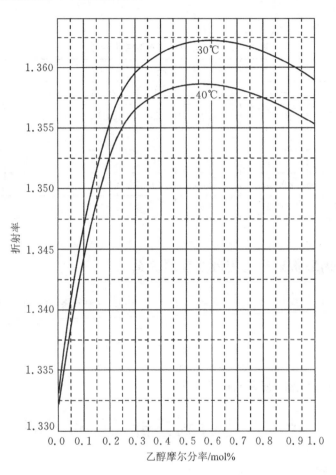

图 C-3 不同温度下乙醇-水溶液折射率与乙醇摩尔分率的关系

附录 D　乙醇-丙醇溶液物性参数

一、乙醇-丙醇平衡数据（摩尔分率）

乙醇-丙醇平衡常数如表 D-1 所示。

表 D-1　乙醇-丙醇平衡常数（mol%）

序号	$t/℃$	x	y	序号	$t/℃$	x	y
1	97.16	0	0	7	84.98	0.546	0.711
2	93.85	0.126	0.240	8	84.13	0.600	0.760
3	92.66	0.188	0.318	9	83.06	0.663	0.799
4	91.60	0.210	0.339	10	80.59	0.844	0.914
5	88.32	0.358	0.550	11	78.38	1.0	1.0
6	86.25	0.461	0.650				

二、乙醇-丙醇折射率与溶液浓度的关系

下面公式分别为不同温度下乙醇含量与折射率的对应关系，可根据室温选择不同测量温度：

$$25\ ℃: x_W = 56.60 - 40.84 n_D$$
$$40\ ℃: x_W = 59.28 - 42.77 n_D$$

式中，x_W 为乙醇的含量（质量）；n_D 为折射率。

附录 E　溶解氧分析仪使用说明

一、使用说明

1.初次使用

（1）装入电池。

（2）将氧探头与温度探头插在仪表上。

（3）准备一杯清水，在空气中静置数小时，使其成为饱和氧水溶液。

(4)将氧探头与温度探头同时插入饱和氧水溶液中,约 10 min 使其极化。

(5)若探头一直保持连接状态,就不再需要极化操作,关闭仪表不受影响。

2.测量

(1)按 ON 键打开仪表。

(2)将两探头同时插入饱和氧水溶液中,并要求溶液保持流动,若不流动,需要搅拌。

(3)按 MODE 键,使屏幕右下显示"％",调节 Slope 旋钮,使屏幕数据达到 100％。

(4)按 MODE 键,使左下显示"zero",调节 zero 键,使屏幕数据为 0。

(5)重复以上(3)、(4)步,使 zero 指示为 0 时,满度保持在 100％。

(6)将探头放入被测溶液中,同时需要搅拌。

(7)按 MODE 键,使右上角显示"mg/L",此时屏幕中的数据即为此溶液的含氧量(mg/L)。

3.其他注意事项

(1)测量完毕,按 OFF 键关闭仪表,不要卸掉电池与探头。

(2)将氧探头插入装有足量水的保护套内。

(3)探头与仪表使用时,要轻拿轻放,特别要注意,不要使氧探头的膜与其他硬物相碰,以免将膜碰破。

(4)仪表测量范围,含氧 0～19.9 mg/L 的水溶液,测量温度在 -30～150 ℃。

4.氧探头结构示意图

氧探头结构如图 E-1 所示。

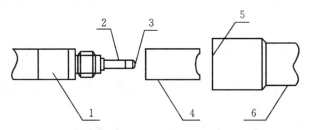

1—温度补偿器;2—银电极;3—金电极;4—膜固定器;5—海绵体(保持湿润);6—保护套。

图 E-1　氧探头结构示意图

二、溶解氧分析仪测量原理

氧在水中的溶解度取决于温度、压力和水中溶解的盐。溶解氧分析仪传感部分是由金电极(阴极)和银电极(阳极)及氯化钾或氢氧化钾电解液组成,氧通过膜扩散进入电解液与金电极和银电极构成测量回路。当给溶解氧分析仪电极加上 $0.6\sim0.8$ V 的极化电压时,氧通过膜扩散,阴极释放电子,阳极接受电子,产生电流,整个反应过程为:阳极 $Ag+Cl^- \longrightarrow AgCl+2e^-$,阴极 $O_2+2H_2O+4e \longrightarrow 4OH^-$。根据法拉第定律:流过溶解氧分析仪电极的电流和氧分压成正比,在温度不变的情况下电流和氧浓度之间呈线性关系。

三、溶解氧含量的表示方法

溶解氧含量有三种不同的表示方法:氧分压(mmHg);百分饱和度(%);氧浓度(mg/L),这三种方法本质上没什么不同。

(1)氧分压表示法:氧分压表示法是最基本和最本质的表示法。根据亨利定律可得,$P=(P_{O_2}+P_{H_2O})\times0.209$,其中,$P$ 为总压;P_{O_2} 为氧分压(mmHg);P_{H_2O} 为水蒸气分压;0.209 为空气中氧的含量。

(2)百分饱和度表示法:在实际生产中,由于部分反应十分复杂,氧分压无法计算得到,在此情况下用百分饱和度的表示法是最合适的。例如将标定时溶解氧定为 100%,零氧时为 0%,则反应过程中的溶解氧含量即为标定时的百分数。

(3)氧浓度表示法:根据亨利定律可知氧浓度与其分压成正比,即:$C=P_{O_2}\times a$,其中 C 为氧浓度(mg/L);P_{O_2} 为氧分压(mmHg);a 为溶解度系数(mg/(mmHg·L))。溶解度系数 a 不仅与温度有关,还与溶液的成分有关。对于温度恒定的水溶液,a 为常数,则可测量氧的浓度。氧浓度表示法在发酵工业中不常用,但在污水处理、生活饮用水生产等过程中都常常用到氧浓度。

四、影响溶解氧测量的因素

氧的溶解度取决于温度、压力和水中溶解的盐,另外氧通过溶液扩散比通过膜扩散快,如流速太慢会产生干扰。

(1)温度的影响。由于温度变化,膜的扩散系数和氧的溶解度都将发生变化,直接影响到溶氧电极电流输出,常采用热敏电阻来消除温度的影响。温度上升,扩散系数增加,溶解度反而减小。温度对溶解度系数 a 的影响可以根据亨利定律来估算,温度对膜扩散系数 β 的影响可以通过阿伦尼乌斯定律来估算。

氧的溶解度系数:由于溶解度系数 a 不仅受温度的影响,而且受溶液成分的影响。在相同氧分压下,不同组分的实际氧浓度也可能不同。根据亨利定律可知氧浓度与其分压成正比,对于稀溶液,温度变化与溶解度系数 a 的变化关系约为 2%/℃。

膜的扩散系数：根据阿伦尼乌斯定律，膜的扩散系数 β 与温度 T 的关系为：$C = KP_{O_2} \cdot \exp(-\beta/T)$，其中假定 K、P_{O_2} 为常数，则可以计算出 β 在 25 ℃时为 2.3%/℃。当溶解度系数 a 计算出来后，可通过仪表指示和化验分析值对比计算出膜的扩散系数（这里略去计算过程），膜的扩散系数在 25 ℃时为 1.5%/℃。

（2）大气压的影响。根据亨利定律，气体的溶解度与其分压成正比。氧分压与该地区的海拔高度有关，高原地区和平原地区的差可达 20%，使用前必须根据当地大气压进行补偿。有些仪表内部配有气压表，在标定时可自动进行校正；有些仪表未配置气压表，在标定时要根据当地气象站提供的数据进行设置，如果数据有误，将导致较大的测量误差。

（3）溶液中含盐量。盐水中的溶解氧明显低于自来水中的溶解氧，为了准确测量，必须考虑含盐量对溶解氧的影响。在温度不变的情况下，盐含量每增加 100 mg/L，溶解氧降低约 1%。如果仪表在标定时使用的溶液的含盐量低，而实际测量的溶液的含盐量高，也会导致误差。在实际使用中必须对测量介质的含盐量进行分析，以便准确测量及正确补偿。

（4）样品的流速氧通过膜扩散比通过样品进行扩散要慢，必须保证电极膜与溶液完全接触。对于流通式检测方式，溶液中的氧会向流通池内扩散，使靠近膜的溶液中的氧损失，产生扩散干扰，影响测量。为了测量准确，应增加流过膜的溶液的流量来补偿扩散失去的氧，样品的最小流速为 0.3 m/s。

五、注意的问题

对溶解氧分析仪来说，只要选型、设置、维护得当，一般均能满足工艺的测量要求。溶解氧分析仪测量不准确的主要问题在于：使用维护不正确；电极内部泄漏造成温度补偿不正常；电极输入阻抗降低等。

1.仪表的日常维护

仪表的日常维护主要包括定期对电极进行清洗、校验、再生。

（1）1～2 周应清洗一次电极，如果膜片上有污染物，会引起测量误差。清洗时应小心，注意不要损坏膜片。将电极放入清水中涮洗，如污物不能洗去，用软布或棉布小心擦洗。

（2）2～3 个月应重新校验一次零点和量程。

（3）电极的再生大约 1 年进行一次。当无法调整测量范围时，就需要对溶解氧分析仪电极进行再生。电极再生包括更换内部电解液、更换膜片、清洗银电极。如果观察银电极有氧化现象，可用细砂纸抛光。

（4）在使用中如发现电极泄漏，就必须更换电解液。

2.仪表的标定方法

仪表的标定方法一般可采用标准溶液标定法或现场取样标定法。

(1)标准溶液标定法:标准溶液标定一般采用两点标定,即零点标定和量程标定。零点标定溶液可采用 2% 的 Na_2SO_3 溶液。量程标定溶液可根据仪表测量量程选择 4M 的 KCl 溶液(2 mg/L);50% 的甲醇溶液(21.9 mg/L)。

(2)现场取样标定法(温克勒法):在实际使用中,多采用温克勒法对溶解氧分析仪进行现场标定。使用该方法时存在两种情况:取样时仪表读数为 M_1,化验分析值为 A,对仪表进行标定时仪表读数仍为 M_1,这时只需调整仪表读数等于 A 即可;取样时仪表读数为 M_1,化验分析值为 A,对仪表进行标定时仪表读数改变为 M_2,这时就不能调整仪表读数等于 A,而应将仪表读数调整为 $M_1A×M_2$。

(3)使用中应注意以下问题:由于溶解氧电极信号阻抗较高(约 20 MΩ),溶解氧电极与转换器之间距离最大为 50 m。溶解氧电极不用时也应处于工作状态,可接在溶解氧转换器上。久置或重新再生(更换电解液或膜)的电极,在使用前应置于无氧环境极化 1~2 h。由于温度变化对电极膜的扩散和氧溶解度有较大影响,标定时需较长时间(约 10 min),以使温补电阻达到平衡。氧分压与该地区的海拔高度有关,仪表在使用前必须根据当地大气压进行补偿。测量溶液的含盐量较高时,仪表标定时应使用含盐量相当的溶液;对于流通式测量方式,要求流过电极的最小流速为 0.3 m/s。

附录 F　气瓶安全使用基本常识

一、气瓶的定义及组成部分

气瓶是指公称容积不大于 1000 L,用于盛装压缩气体(含永久气体、液化气体和溶解气体)的可重复充气的移动式压力容器,如图 F-1 所示。

气瓶由瓶体、瓶帽、瓶阀、防震胶圈等组成;其中:瓶阀、瓶帽、防震胶圈是气瓶的安全附件,它们对气瓶的安全使用起着非常重要的作用。

瓶帽:其功能在于避免气瓶在搬运和使用过程中由于碰撞而损伤瓶阀,甚至造成瓶阀飞出、气瓶爆炸等严重事故。固定式安全瓶帽在使用过程中严禁私自拆卸,其本身已设计了安装减压器的空间(拆卸式瓶帽除外)。

瓶阀:气瓶的主要附件,它是控制气体进出的一种装置。瓶阀严禁沾有油污,一定要爱护瓶阀上的螺纹,防止充装时或与减压器连接时出现脱扣现象,引起事故。

防震胶圈:是指套装在气瓶筒体上的橡胶圈,其主要功能是使气瓶免受直接冲撞。防震胶圈在运输时出现抛、滑、滚、碰等野蛮装卸时可以保护瓶身,还可以保护瓶身漆色,如果漆剥脱变成锈色稍不注意就会发生错装和混装现象,轻者影响充装气体的质量,重者会导致气瓶发生化学性爆炸。配防震胶圈还可以减少气瓶瓶身磨损,延长气瓶使用寿命。

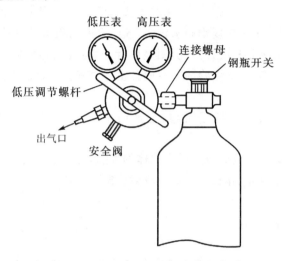

图 F-1　气瓶结构示意图

二、气瓶的颜色标志

气瓶的颜色标志(见表 F-1)是指气瓶外表面的颜色、字样、字色和色环,其作用一是识别气瓶的种类,二是防止气瓶锈蚀。

表 F-1　气瓶颜色标志

序号	内装气体	瓶身颜色	字样	字色
1	氧	淡(酞)蓝	氧	黑
2	氩	银灰	氩	深绿
3	氮	黑	氮	淡黄
4	二氧化碳	铝白	液化二氧化碳	黑
5	乙炔	白色	乙炔不可近火	红

三、气瓶的储存

(1)气瓶应置于专用仓库储存,气瓶仓库应符合《建筑设计防火规范》GB 50016—2021 的有关规定。

(2)仓库内不得有地沟、暗道,严禁明火和其他热源,仓库内应通风、干燥,避免阳光直射、雨水淋湿,尤其是夏季雨水较多,谨防仓库内积水,腐蚀钢瓶。

(3)空瓶与实瓶应分开放置,并有明显的标志,毒性气体气瓶和瓶内气体相互接触能引起燃烧、爆炸、产生毒物的气瓶应分室存放并在附近设置防毒用具或灭火器材。

(4)气瓶放置应整齐、装好瓶帽,立放时应妥善固定,横放时头部朝同一方向。

(5)盛装发生聚合反应或分解反应气体的气瓶,必须根据气体的性质控制仓库内的最高温度,规定储存期限,并应避开放射线源。

四、气瓶的安全使用

(1)采购和使用有制造许可证的企业的合格产品,不使用超期未检验的气瓶。

(2)用户应到已办理充装注册的单位或经销注册的单位购气,自备瓶应由充装注册单位委托管理,实行固定充装。

(3)气瓶使用前应进行安全状况检查,对盛装气体进行确认,不符合安全技术要求的气瓶严禁入库和使用,使用时必须严格按照使用说明书的要求使用气瓶。

(4)气瓶的放置点,不得靠近热源和明火,应保证气瓶瓶体干燥,可燃、助燃气体瓶与明火的距离一般不小于 10 m。

(5)气瓶立放时,应采取防倾倒的措施。

(6)夏季应防止暴晒。

(7)严禁敲击、碰撞气瓶。

(8)严禁在气瓶上进行电焊引弧。

(9)严禁用温度超过 40 ℃的热源对气瓶加热,瓶阀发生冻结时严禁用火烤。

(10)瓶内气体不得用尽,必须留有剩余压力或重量,永久气体气瓶的剩余压力应不小于 0.5 MPa;液化气体气瓶应留有不少于 0.5%~1.0%规定充装量的剩余气体。

(11)在可能造成回流的使用场合,使用设备上必须配置防止倒灌的装置,如单向阀、止回阀、缓冲罐等;气瓶在工地使用或其他场合使用时,应把气瓶放置于专用的车辆上或竖立于平整的地面用铁链等物将其固定牢靠,以避免因气瓶放气倾倒坠地而发生事故。

(12)使用中若出现气瓶故障,例如:阀门严重漏气、阀门开关失灵等故障,应将瓶阀的手轮开关转到关闭的位置,再送气体充装单位或专业气瓶检验单位处理。未经专业训练、不了解气瓶阀结构及修理方法的人员不得修理。

(13)严禁擅自更改气瓶的钢印和颜色标记。

(14)为了避免气瓶在使用中发生气瓶爆炸、气体燃烧、中毒等事故。所有瓶装气体的使用单位,应根据不同气体的性质和国家有关规范标准,制定瓶装气体的使用管理制度以及安全操作规程。

(15)使用单位应做到专瓶专用。严禁用户私自改装、擅自改变气瓶外表颜色标志、混装气体,造成事故的,必须追究改装者责任。

(16)使用氧气或其他氧化性气体时,凡接触气瓶及瓶阀(尤其是出口接头)的手、手套、减压器、工具等,不得沾染油脂。因为油脂与一定压力的压缩氧或强氧化剂接触后能产生自燃和爆炸。

(17)盛装易起聚合反应的气体气瓶,不得置于有放射线的场所。

(18)当开启气瓶阀门时,操作者应注意缓慢,如果操之过急,有可能引起因气瓶排气而倾倒坠地(卧放时起跳)及可燃、助燃气体气瓶出现燃烧甚至爆炸的事故。

由于瓶阀开启过急过猛,压力高达 15 MPa 的气体瞬间内从瓶内排至有限的胶质气带内,因速度快,形成了"绝热压缩",会导致高温、引燃胶质气带的燃烧甚至爆炸。此外,由于猛开瓶阀,气流速度快,摩擦静电有可能引发可燃物及助燃物的燃烧(助燃气体的燃烧往往是因有可燃物的存在而发生的)。

五、短途搬运气瓶的注意事项

(1)气瓶搬运之前,操作人员必须了解瓶内气体的名称、性质和安全搬运注意事项,并备齐相应的工具和防护用品。

(2)三凹心底气瓶在车间、仓库、工地、装卸场地内搬运时,可用徒手滚动,即用一手托住瓶帽,使瓶身倾斜,另一手推动瓶身沿地面旋转,用瓶底边走边滚,但不准拖拽、随地平滚、顺坡竖滑或用脚蹬踢。

(3)气瓶最好使用稳妥、省力的专用小车(衬有软垫的手推车)单瓶或双瓶放置搬运,并用铁链固牢。严禁用肩扛、背驮、怀抱、臂挟、托举或二人抬运的方式搬运,以避免损伤身体和摔坏气瓶酿成事故。

(4)气瓶应戴瓶帽,最好是戴固定式瓶帽,以避免在搬运距离较远或搬运过程中瓶阀因受力而损坏,甚至瓶阀飞出等事故的发生。

(5)气瓶运到目的地后,放置气瓶的地面必须平整,放置时将气瓶竖直放稳并固定牢,方可松手脱身,以防止气瓶摔倒酿成事故。

(6)当需要用人工将气瓶向高处举放或需把气瓶从高处放回地面时,必须两人同时操作,并要求提升与降落的动作协调一致,姿势正确,轻举轻放,严禁在举放时抛、扔、在放落时滑摔。

(7)装卸气瓶应轻装轻卸,严禁用抛、滑、摔、滚、碰等方式装卸气瓶,以避免因野蛮装卸而发生爆炸事故。

(8)气瓶搬运中如需吊装时,严禁使用电磁起重设备。用机械起重设备吊运散装气瓶时,必须将气瓶装入集装箱、坚固的吊笼或吊筐内,并妥善加以固定。严禁使用链绳、钢丝绳捆绑或钩吊瓶帽等方式吊运气瓶,以避免吊运过程中气瓶脱落而造成事故。

(9)严禁使用叉车、翻斗车或铲车搬运气瓶。

六、气瓶的定期检验

气瓶使用单位应主动积极地配合充装单位对气瓶进行定期检验,以防止气瓶在运输和使用中发生事故。

1.钢质无缝气瓶

钢质无缝气瓶定期检验的周期为:盛装稀有气体的气瓶,每 5 年检验 1 次;盛装腐蚀性气体的气瓶、潜水气瓶以及常与海水接触的气瓶,每 2 年检验 1 次;盛装一般气体的气瓶,每 3 年检验 1 次。使用年限超过 30 年的应予报废处理。

2.钢质焊接气瓶

盛装一般气体的气瓶,每 3 年检验 1 次,使用年限超过 30 年应报废;盛装腐蚀性气体的气瓶,每 2 年检验 1 次,使用年限超过 12 年应予报废。

3.铝合金无缝气瓶

盛装稀有气体的气瓶,每 5 年检验一次;盛装腐蚀性气体的气瓶或在腐蚀性介质(如海水等)环境中使用的气瓶,每 2 年检验 1 次;盛装一般气体的气瓶,每 3 年检验 1 次。

附录 G　气体减压器

气体减压器是和气瓶配套使用的主要仪表,其作用是调节气体输出压力、控制气体流量、防止气体回流。常用的减压器都是由两个表头构成,分别用 P_1、P_2 表示,P_1 为气瓶内的压力,P_2 为使用输出压力。控制输出压力的螺杆(又称顶针)用于调节输出压力的大小,一般顺时针方向为提高输出压力,逆时针方向为减小或关闭输出压力。安全阀是维护减压器安全使用的卸压装置和减压器出现故障的信号装置。当输出压力由于活门密封垫、阀座损坏或其他原因自行上升到超过额定输出压力的 1.3 倍至 2 倍时,安全阀会自动打开排气,当压力降到安全值时则会自动关闭,如图 G-1 所示。

减压器应根据不同工作介质专门使用,不得多种气体共用一只减压器。

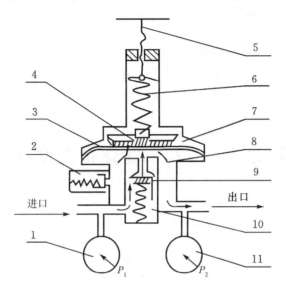

1—高压表;2—安全阀;3—薄膜;4—弹簧垫块;5—调节螺杆;6—调节弹簧;7—顶杆;
8—低压室;9—活门;10—活门弹簧;11—低压表。

图 G-1　减压器的工作原理图

如何安全地使用减压器:

(1)使用前应确认减压器是完好的,并检查有无油脂污染,特别是进口处的污物及灰尘等应及时清除。

(2)检查气瓶是否有油脂污染,螺纹是否损坏,如发现有油脂或螺纹损坏,就不再使用该气瓶,并将这些情况通知供气单位,清除气瓶阀(特别是阀口处)的油脂污染,修复螺纹。

(3)把减压器装到气瓶阀上,将输入输出接头拧紧。

(4)打开气瓶阀前,先要把减压器调节螺杆逆时针方向旋到调节弹簧不受压力为止。

(5)打开气瓶阀前,不要站在减压器的正面或背面。气瓶阀应缓慢开启至高压表指示出气瓶内压力。当正确地将减压器安装在气瓶阀上并打开气瓶阀后,顺时针转动调节螺杆5,压缩调节弹簧6,传动弹簧垫块4,薄膜3和顶杆7,从而使活门9离开阀座。进口的高压气体由高压室经活门和阀座的节流间隙进入低压室8扩散减压。高低压室的压力分别由高压表1和低压表11指示。

(6)减压后的压力由拧动调节螺杆来调节,主要改变调节弹簧6所产生的力,该力使薄膜3下面与之平衡的气体压力产生变化达到所需的工作压力。顺时针方向旋转减压器调节螺杆使低压表达到所需的工作压力。如果太高应旋松调节螺杆,放出一部分气后重新调节。

(7)当工作结束后,先关闭气瓶阀,然后打开设备上的阀门把减压器内的气体全部排出。接着把刚才打开的阀门关好,最后逆时针方向旋转调节螺杆,一直到调节弹簧不受压为止。如果为了省事,只关闭减压器调节螺杆而不关瓶阀,这样会使减压器一直处在加压状态,时间长了会影响减压器的使用寿命和精度,并有一定的安全隐患。

附录 H 722S 型分光光度计

一、722S 型分光光度计的性能指标

波长范围:340~1000 nm。

波长精度:≤±2 nm。

波长重复性:≤1 nm。

光谱带宽:6 nm。

透射比范围:0.0%~199.9%(T)。

吸光度范围:-0.3~2.999(A)。

浓度显示范围:0~9999(C)。

透射比准确度:±0.5%(T)。

透射比重复性:0.3%(T)。

杂光:<0.5%(T)(在 360 nm 处,以 $NaNO_2$ 测定)。

二、仪器的基本操作

1.预热

为使仪器内部达到热平衡,开机后预热时间不小于 30 min。开机后预热时间

小于 30 min 时,请注意随时操作置 0％(T)、100％(T),确保测试结果有效。

注意:由于仪器检测器(光电管)有一定的使用寿命,应当尽量减少对光电管的光照,所以在预热的过程中应打开样品室盖,切断光路。

2.改变波长

通过旋转波长调节手轮可以改变仪器的波长显示值(顺时针方向旋转波长调节手轮波长显示值增大,逆时针方向旋转则显示值减小)。调节波长时,视线一定要与视窗垂直。

3.放置参比样品和待测样品

(1)选择测试用的比色皿;

(2)把盛好参比样品和待测样品的比色皿放到四槽位样品架内;

(3)用样品架拉杆来改变四槽位样品架的位置。当拉杆到位时有定位感,到位时请前后轻轻推拉一下以确保定位正确。

4.置 0％(T)

目的:校正读数标尺的零位,配合置 100％(T)进入正确测试状态。分光光度计的检测器基于光电效应原理,但当没有光照射到检测器上时,也会有微弱的电流产生(暗电流),调 0％(T)主要是消除这部分电流对实验结果的影响。

调整时机:改变测试波长时;测试一段时间后。

操作:检视透射比指示灯是否亮。若不亮则按 MODE 键,点亮透射比指示灯。打开样品室盖,切断光路(或将黑体置入四槽位样品架中,用样品架拉杆来改变四槽位样品架的位置,使黑体遮断光路)后,按"0％ADJ"键即能自动置 0％(T),一次未到位可加按一次)。

5.置 100％(T)

目的:校正读数标尺的零位,配合置 0％(T)进入正确测试状态。

调整时机:改变测试波长时;测试一段时间后。

操作:将用作参比的样品置入样品室光路中,关闭掀盖后按"100％ADJ"键即能自动置 100％(T),一次未到位可加按一次。

注意:置 100％(T)时,仪器的自动增益系统调节可能会影响 0％(T),调整后请检查 0％(T),若有变化请重复调整 0％(T)。

由于溶液对光的吸收具有加和效应,溶液的溶剂及溶液中的其他成分对任何波长的光都会有或多或少的吸收,这样都会影响测试结果的可靠性,所以应设置参比样品以消除这些因素的影响。参比样品应根据测试样品的具体情况进行科学合理设置。

6.改变操作模式

本仪器设置有四种操作模式,开机时仪器的初始状态设定在透射比操作模式。

(1)透射比:测试透射比。

(2)吸光度:测试吸光度。

(3)浓度因子:设定浓度因子。

(4)浓度直读:测试浓度和浓度直读。

7.浓度因子设定和浓度直读设定

(1)浓度因子设定。

按 MODE 键,选择浓度因子工作模式,再长按 MODE 键,使数值显示窗右端数字连续闪亮,即进入设定模式。这时连续按下 FUNC 键,从右到左,各位数字会依次循环闪亮。某一位数字闪亮时,按数字升降键(0%ADJ 键和 100%ADJ 键兼用)可设定数字。按下 0%ADJ 键,闪亮数字连续上升,直到要求设定的数字出现时停止。按下 100%ADJ 键,闪亮数字连续下降,直到要求设定的数字出现时停止。通过 FUNC 键、0%ADJ 键、100%ADJ 键的操作,待四位数字全部设定后,再按 MODE 键,数值显示窗显示出设定的四位浓度因子数值,完成设定。

(2)浓度直读设定。按 MODE 键,选择浓度直读工作模式,再长按 MODE 键,数值显示窗右端数字连续闪亮,即进入设定模式。和浓度因子设定时一样操作,按下 FUNC 键,发挥其数字移位功能,按下 0%ADJ 键和 100%ADJ 键,分别发挥其上升数字和下降数字功能,直到各位数字都设定后,再按 MODE 键,数值显示窗显示出设定的直读浓度数值,完成设定。

三、应用操作

1.测定溶液的透射比

①预热→②设定波长→③放置参比样品和待测样品→④置 0%(T)→⑤置 100%(T)→⑥选择透射比操作模式→⑦拉动拉杆,使待测样品进入光路→⑧记录测试数据。

2.测定溶液的吸光度

①预热→②设定波长→③放置参比样品和待测样品→④置 0%(T)→⑤置 100%(T)→⑥选择吸光度操作模式→⑦拉动拉杆,使待测样品进入光路→⑧记录测试数据。

3.测定样品的 $T-\lambda$(透射比-波长)曲线

在要求测量的波长范围内以合适的波长间隔逐点按测定样品透射比的步骤重复执行,并将各波长对应的透射比标记在方格纸上,即呈现该材料的 $T-\lambda$(透射比-波长)曲线。

4.运用 $A-C$(吸光度-浓度)标准曲线测定物质浓度

①按照分析规程配制不同浓度的标准样品溶液并记录→②按分析规程配制标准参比溶液→③预热,改变波长,放置参比样品和待测样品,置 0％(T),置 100％(T)→④选择吸光度操作模式→⑤测出不同浓度的标准溶液和待测样品对应的吸光度,并记录各组数据→⑥根据不同浓度的标准溶液对应的吸光度数据手工绘制 $C-A$ 曲线,或运用仪器的 RS232C 接口配合仪器的专用软件拟合出 $C-A$ 曲线→⑦根据待测样品吸光度,在 $C-A$ 曲线上找出对应的浓度。

5.浓度直读应用

当分析对象比较稳定且其标准曲线基本过原点的情况下,用户不必采用较复杂的标准曲线法检测待测样品的浓度,而可直接采用浓度直读法作定量检测。

要求:待测溶液的浓度在标准样品浓度的 2/3 左右。操作步骤如下:

①测出待测样品和标准样品的吸光度→②选择测试浓度操作模式→③设定浓度直读为标准含量或含量值的 10^n 倍→④浓度值＝显示值×10^n 倍,记录测试数据。

6.浓度因子功能应用

按"浓度直读应用"执行前 3 步后、置浓度因子操作模式,在数值显示窗中将显示这一标准样品的浓度因子,记录该浓度因子数值,则在下次测试同一种样品时,开机后不必重新测量标准样品的浓度因子,而只需直接重新输入该浓度因子数值,即可直接对待测样品进行浓度直读来测定浓度。

操作步骤如下:

①预热,校正波长准确度,改变波长,放置参比样品和待测样品,置 0％(T),置 100％(T)→②置浓度因子操作模式→③设定浓度因子为已测得的浓度因子值→④置浓度直读操作模式→⑤记录待测样品浓度。

四、仪器日常维护

(1)清洁仪器外表宜用温水,切忌使用乙醇、乙醚、丙酮等有机溶液,用软布和温水轻擦表面即可擦净。必要时,可用洗洁精擦洗表面污点,但必须即刻用清水擦净。仪器不使用时,请用防尘罩保护。

（2）波长范围由定位机构限定,旋转波长调节手轮至短波端 335 nm 和长波端 1000 nm 时,调到为止,切勿用力过大,以免损坏限位机构（为确保仪器工作于标定波长范围,本机短波端限位在 332 nm 附近,长波端限位在 1003 nm 附近）。

五、吸收池的使用

（1）吸收池要配对使用,因为相同规格的吸收池仍有或多或少的差异,所以光通过比色溶液时,吸收情况将有所不同。

（2）注意保护吸收池的透光面,拿取时,手指应捏住其毛玻璃的两面,以免沾污或磨损透光面。

（3）在已配对的吸收池上,于毛玻璃面上做好记号,使其中一个专置参比溶液,另一个专置测试液。同时还应注意吸收池放入吸收池槽架时应有固定朝向。

（4）如果试液是易挥发的有机溶剂,则应加盖后,放入吸收池槽架。

（5）凡含有腐蚀玻璃的物质的溶液,不得长时间盛放在吸收池中。

（6）倒入溶液前,应先用该溶液淋洗内壁三次,倒入量不可过多,以吸收池高度的 4/5 为宜。

（7）每次使用完毕后,应用蒸馏水仔细淋洗,并以吸水性好的软纸吸干外壁水珠,放回吸收池盒内。

（8）不能用强碱或强氧化剂浸洗吸收池,而应用稀盐酸或有机溶剂,再用水洗涤,最后用蒸馏水淋洗三次。

（9）不得在火焰或电炉上进行加热或烘烤吸收池。

（10）若发现吸收池被污染时,可以用洗液清洗,也可用 20 W 的玻璃仪器清洗超声波清洗半小时,一般都能解决问题。

附录 I　旋风分离器

旋风分离器是用于气固体系或者液固体系的分离的一种设备,旋风分离器设备的主要功能是尽可能除去输送气体中携带的固体颗粒杂质和液滴,达到气固液分离,以保证管道及设备的正常运行。其结构一般如图 I-1 所示。

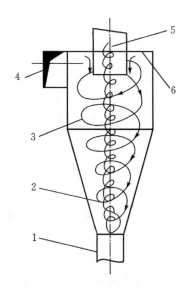

1—排灰管;2—内旋气流;3—外旋气流;4—进气管;5—排气管;6—旋风顶板。

图 I-1　旋风分离器结构

附录 J　数字压差仪使用说明

手持式数字压差仪如图 J-1 所示,可用于微小压差测量以及皮托管流速测量。

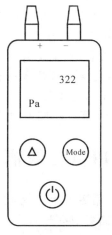

图 J-1　压差仪面板图

一、基本参数

(1)传感器:差压传感器;量程:0~10 kPa;分辨率:1 Pa;皮托管系数:1;环境温度:0~50 ℃。

(2)测量数据:Pa,hPa,mbar,mmH_2O,mmHg,inHg,inH_2O,psi,m/s,fpm。

(3)电源:2 节 1.5 V 电池。

二、使用说明

(1)单位选择:按面板最下面电源键 2 秒,用左侧△键选择,按右侧 Mode 键确认,可选择压力/速度单位:Pa,hPa,mbar,mmH_2O,mmHg 等。按电源键开机后默认界面为 hPa。

(2)调零:按左侧△键清零。仪表位置的改变可能导致错误的测量结果,调零后仪表位置不得变动。每次测量前须进行调零。

(3)调节屏幕视图:连续按右侧 Mode 键,可选择"当前读数""Hold 锁定读数""Max 最大读数""Min 最小读数""Hold Avg 平均读数"等功能。测量过程中应保持"当前读数"状态。

(4)测量:将仪表顶端两个接口通过软管与测压点正确连接,注意"+"端口应该连接高压一端。注意仪表位置与清零时保持一致。

(5)使用中尽量避免仪表屏幕自动关闭,如果出现黑屏,使用电源键重新开启,再次进行清零操作后继续进行测量。

(6)测量风速:必须正确设置介质密度单位和数值。先选择风速单位,再通过△键设置数值,后用 Mode 键切换进行设置。

(7)流量的时均计算:选择设置 m/s 或 fpm 状态,长按 Mode 键,直到出现"Hold Avg",屏幕显示均值计算结果。按住 Mode 键直到"－－－－"闪烁,释放按键仪器开始自动计算均值,显示当前读数。

(8)长按电源键,关闭仪表。如果长时间不用,取出电池。

附录 K　酒精计使用方法及酒精温度浓度换算表

测量酒精中乙醇浓度通常采用酒精计(又称比重计)。酒精计是根据酒精浓度不同则比重不同,因而浮体沉入酒液中排开酒液的体积不同的原理而制造的。当酒精计放入酒精中时,乙醇的浓度越高,酒精计下沉也越多;反之,乙醇的浓度越低,酒精计下沉也越少。酒精计常用规格有 0－40、40－70、70－100。

测量浓度时,在 50 mL 或者 100 mL 量筒中倒入酒精,注意不要倒得过满,选择合适规格的酒精计垂直放入量筒中,注意不要贴筒壁,保证液面在酒精计刻度范围内,同时测量温度。稍等片刻待稳定后,目光平视,和液面平齐的刻度就是该温度下所测酒精的体积分数。通过酒精计温度浓度换算表,如表 K-1 所示,可查得标准温度 20 ℃下所测酒精的体积分数和质量分数。

　　举例:用酒精计测得某浓度乙醇水溶液在 28 ℃时酒精计读数为 90,则查表可得该溶液乙醇含量体积分数为 87.9 %,质量分数为 85.17 %。若所测温度和酒精计读数为小数,则用内插法查表。

表 K-1　酒精计温度浓度换算表

温度在+20℃时用体积百分数或质量百分数表示酒精浓度

溶液温度/℃	酒精计读数											
	100		99		98		97		96		95	
	体积分数	质量分数	体积分数	质量分数	体积分数	质量分数	体积分数	质量分数	体积分数	质量分数	体积分数	质量分数
40	96.6	0.957369	95.3	0.94127	94	0.92528	92.6	0.908181	91.6	0.896043	90.4	0.881561
39	96.8	0.959856	95.4	0.942505	94.2	0.927612	92.8	0.910616	91.8	0.898466	90.6	0.883968
38	96.9	0.9611	95.6	0.944976	94.4	0.930071	93	0.913054	92	0.900891	90.9	0.887584
37	97.1	0.963591	95.8	0.947449	94.6	0.932533	93.3	0.916715	92.3	0.904533	91.1	0.889998
36	97.3	0.966084	96	0.949925	94.8	0.934998	93.5	0.919159	92.5	0.906964	91.3	0.892414
35	97.4	0.967331	96.2	0.952404	95	0.937465	93.7	0.921605	92.7	0.909398	91.6	0.896043
34	97.6	0.969828	96.3	0.953644	95.2	0.939935	93.9	0.924054	92.9	0.911834	91.8	0.899466
33	97.8	0.972328	96.5	0.956127	95.4	0.942407	94.1	0.926506	93.1	0.914273	92	0.900891
32	98	0.974831	96.7	0.958612	95.6	0.944882	94.4	0.930188	93.4	0.917936	92.2	0.903318
31	98.1	0.976083	96.9	0.9611	95.8	0.947359	94.6	0.932646	93.6	0.920382	92.5	0.906964
30	98.3	0.978589	97.1	0.963591	96	0.949839	94.8	0.935107	93.8	0.92283	92.7	0.909398
29	98.4	0.979843	97.3	0.966084	96.2	0.952322	95.1	0.938803	94	0.92528	92.9	0.911834
28	98.6	0.982353	97.5	0.96858	96.4	0.954808	95.3	0.94127	94.2	0.927733	93.1	0.914273
27	98.8	0.984866	97.7	0.971078	96.6	0.957296	95.5	0.94374	94.5	0.931417	93.4	0.917936
26	99	0.987382	97.9	0.973579	96.8	0.959786	95.8	0.947449	94.7	0.933876	93.6	0.920382
25	99.2	0.9899	98.1	0.976083	97	0.96228	96	0.949925	94.9	0.936338	93.9	0.924054
24	99.3	0.99116	98.3	0.978589	97.2	0.964776	96.2	0.952404	95.1	0.938803	94.1	0.926506
23	99.5	0.993683	98.5	0.981098	97.4	0.967274	96.4	0.954885	95.4	0.942505	94.3	0.92896
22	99.7	0.996208	98.6	0.982353	97.6	0.969776	96.6	0.957369	95.6	0.944976	94.6	0.932646
21	99.8	0.997471	98.8	0.984866	97.8	0.97228	96.8	0.959856	95.8	0.947449	94.8	0.935107
20	100	1	99	0.987382	98	0.974786	97	0.962345	96	0.949925	95	0.93757

酒精计读数

温度在-20℃时用体积分数或质量百分数表示酒精浓度

溶液温度/℃	95 体积分数	95 质量分数	96 体积分数	96 质量分数	97 体积分数	97 质量分数	98 体积分数	98 质量分数	99 体积分数	99 质量分数	100 体积分数	100 质量分数
19	95.2	0.940036	96.2	0.952404	97.2	0.964837	98.2	0.977296	99.2	0.9899		
18	95.4	0.942505	96.4	0.954885	97.4	0.967331	98.3	0.978551	99.3	0.99116		
17	95.6	0.944976	96.6	0.957369	97.6	0.969828	98.5	0.981065	99.5	0.993683		
16	95.9	0.948687	96.8	0.959856	97.8	0.972328	98.7	0.983581	99.7	0.996208		
15	96.1	0.951164	97	0.962345	98	0.974831	98.9	0.986099	99.8	0.997471		
14	96.3	0.953644	97.2	0.964837	98.1	0.976083	99.1	0.988621	100	1		
13	96.5	0.956127	97.4	0.967331	98.3	0.978589	99.2	0.989882				
12	96.7	0.958612	97.6	0.969828	98.5	0.981098	99.4	0.992408				
11	96.9	0.9611	97.8	0.972328	98.7	0.98361	99.6	0.994936				
10	97.1	0.963591	98	0.974831	98.9	0.986124	99.7	0.996201				
9	97.3	0.966084	98.2	0.977336	99	0.987382	99.9	0.998733				
8	97.5	0.96858	98.3	0.978589	99.2	0.9899						
7	97.6	0.969828	98.5	0.981098	99.3	0.99116						
6	97.8	0.972328	98.7	0.98361	99.4	0.992421						
5	98	0.974831	98.9	0.986124	99.5	0.993683						
4	98.2	0.977336	99	0.987382	99.7	0.996208						
3	98.4	0.979843	99.2	0.9899	99.8	0.997471						
2	98.5	0.981098	99.4	0.992421	100	1						
1	98.7	0.98361	99.5	0.993683								
0	98.9	0.986124	99.7	0.996208								

酒精计读数

温度在+20℃时用体积百分数或质量百分数表示酒精浓度

溶液温度/℃	94		93		92		91		90		89	
	体积分数	质量分数	体积分数	质量分数	体积分数	质量分数	体积分数	质量分数	体积分数	质量分数	体积分数	质量分数
40	89.2	0.867168	88	0.852864	86.8	0.833648	85.8	0.826868	84.5	0.811643	83.4	0.79884
39	89.4	0.869561	88.2	0.855242	87.1	0.842194	86.1	0.830396	84.8	0.815148	83.7	0.802325
38	89.7	0.873154	88.5	0.858813	87.3	0.844561	86.3	0.83275	85.1	0.818658	84	0.805815
37	89.9	0.875553	88.8	0.86239	87.6	0.848116	86.6	0.836287	85.3	0.821	84.3	0.80931
36	90.2	0.879156	89	0.864778	87.8	0.850489	86.8	0.838648	85.6	0.824519	84.6	0.812811
35	90.4	0.881561	89.2	0.867168	88.1	0.854053	87.1	0.842194	85.9	0.828043	84.8	0.815148
34	90.6	0.883968	89.5	0.870758	88.2	0.855242	87.4	0.845745	86.2	0.831573	85	0.817487
33	90.9	0.887584	89.8	0.874353	88.6	0.860005	87.6	0.848116	86.5	0.835108	85.1	0.818658
32	91.1	0.889998	90	0.876753	88.9	0.863584	87.9	0.851676	86.7	0.837467	85.4	0.822173
31	91.4	0.893623	90.2	0.879156	89.1	0.865973	88.1	0.854053	87	0.841011	85.7	0.825693
30	91.6	0.896043	90.5	0.882764	89.4	0.869561	88.4	0.857622	87.3	0.844561	86	0.829219
29	91.8	0.898466	90.8	0.886378	89.7	0.873154	88.6	0.860005	87.6	0.848116	86.3	0.83275
28	92.1	0.902104	91.1	0.889998	90	0.876753	88.9	0.863584	87.9	0.851676	86.5	0.835108
27	92.3	0.904533	91.3	0.892414	90.2	0.879156	89.2	0.867168	88.1	0.854053	86.8	0.838648
26	92.6	0.908181	91.5	0.894833	90.5	0.882764	89.4	0.869561	88.4	0.857622	87.1	0.842194
25	92.8	0.910616	91.8	0.898466	90.7	0.885173	89.7	0.873154	88.7	0.861197	87.4	0.845745
24	93.1	0.914273	92	0.900891	91	0.888791	90	0.876753	89	0.864778	87.7	0.849302
23	93.3	0.916715	92.3	0.904533	91.3	0.892414	90.2	0.879156	89.2	0.867168	88	0.852864
22	93.5	0.919159	92.5	0.906964	91.5	0.894833	90.5	0.882764	89.5	0.870758	88.4	0.857622
21	93.8	0.92283	92.8	0.910616	91.8	0.898466	90.7	0.885173	89.7	0.873154	88.7	0.861197
20	94	0.92528	93	0.913054	92	0.900891	91	0.888791	90	0.876753	89	0.864778

酒精计读数

温度在＋20℃时用体积百分数或质量百分数表示酒精浓度

溶液温度/℃	94 体积分数	94 质量分数	93 体积分数	93 质量分数	92 体积分数	92 质量分数	91 体积分数	91 质量分数	90 体积分数	90 质量分数	89 体积分数	89 质量分数
19	94.2	0.927733	93.2	0.915494	92.2	0.903318	91.2	0.891206	90.3	0.880358	89.3	0.868364
18	94.4	0.930188	93.5	0.919159	92.5	0.906964	91.5	0.894833	90.6	0.883968	89.5	0.870758
17	94.6	0.932646	93.7	0.921605	92.7	0.909398	91.7	0.897254	90.8	0.886378	89.8	0.874353
16	94.9	0.936338	93.9	0.924054	93	0.913054	92	0.900891	91	0.888791	90	0.876753
15	95.1	0.938803	94.2	0.927733	93.2	0.915494	92.2	0.903318	91.3	0.892414	90.3	0.880358
14	95.3	0.94127	94.3	0.92896	93.4	0.917936	92.5	0.906964	91.5	0.894833	90.5	0.882764
13	95.5	0.94374	94.6	0.932646	93.6	0.920382	92.7	0.909398	91.7	0.897254	90.8	0.886378
12	95.7	0.946212	94.8	0.935107	93.9	0.924054	92.9	0.911834	92	0.900891	91	0.888791
11	96	0.949925	95	0.93757	94.1	0.926506	93.2	0.915494	92.2	0.903318	91.3	0.892414
10	96.2	0.952404	95.2	0.940036	94.3	0.92896	93.4	0.917936	92.5	0.906964	91.5	0.894833
9	96.4	0.954885	95.5	0.94374	94.5	0.931417	93.6	0.920382	92.8	0.910616	91.8	0.898466
8	96.6	0.957369	95.7	0.946212	94.8	0.935107	93.9	0.924054	92.1	0.902104	92	0.900891
7	96.8	0.959856	95.9	0.948687	95	0.93757	94.1	0.926506	93.2	0.915494	92.2	0.903318
6	97	0.962345	96.1	0.951164	95.2	0.940036	94.3	0.92896	93.4	0.917936	92.5	0.906964
5	97.1	0.963591	96.3	0.953644	95.4	0.942505	94.5	0.931417	93.6	0.920382	92.7	0.909398
4	97.3	0.966084	96.5	0.956127	95.6	0.944976	94.7	0.933876	93.8	0.92283	92.9	0.911834
3	97.5	0.96858	96.7	0.958612	95.8	0.947449	94.9	0.936338	94.1	0.926506	93.2	0.915494
2	97.7	0.971078	96.9	0.9611	96	0.949925	95.1	0.938803	94.3	0.92896	93.4	0.917936
1	97.9	0.973579	97	0.962345	96.2	0.952404	95.3	0.94127	94.5	0.931417	93.6	0.920382
0	98.1	0.976083	97.2	0.964837	96.4	0.954885	95.7	0.946212	94.7	0.933876	93.8	0.92283

化学工程实验 第二版 210

酒精计读数

温度在+20℃时用体积百分数或质量百分数表示酒精浓度

溶液温度/℃	83		84		85		86		87		88	
	体积分数	质量分数	体积分数	质量分数	体积分数	质量分数	体积分数	质量分数	体积分数	质量分数	体积分数	质量分数
40	76.9	0.724618	78	0.737009	79.1	0.749468	80.1	0.760854	81.3	0.774594	82.3	0.786107
39	77.2	0.727991	78.3	0.7404	79.4	0.752878	80.4	0.764281	81.6	0.778042	82.6	0.789573
38	77.5	0.731368	78.6	0.743796	79.7	0.756293	80.7	0.767714	81.9	0.781495	82.9	0.793043
37	77.8	0.734751	78.9	0.747197	80	0.759713	81	0.771151	82.2	0.784953	83.2	0.796519
36	78.1	0.738139	79.2	0.750604	80.3	0.763138	81.3	0.774594	82.5	0.788417	83.5	0.800001
35	78.4	0.741531	79.5	0.754016	80.6	0.766569	81.6	0.778042	82.8	0.791886	83.8	0.803487
34	78.7	0.744929	79.8	0.757432	80.9	0.770005	81.9	0.781495	83	0.794202	84	0.805815
33	79.1	0.749468	80.1	0.760854	81.2	0.773446	82.2	0.784953	83.3	0.797679	84.3	0.80931
32	79.4	0.752878	80.4	0.764281	81.5	0.776892	82.5	0.788417	83.6	0.801162	84.6	0.812811
31	79.7	0.756293	80.7	0.767714	81.8	0.780343	82.8	0.791886	83.9	0.804651	84.9	0.816317
30	80	0.759713	81	0.771151	82.1	0.7838	83.1	0.79536	84.2	0.808144	85.2	0.819829
29	80.3	0.763138	81.3	0.774594	82.4	0.787262	83.4	0.79884	84.4	0.810476	85.6	0.824519
28	80.6	0.766569	81.6	0.778042	82.7	0.790729	83.7	0.802325	84.7	0.813979	85.8	0.826868
27	80.9	0.770005	81.9	0.781495	83	0.794202	84	0.805815	85	0.817487	86.1	0.830396
26	81.2	0.773446	82.2	0.784953	83.3	0.797679	84.3	0.80931	85.3	0.821	86.3	0.83275
25	81.5	0.776892	82.5	0.788417	83.6	0.801162	84.6	0.812811	85.6	0.824519	86.6	0.836287
24	81.8	0.780343	82.8	0.791886	83.8	0.803487	84.9	0.816317	85.9	0.828043	86.9	0.839829
23	82.1	0.7838	83.1	0.79536	84.1	0.806979	85.1	0.818658	86.2	0.831573	87.2	0.843377
22	82.4	0.787262	83.4	0.79884	84.4	0.810476	85.2	0.819829	86.4	0.833929	87.4	0.845745
21	82.7	0.790729	83.7	0.802325	84.7	0.813979	85.7	0.825693	86.7	0.837467	87.7	0.849302
20	83	0.794202	84	0.805815	85	0.817487	86	0.829219	87	0.841011	88	0.852864

酒精计读数

温度在+20 ℃时用体积百分数或质量百分数表示酒精浓度

溶液温度/℃	83		84		85		86		87		88	
	体积分数	质量分数	体积分数	质量分数	体积分数	质量分数	体积分数	质量分数	体积分数	质量分数	体积分数	质量分数
19	83.3	0.797679	84.3	0.80931	85.3	0.821	86.3	0.83275	87.3	0.844561	88.3	0.856432
18	83.6	0.801162	84.6	0.812811	85.5	0.823346	86.5	0.835108	87.5	0.84693	88.5	0.858813
17	83.9	0.804651	84.8	0.815148	85.8	0.826868	86.8	0.838648	87.8	0.850489	88.8	0.86239
16	84.2	0.808144	85.1	0.818658	86.1	0.830396	87.1	0.842194	88.1	0.854053	89	0.864778
15	84.4	0.810476	85.4	0.822173	86.4	0.833929	87.4	0.845745	88.3	0.856432	89.3	0.868364
14	84.7	0.813979	85.7	0.825693	86.7	0.837467	87.6	0.848116	88.6	0.860005	89.6	0.871956
13	85	0.817487	86	0.829219	86.9	0.839829	87.9	0.851676	88.9	0.863584	89.8	0.874353
12	85.3	0.821	86.2	0.831573	87.2	0.843377	88.2	0.855242	89.1	0.865973	90.1	0.877954
11	85.6	0.824519	86.5	0.835108	87.5	0.84693	88.3	0.856432	89.4	0.869561	90.3	0.880358
10	85.8	0.826868	86.8	0.838648	87.7	0.849302	88.7	0.861197	89.6	0.871956	90.6	0.883968
9	86.1	0.830396	87	0.841011	88	0.852864	89	0.864778	89.9	0.875553	90.8	0.886378
8	86.4	0.833929	87.3	0.844561	88	0.852864	89.3	0.868364	90.1	0.877954	91.1	0.889998
7	86.6	0.836287	87.6	0.848116	88.5	0.858813	89.5	0.870758	90.4	0.881561	91.3	0.892414
6	86.9	0.839829	87.8	0.850489	88.8	0.86239	89.8	0.874353	90.6	0.883968	91.6	0.896043
5	87.2	0.843377	88.1	0.854053	89	0.864778	90	0.876753	90.9	0.887584	91.8	0.898466
4	87.4	0.845745	88.4	0.857622	89.3	0.868364	90.3	0.880358	91.1	0.889998	92	0.900891
3	87.7	0.849302	88.6	0.860005	89.5	0.870758	90.5	0.882764	91.3	0.892414	92.2	0.903318
2	87.9	0.851676	88.8	0.86239	89.8	0.874353	90.8	0.886378	91.6	0.896043	92.5	0.906964
1	88.2	0.855242	89.1	0.865973	90	0.876753	91	0.888791	91.8	0.898466	92.7	0.909398
0	88.4	0.857622	89.4	0.869561	90.2	0.879156	91.2	0.891206	92	0.900891	92.9	0.911834

溶液温度/℃	酒精计读数 温度在+20℃时用体积百分数或质量百分数表示酒精浓度											
	82		81		80		79		78		77	
	体积分数	质量分数	体积分数	质量分数	体积分数	质量分数	体积分数	质量分数	体积分数	质量分数	体积分数	质量分数
40	75.9	0.713413	75	0.703376	73.8	0.690063	72.8	0.679029	71.6	0.66586	70.6	0.654945
39	76.2	0.716769	75.3	0.706716	74.1	0.693383	73.1	0.682333	71.9	0.669145	70.9	0.658214
38	76.5	0.720129	75.6	0.710062	74.4	0.696709	73.4	0.685642	72.3	0.673532	71.2	0.661488
37	76.8	0.723495	75.9	0.713413	74.7	0.70004	73.7	0.688957	72.6	0.676828	71.6	0.66586
36	77.1	0.726866	76.2	0.716769	74.9	0.702263	74	0.692276	72.9	0.68013	71.9	0.669145
35	77.4	0.730242	76.5	0.720129	75.3	0.706716	74.3	0.6956	73.2	0.683436	72.2	0.672435
34	77.8	0.734751	76.8	0.723495	75.7	0.711178	74.7	0.70004	73.6	0.687851	72.5	0.675729
33	78.1	0.738139	77.1	0.726866	76	0.714531	75	0.703376	73.9	0.691169	72.8	0.679029
32	78.4	0.741531	77.4	0.730242	76.3	0.717888	75.3	0.706716	74.2	0.694492	73.2	0.683436
31	78.7	0.744929	77.7	0.733623	76.6	0.721251	75.6	0.710062	74.6	0.698929	73.5	0.686747
30	79	0.748332	78	0.737009	76.9	0.724618	75.9	0.713413	74.9	0.702263	73.8	0.690063
29	79.3	0.751741	78.3	0.7404	77.2	0.727991	76.2	0.716769	75.2	0.705602	74.2	0.694492
28	79.6	0.755154	78.6	0.743796	77.6	0.732495	76.5	0.720129	75.5	0.708946	74.5	0.697819
27	79.9	0.758572	78.9	0.747197	77.9	0.73588	76.8	0.723495	75.8	0.712295	74.8	0.701151
26	80.2	0.761996	79.2	0.750604	78.2	0.739269	77.2	0.727991	76.1	0.715649	75.1	0.704489
25	80.5	0.765425	79.5	0.754016	78.5	0.742663	77.5	0.731368	76.4	0.719008	75.4	0.707831
24	80.8	0.768859	79.8	0.757432	78.8	0.746063	77.8	0.734751	76.8	0.723495	75.8	0.712295
23	81.1	0.772298	80.1	0.760854	79.1	0.749468	78.1	0.738139	77.1	0.726866	76.1	0.715649
22	81.4	0.775743	80.4	0.764281	79.4	0.752878	78.4	0.741531	77.4	0.730242	76.4	0.719008
21	81.7	0.779192	80.7	0.767714	79.7	0.756293	78.7	0.744929	77.7	0.733623	76.7	0.722373
20	82	0.782647	81	0.771151	80	0.759713	79	0.748332	78	0.737009	77	0.725742

酒精计读数

温度在＋20 ℃时用体积百分数或质量百分数表示酒精浓度

溶液温度/℃	77		78		79		80		81		82	
	体积分数	质量分数	体积分数	质量分数	体积分数	质量分数	体积分数	质量分数	体积分数	质量分数	体积分数	质量分数
19	77.3	0.729116	78.3	0.7404	79.3	0.751741	80.3	0.763138	81.3	0.774594	82.3	0.786107
18	77.6	0.732495	78.6	0.743796	79.6	0.755154	80.6	0.766569	81.6	0.778042	82.6	0.789573
17	77.9	0.73588	78.9	0.747197	79.9	0.758572	80.9	0.770005	81.9	0.781495	82.9	0.793043
16	78.2	0.739269	79.2	0.750604	80.2	0.761996	81.2	0.773446	82.2	0.784953	83.2	0.796519
15	78.5	0.742663	79.5	0.754016	80.5	0.765425	81.5	0.776892	82.5	0.788417	83.4	0.79884
14	78.8	0.746063	79.8	0.757432	80.8	0.768859	81.8	0.780343	82.8	0.791886	83.7	0.802325
13	79.1	0.749468	80.1	0.760854	81.1	0.772298	82.1	0.7838	83.1	0.79536	84	0.805815
12	79.4	0.752878	80.4	0.764281	81.4	0.775743	82.4	0.787262	83.3	0.797679	84.3	0.80931
11	79.7	0.756293	80.7	0.767714	81.7	0.779192	82.7	0.790729	83.6	0.801162	84.6	0.812811
10	80	0.759713	81	0.771151	82	0.782647	83	0.794202	83.9	0.804651	84.9	0.816317
9	80.3	0.763138	81.3	0.774594	82.3	0.786107	83.2	0.796519	84.2	0.808144	85.2	0.819829
8	80.6	0.766569	81.6	0.778042	82.6	0.789573	83.5	0.800001	84.5	0.811643	85.4	0.822173
7	80.8	0.768859	81.9	0.781495	82.8	0.791886	83.8	0.803487	84.8	0.815148	85.7	0.825693
6	81.1	0.772298	82.2	0.784953	83.1	0.79536	84.1	0.806979	85	0.817487	86	0.829219
5	81.2	0.773446	82.4	0.787262	83.4	0.79884	84.3	0.80931	85.3	0.821	86.2	0.831573
4	81.6	0.778042	82.7	0.790729	83.7	0.802325	84.6	0.812811	85.6	0.824519	86.5	0.835108
3	81.9	0.781495	83	0.794202	84	0.805815	84.9	0.816317	85.8	0.826868	86.8	0.838648
2	82.4	0.787262	83.3	0.797679	84.2	0.808144	85.2	0.819829	86.1	0.830396	87	0.841011
1	82.6	0.789573	83.6	0.801162	84.5	0.811643	85.4	0.822173	86.4	0.833929	87.3	0.844561
0	82.9	0.793043	83.8	0.803487	84.8	0.815148	85.7	0.825693	86.6	0.836287	87.5	0.84693

溶液温度/℃	酒精计读数											
	71		72		73		74		75		76	
	体积分数	质量分数	体积分数	质量分数	体积分数	质量分数	体积分数	质量分数	体积分数	质量分数	体积分数	质量分数
40	64.3	0.587399	65.4	0.599043	66.4	0.609684	67.5	0.621448	68.6	0.633276	69.5	0.643001
39	64.6	0.590568	65.7	0.60223	66.7	0.612886	67.8	0.624668	68.9	0.636513	69.8	0.646252
38	65	0.594802	66	0.605422	67.1	0.617163	68.1	0.627892	69.2	0.639755	70.2	0.650594
37	65.4	0.599043	66.4	0.609684	67.4	0.620376	68.5	0.632198	69.6	0.644084	70.5	0.653857
36	65.7	0.60223	66.7	0.612886	67.8	0.624668	68.8	0.635433	69.9	0.647337	70.8	0.657124
35	66.1	0.606486	67	0.616093	68.1	0.627892	69.1	0.638673	70.2	0.650594	71.2	0.661488
34	66.4	0.609684	67.4	0.620376	68.4	0.631121	69.5	0.643001	70.6	0.654945	71.5	0.664766
33	66.7	0.612886	67.7	0.623594	68.8	0.635433	69.8	0.646252	70.9	0.658214	71.8	0.668049
32	67	0.616093	68	0.626817	69.1	0.638673	70.1	0.649508	71.2	0.661488	72.1	0.671337
31	67.4	0.620376	68.4	0.631121	69.5	0.643001	70.5	0.653857	71.5	0.664766	72.5	0.675729
30	67.7	0.623594	68.7	0.634355	69.8	0.646252	70.8	0.657124	71.8	0.668049	72.8	0.679029
29	68	0.626817	69.1	0.638673	70.1	0.649508	71.1	0.660396	72.1	0.671337	73.1	0.682333
28	68.4	0.631121	69.4	0.641918	70.4	0.652769	71.4	0.663673	72.4	0.67463	73.5	0.686747
27	68.7	0.634355	69.7	0.645168	70.7	0.656034	71.7	0.666954	72.8	0.679029	73.8	0.690063
26	69.1	0.638673	70.1	0.649508	71.1	0.660396	72.1	0.671337	73.1	0.682333	74.1	0.693383
25	69.4	0.641918	70.4	0.652769	71.4	0.663673	72.4	0.67463	73.4	0.685642	74.4	0.696709
24	69.7	0.645168	70.7	0.656034	71.7	0.666954	72.7	0.677928	73.7	0.688957	74.7	0.70004
23	70	0.648422	71	0.659305	72	0.670241	73	0.681231	74.1	0.693383	75.1	0.704489
22	70.4	0.652769	71.4	0.663673	72.4	0.67463	73.4	0.685642	74.4	0.696709	75.4	0.707831
21	70.7	0.656034	71.7	0.666954	72.7	0.677928	73.7	0.688957	74.7	0.70004	75.7	0.711178
20	71	0.659305	72	0.670241	73	0.681231	74	0.692276	75	0.703376	76	0.714531

温度在+20℃时用体积百分数或质量百分数表示酒精浓度

酒精计读数

温度在+20℃时用体积百分数或质量百分数表示酒精浓度

溶液温度/℃	71		72		73		74		75		76	
	体积分数	质量分数	体积分数	质量分数	体积分数	质量分数	体积分数	质量分数	体积分数	质量分数	体积分数	质量分数
19	71.3	0.66258	72.3	0.673532	73.3	0.684539	74.3	0.6956	75.3	0.706716	76.3	0.717888
18	71.6	0.66586	72.6	0.676828	73.6	0.687851	74.6	0.698929	75.6	0.710062	76.6	0.721251
17	72	0.670241	73	0.681231	74	0.692276	74.9	0.702263	75.9	0.713413	76.9	0.724618
16	72.3	0.673532	73.3	0.684539	74.3	0.6956	75.3	0.706716	76.2	0.716769	77.2	0.727991
15	72.6	0.676828	73.6	0.687851	74.6	0.698929	75.6	0.710062	76.6	0.721251	77.6	0.732495
14	72.9	0.68013	73.9	0.691169	75	0.703376	75.9	0.713413	76.9	0.724618	77.9	0.73588
13	73.2	0.683436	74.2	0.694492	75.4	0.707831	76.2	0.716769	77.2	0.727991	78.2	0.739269
12	73.6	0.687851	74.5	0.697819	75.6	0.710062	76.5	0.720129	77.5	0.731368	78.5	0.742663
11	73.9	0.691169	74.9	0.702263	75.8	0.712295	76.8	0.723495	77.8	0.734751	78.8	0.746063
10	74.2	0.694492	75.2	0.705602	76.2	0.716769	77.1	0.726866	78.1	0.738139	79.1	0.749468
9	74.5	0.697819	75.5	0.708946	76.5	0.720129	77.4	0.730242	78.4	0.741531	79.4	0.752878
8	74.8	0.701151	76	0.714531	76.8	0.723495	77.7	0.733623	78.7	0.744929	79.7	0.756293
7	75.1	0.704489	76.4	0.719008	77.1	0.726866	78	0.737009	79	0.74832	80	0.759713
6	75.4	0.707831	76.7	0.722373	77.4	0.730242	78.3	0.7404	79.3	0.751741	80.2	0.761996
5	75.8	0.712295	77	0.725742	77.7	0.733623	78.6	0.743796	79.6	0.755154	80.5	0.765425
4	76	0.714531	77.3	0.729116	78	0.737009	79.2	0.750604	79.9	0.758572	80.8	0.768859
3	76.4	0.719008	77.6	0.732495	78.3	0.7404	79.5	0.754016	80.2	0.761996	81.1	0.772298
2	76.6	0.721251	77.8	0.734751	78.6	0.743796	79.8	0.757432	80.4	0.764281	81.4	0.775743
1	77	0.725742	77.9	0.73588	78.8	0.746063	80.1	0.760854	80.7	0.767714	81.7	0.779192
0	77.2	0.727991	78.2	0.739269	79.1	0.749468	80.4	0.764281	81	0.771151	82	0.782647

续表

酒精计读数 温度在+20℃时用体积分数或质量百分数表示酒精浓度												
溶液温度/℃	70 体积分数	70 质量分数	69 体积分数	69 质量分数	68 体积分数	68 质量分数	67 体积分数	67 质量分数	66 体积分数	66 质量分数	65 体积分数	65 质量分数
40	63.3	0.576866	62.2	0.565339	61.1	0.553873	60.1	0.543501	59.1	0.53318	58.1	0.522907
39	63.6	0.58002	62.6	0.569523	61.5	0.558035	60.5	0.547644	59.5	0.537302	58.5	0.52701
38	64	0.584233	62.9	0.572667	61.8	0.561162	60.8	0.550756	59.8	0.5404	58.8	0.530093
37	64.3	0.587399	63.2	0.575816	62.2	0.565339	61.2	0.554913	60.2	0.544536	59.2	0.53421
36	64.7	0.591626	63.6	0.58002	62.6	0.569523	61.6	0.559077	60.5	0.547644	59.6	0.538334
35	65	0.594802	64	0.584233	62.9	0.572667	61.8	0.561162	60.9	0.551794	59.9	0.541433
34	65.3	0.597982	64.3	0.587399	63.2	0.575816	62.2	0.565339	61.2	0.554913	60.2	0.544536
33	65.7	0.60223	64.6	0.590568	63.6	0.58002	62.5	0.568477	61.6	0.559077	60.6	0.548681
32	66	0.605422	65	0.594802	63.9	0.583179	62.9	0.572667	61.9	0.562206	60.9	0.551794
31	66.4	0.609684	65.4	0.599043	94.3	0.92896	63.3	0.576866	62.3	0.566384	61.3	0.555953
30	66.7	0.612886	65.6	0.601167	64.6	0.590568	63.6	0.58002	62.6	0.569523	61.6	0.559077
29	67	0.616093	66	0.605422	65	0.594802	64	0.584233	62.9	0.572667	61.9	0.562206
28	67.4	0.620376	66.3	0.608618	65.3	0.597982	64.3	0.587399	63.3	0.576866	62.3	0.566384
27	67.7	0.623594	66.7	0.612886	65.7	0.60223	64.7	0.591626	63.6	0.58002	62.6	0.569523
26	68	0.626817	67	0.616093	66	0.605422	65	0.594802	64	0.584233	63	0.573716
25	68.4	0.631121	67.3	0.619305	66.3	0.608618	65.3	0.597982	64.3	0.587399	63.3	0.576866
24	68.7	0.634355	67.7	0.623594	66.7	0.612886	65.7	0.60223	64.6	0.590568	63.6	0.58002
23	69	0.637593	68	0.626817	67	0.616093	66	0.605422	65	0.594802	64	0.584233
22	69.3	0.640836	68.3	0.630044	67.3	0.619305	66.3	0.608618	65.3	0.597982	64.3	0.587399
21	69.7	0.645168	68.7	0.634355	67.7	0.623594	66.7	0.612886	65.7	0.60223	64.6	0.590568
20	70	0.648422	69	0.637593	68	0.626817	67	0.616093	66	0.605422	65	0.594802

酒精计读数

温度在+20℃时用体积百分数或质量百分数表示酒精浓度

溶液温度/℃	65 体积分数	65 质量分数	66 体积分数	66 质量分数	67 体积分数	67 质量分数	68 体积分数	68 质量分数	69 体积分数	69 质量分数	70 体积分数	70 质量分数
19	65.3	0.597982	66.3	0.608618	67.3	0.619305	68.3	0.630044	69.3	0.640836	70.3	0.651681
18	65.7	0.60223	66.7	0.612886	67.7	0.623594	68.7	0.634355	69.6	0.644084	70.6	0.654945
17	66	0.605422	67	0.616093	68	0.626817	69	0.637593	70	0.648422	71	0.659305
16	66.3	0.608618	67.3	0.619305	68.3	0.630044	69.3	0.640836	70.3	0.651681	71.3	0.66258
15	66.7	0.612886	67.7	0.623594	68.6	0.633276	69.6	0.644084	70.6	0.654945	71.6	0.66586
14	67	0.616093	68	0.626817	69	0.637593	70	0.648422	71	0.659305	72	0.670241
13	67.4	0.620376	68.3	0.630044	69.3	0.640836	70.3	0.651681	71.3	0.66258	72.3	0.573532
12	67.7	0.623594	68.7	0.634355	69.6	0.644084	70.6	0.654945	71.6	0.66586	72.6	0.676828
11	68	0.626817	69	0.637593	70	0.648422	71	0.659305	71.9	0.669145	72.9	0.68013
10	68.3	0.630044	69.3	0.640836	70.3	0.651681	71.3	0.66258	72.2	0.672435	73.2	0.683436
9	68.7	0.634355	69.6	0.644084	70.6	0.654945	71.9	0.669145	72.6	0.676828	73.5	0.686747
8	69	0.637593	70	0.648422	70.9	0.658214	71.9	0.669145	72.9	0.68013	73.8	0.690063
7	69.3	0.640836	70.3	0.651681	71.3	0.66258	72.2	0.672435	73.2	0.683436	74.2	0.694492
6	69.6	0.644084	70.6	0.654945	71.6	0.66586	72.5	0.675729	73.5	0.686747	74.5	0.697819
5	70	0.648422	70.9	0.658214	71.9	0.669145	72.9	0.68013	73.8	0.690063	74.8	0.701151
4	70.3	0.651681	71.2	0.661488	72.2	0.672435	73.2	0.683436	74.1	0.693383	75.1	0.704489
3	70.6	0.654945	71.6	0.66586	72.5	0.675729	73.5	0.686747	74.4	0.696709	75.4	0.707831
2	70.9	0.658214	71.9	0.669145	72.8	0.679029	73.8	0.690063	74.7	0.70004	75.7	0.711178
1	71.2	0.661488	72.2	0.672435	73.1	0.682333	74	0.692276	75	0.703376	76	0.714531
0	71.5	0.664766	72.5	0.675729	73.4	0.685642	74.1	0.693383	75.4	0.707831	76.3	0.717888

温度在+20℃时用体积百分数或质量百分数表示酒精浓度

酒精计读数

溶液温度/℃	64		63		62		61		60		59	
	体积分数	质量分数	体积分数	质量分数	体积分数	质量分数	体积分数	质量分数	体积分数	质量分数	体积分数	质量分数
40	57.1	0.512684	56	0.501494	55	0.491372	54	0.481298	52.8	0.469271	51.8	0.459301
39	57.5	0.516767	56.4	0.505556	55.3	0.494403	54.4	0.485321	53.2	0.473272	52.2	0.463284
38	57.8	0.519835	56.7	0.508608	55.7	0.498452	54.7	0.488344	53.5	0.476278	52.5	0.466275
37	58.2	0.523932	57.1	0.512684	56	0.501494	55.1	0.492382	53.9	0.480293	52.9	0.470271
36	58.5	0.52701	57.4	0.515745	56.3	0.50454	55.5	0.496427	54.2	0.483309	53.2	0.473272
35	58.9	0.531121	57.8	0.519835	56.8	0.509626	55.8	0.499465	54.6	0.487336	53.6	0.477281
34	59.2	0.53421	58.1	0.522907	57.1	0.512684	56.1	0.502509	55	0.491372	54	0.481298
33	59.6	0.538334	58.5	0.52701	57.4	0.515745	56.5	0.506573	55.3	0.494403	54.3	0.484315
32	59.9	0.541433	58.8	0.530093	57.7	0.518812	56.8	0.509626	55.7	0.498452	54.7	0.488344
31	60.3	0.545572	59.2	0.53421	58.1	0.522907	57.2	0.513704	56	0.501494	55	0.491372
30	60.6	0.548681	59.5	0.537302	58.5	0.52701	57.5	0.516767	56.4	0.505556	55.4	0.495415
29	60.9	0.551794	59.9	0.541433	58.8	0.530093	57.8	0.519835	56.8	0.509626	55.8	0.499465
28	61.2	0.554913	60.2	0.544536	59.2	0.53421	58.2	0.523932	57.2	0.513704	56.1	0.502509
27	61.6	0.559077	60.6	0.548681	59.6	0.538334	58.5	0.52701	57.5	0.516767	56.5	0.506573
26	62	0.56325	60.9	0.551794	59.9	0.541433	58.9	0.531121	57.9	0.520858	56.9	0.510645
25	62.2	0.565339	61.3	0.555953	60.3	0.545572	59.2	0.53421	58.2	0.523932	57.2	0.513704
24	62.6	0.569523	61.6	0.559077	60.6	0.548681	59.6	0.538334	58.6	0.528037	57.6	0.517789
23	63	0.573716	62	0.56325	61	0.552833	60	0.542467	58.9	0.531121	57.9	0.520858
22	63.3	0.576866	62.3	0.566384	61.3	0.555953	60.3	0.545572	59.3	0.53524	58.3	0.524958
21	63.6	0.58002	62.6	0.569523	61.6	0.559077	60.6	0.548681	59.6	0.538334	58.6	0.528037
20	64	0.584233	63	0.573716	62	0.56325	61	0.552833	60	0.542467	59	0.53215

酒精计读数

温度在+20℃时用体积百分数或质量百分数表示酒精浓度

溶液温度/℃	59		60		61		62		63		64	
	体积分数	质量分数	体积分数	质量分数	体积分数	质量分数	体积分数	质量分数	体积分数	质量分数	体积分数	质量分数
19	59.4	0.536271	60.4	0.546607	61.3	0.555953	62.3	0.566384	63.3	0.576866	64.3	0.587399
18	59.7	0.539367	60.7	0.549718	61.7	0.560119	92.7	0.909398	63.7	0.581073	64.7	0.591626
17	60	0.542167	61	0.552833	62	0.56325	63	0.573716	64	0.584233	65	0.594802
16	60.4	0.546607	61.4	0.556994	62.4	0.56743	63.4	0.577917	64.4	0.588455	65.4	0.599043
15	60.8	0.550756	61.7	0.560119	62.7	0.570571	63.7	0.581073	64.7	0.591626	65.7	0.60223
14	61.1	0.553873	62	0.56325	63.1	0.574766	64.1	0.585288	65	0.594802	66	0.605422
13	61.4	0.556994	62.4	0.56743	63.4	0.577917	64.4	0.588455	65.4	0.599043	66.4	0.609684
12	61.8	0.561162	62.8	0.571619	63.8	0.582126	64.7	0.591626	65.7	0.60223	66.7	0.612886
11	62.1	0.564294	63.1	0.574766	64.1	0.585288	65.1	0.595861	66	0.605422	67	0.616093
10	62.5	0.568477	63.5	0.578968	64.4	0.588455	65.4	0.599043	66.4	0.609684	67.4	0.620376
9	62.8	0.571619	63.8	0.582126	64.8	0.592684	65.7	0.60223	66.7	0.612886	67.7	0.623594
8	63.2	0.575816	64.1	0.585288	65.1	0.595861	66.1	0.606486	67	0.616093	68	0.626817
7	63.5	0.578968	64.5	0.589511	65.4	0.599043	66.4	0.609684	67.4	0.620376	68.4	0.631121
6	63.8	0.582126	64.8	0.592684	65.8	0.603293	66.7	0.612886	67.7	0.623594	68.7	0.634355
5	64.2	0.586343	65.1	0.595861	66.1	0.606486	67.1	0.617163	68	0.626817	69	0.637593
4	64.5	0.589511	65.5	0.600105	66.4	0.609684	67.4	0.620376	68.4	0.631121	69.3	0.640836
3	64.8	0.592684	65.8	0.603293	66.8	0.613955	67.7	0.623594	68.7	0.634355	69.6	0.644084
2	65.2	0.596922	66.1	0.606486	67.1	0.617163	68	0.626817	69	0.637593	70	0.648422
1	65.5	0.600105	66.4	0.609684	67.4	0.620376	68.4	0.631121	69.3	0.640836	70.3	0.651681
0	65.8	0.603293	66.8	0.613955	67.7	0.623594	68.7	0.634355	69.6	0.644084	70.6	0.654945

温度在+20℃时用体积百分数或质量百分数表示酒精浓度

溶液温度/℃	酒精计读数											
	58		57		56		55		54		53	
	体积分数	质量分数	体积分数	质量分数	体积分数	质量分数	体积分数	质量分数	体积分数	质量分数	体积分数	质量分数
40	50.8	0.449378	49.7	0.438516	48.6	0.42771	47.6	0.417934	46.6	0.408203	45.5	0.397552
39	51.1	0.45235	50.1	0.442459	49	0.431633	48	0.421839	47	0.41209	45.9	0.401419
38	51.5	0.456319	50.4	0.445422	49.3	0.43458	48.3	0.424772	47.3	0.41501	46.3	0.405293
37	51.9	0.460296	50.8	0.449378	49.7	0.438516	48.7	0.42869	47.7	0.418909	46.6	0.408203
36	52.2	0.463284	51.2	0.453342	50.1	0.442459	49.1	0.432615	48.1	0.422816	47	0.41209
35	52.6	0.467273	51.6	0.457313	50.5	0.44641	49.5	0.436547	48.5	0.42673	47.4	0.415984
34	53	0.471271	51.9	0.460296	50.8	0.449378	49.8	0.439501	48.8	0.42967	47.8	0.419885
33	53.3	0.474274	52.3	0.46428	51.2	0.453342	50.2	0.443446	49.2	0.433597	48.2	0.423794
32	53.7	0.478285	52.7	0.468272	51.6	0.457313	50.6	0.447399	49.6	0.437531	48.6	0.42771
31	54	0.481298	53	0.471271	51.9	0.460296	50.9	0.450368	49.9	0.440487	48.9	0.430651
30	54.4	0.485321	53.4	0.475276	52.3	0.46428	51.3	0.454334	50.3	0.444434	49.3	0.43458
29	54.8	0.489353	53.7	0.478285	52.7	0.468272	51.7	0.458307	50.7	0.448388	49.6	0.437531
28	55.1	0.492382	54.1	0.482303	53.1	0.472271	52.1	0.462287	51	0.451359	50	0.441473
27	55.5	0.496427	54.5	0.486329	53.4	0.475276	52.4	0.465278	51.4	0.455326	50.4	0.445422
26	55.8	0.499465	54.8	0.489353	53.8	0.479288	52.8	0.469271	51.8	0.459301	50.8	0.449378
25	56.2	0.503524	55.2	0.493392	54.2	0.483309	53.2	0.473272	52.2	0.463284	51.1	0.45235
24	56.6	0.50759	55.6	0.497439	54.5	0.486329	53.5	0.476278	52.5	0.466275	51.5	0.456319
23	56.9	0.510645	55.9	0.500479	54.9	0.490362	53.9	0.480293	52.9	0.470271	51.9	0.460296
22	57.3	0.514724	56.3	0.50454	55.3	0.494403	54.3	0.484315	53.3	0.474274	52.2	0.463284
21	57.6	0.517789	56.6	0.50759	55.6	0.497439	54.6	0.487336	53.6	0.477281	52.6	0.467273
20	58	0.521883	57	0.511664	56	0.501494	55	0.491372	54	0.481298	53	0.471271

溶液温度/℃	酒精计读数											
	53		54		55		56		57		58	
	体积分数	质量分数	体积分数	质量分数	体积分数	质量分数	体积分数	质量分数	体积分数	质量分数	体积分数	质量分数
	温度在+20℃时用体积百分数或质量百分数表示酒精浓度											
19	53.4	0.475276	54.4	0.485321	55.4	0.495415	56.4	0.505556	57.4	0.515745	58.4	0.525984
18	53.7	0.478285	54.7	0.488344	55.7	0.498452	56.7	0.508608	57.7	0.518812	58.7	0.529065
17	54.1	0.482303	55.1	0.492382	56.1	0.502509	57.1	0.512684	58.1	0.522907	59.1	0.53318
16	54.5	0.486329	55.5	0.496427	56.5	0.506573	57.5	0.516767	58.5	0.52701	59.5	0.537302
15	54.8	0.489353	55.8	0.499465	56.8	0.509626	57.8	0.519835	58.8	0.530093	59.8	0.5404
14	55.2	0.493392	56.2	0.503524	57.2	0.513704	58.2	0.523932	59.1	0.53318	60.1	0.543501
13	55.6	0.497439	56.6	0.50759	57.5	0.516767	58.5	0.52701	59.5	0.537302	60.5	0.547644
12	55.9	0.500479	56.9	0.510645	57.9	0.520858	58.8	0.530093	59.8	0.5404	60.8	0.550756
11	56.3	0.50454	57.2	0.513704	58.2	0.523932	59.1	0.53318	60.2	0.544536	61.2	0.554913
10	56.6	0.50759	57.6	0.517789	58.6	0.528037	59.6	0.538334	60.5	0.547644	61.5	0.558035
9	57	0.511664	58	0.521883	58.9	0.531121	59.9	0.541433	60.9	0.551794	61.9	0.562206
8	57.4	0.515745	58.3	0.524958	59.3	0.53524	60.3	0.545572	61.2	0.554913	62.2	0.565339
7	57.7	0.518812	58.7	0.529065	59.6	0.538334	60.6	0.548681	61.6	0.559077	62.5	0.568477
6	58.1	0.522907	59	0.53215	60	0.542467	61	0.552833	61.9	0.562206	62.9	0.572667
5	58.4	0.525984	59.4	0.536271	60.3	0.545572	61.3	0.555953	62.3	0.566384	63.2	0.575816
4	58.8	0.530093	59.7	0.539367	60.7	0.549718	61.6	0.559077	62.6	0.569523	63.6	0.58002
3	59.1	0.53318	60.1	0.543501	61	0.552833	62	0.56325	62.9	0.572667	63.9	0.583179
2	59.4	0.536271	60.4	0.546607	61.4	0.556994	62.3	0.566384	63.3	0.576866	64.2	0.586343
1	59.8	0.5404	60.7	0.549718	61.7	0.560119	62.6	0.569523	63.6	0.58002	64.6	0.590568
0	60.1	0.543501	61.1	0.553873	62	0.56325	63	0.573716	63.9	0.583179	64.9	0.593743

续表

化工程实验 第二版

222

酒精计读数

温度在+20℃时用体积百分数或质量百分数表示酒精浓度

溶液温度/℃	47 体积分数	47 质量分数	48 体积分数	48 质量分数	49 体积分数	49 质量分数	50 体积分数	50 质量分数	51 体积分数	51 质量分数	52 体积分数	52 质量分数
40	39.2	0.337579	40.4	0.348869	41.4	0.358325	42.4	0.367824	43.4	0.377368	44.4	0.386955
39	39.6	0.341336	40.8	0.352646	41.8	0.36212	42.7	0.370683	43.8	0.381197	44.8	0.390802
38	40	0.345099	41.2	0.35643	42.2	0.365921	43.1	0.3745	44.2	0.385034	45.2	0.394656
37	40.4	0.348869	41.5	0.359273	42.5	0.368777	43.5	0.378324	44.5	0.387916	45.5	0.397552
36	40.8	0.352646	41.9	0.363069	42.9	0.37259	43.9	0.382156	44.9	0.391765	45.9	0.401419
35	41.2	0.35643	42.3	0.366873	43.3	0.376411	44.3	0.385994	45.3	0.395621	46.3	0.405293
34	41.5	0.359273	42.7	0.370683	43.7	0.380239	44.7	0.38984	45.7	0.399485	46.7	0.409174
33	41.9	0.363069	43.1	0.3745	44.1	0.384074	45	0.392728	46.1	0.403355	47.1	0.413063
32	42.4	0.367824	43.4	0.377368	44.4	0.386955	45.4	0.396586	46.4	0.406263	47.4	0.415984
31	42.7	0.370683	43.8	0.381197	44.8	0.390802	45.8	0.400452	46.8	0.410146	47.8	0.419885
30	43.1	0.3745	44.2	0.385034	45.2	0.394656	46.2	0.404324	47.2	0.414036	48.2	0.423794
29	43.5	0.378324	44.5	0.387916	45.6	0.398518	46.6	0.408203	47.6	0.417934	48.6	0.42771
28	43.9	0.382156	44.9	0.391765	45.9	0.401419	47	0.41209	48	0.421839	49	0.431633
27	44.3	0.385994	45.3	0.395621	46.3	0.405293	47.3	0.41501	48.3	0.424772	49.4	0.435563
26	44.7	0.38984	45.7	0.399485	46.7	0.409174	47.7	0.418909	48.7	0.42869	49.7	0.438516
25	45.1	0.393692	46.1	0.403355	47.1	0.413063	48.1	0.422816	49.1	0.432615	50.1	0.442459
24	45.4	0.396586	46.4	0.406263	47.5	0.416959	48.5	0.42673	49.5	0.436547	50.4	0.445422
23	45.8	0.400452	46.8	0.410146	47.8	0.419885	48.9	0.430651	49.9	0.440487	50.9	0.450368
22	46.2	0.404324	47.2	0.414036	48.2	0.423794	49.2	0.433597	50.2	0.443446	51.2	0.453342
21	46.6	0.408203	47.6	0.417934	48.6	0.42771	49.6	0.437531	50.6	0.447399	51.6	0.457313
20	47	0.41209	48	0.421839	49	0.431633	50	0.441473	51	0.451359	52.2	0.463284

酒精计读数

温度在+20℃时用体积百分数或质量百分数表示酒精浓度

溶液温度/℃	52		51		50		49		48		47	
	体积分数	质量分数	体积分数	质量分数	体积分数	质量分数	体积分数	质量分数	体积分数	质量分数	体积分数	质量分数
19	52.4	0.465278	51.4	0.455326	50.4	0.445422	49.4	0.435563	48.4	0.425751	47.4	0.415984
18	52.7	0.468272	51.7	0.458307	50.7	0.448388	49.8	0.439501	48.8	0.42967	47.8	0.419885
17	53.1	0.472271	52.1	0.462287	51.1	0.45235	50.1	0.442459	49.2	0.433597	48.2	0.423794
16	53.5	0.476278	52.5	0.466275	51.5	0.456319	50.5	0.44641	49.5	0.436547	48.6	0.42771
15	53.9	0.480293	52.9	0.470271	51.9	0.460296	50.9	0.450368	49.9	0.440487	48.9	0.430651
14	54.3	0.484315	53.2	0.473272	52.2	0.463284	51.3	0.454334	50.3	0.444434	49.3	0.43458
13	54.6	0.487336	53.6	0.477281	52.6	0.467273	51.6	0.457313	50.7	0.448388	49.7	0.438516
12	55	0.491372	54	0.481298	53	0.471271	52	0.461291	51	0.451359	50.1	0.442459
11	55.3	0.494403	54.3	0.484315	53.4	0.475276	52.4	0.465278	51.4	0.455326	50.4	0.445422
10	55.7	0.498452	54.7	0.488344	53.7	0.478285	52.8	0.469271	51.8	0.459301	50.8	0.449378
9	56	0.501494	55.1	0.492382	54.1	0.482303	53.1	0.472271	52.2	0.463284	51.2	0.453342
8	56.4	0.505556	55.4	0.495415	54.5	0.486329	53.5	0.476278	52.5	0.466275	51.6	0.457313
7	56.8	0.509626	55.8	0.499465	54.8	0.489353	53.9	0.480293	52.9	0.470271	51.9	0.460296
6	57.1	0.512684	56.1	0.502509	55.2	0.493392	54.2	0.483309	53.2	0.473272	52.3	0.46428
5	57.4	0.515745	56.5	0.506573	55.5	0.496427	54.6	0.487336	53.6	0.477281	52.7	0.468272
4	57.8	0.519835	56.8	0.509626	55.9	0.500479	54.9	0.490362	54	0.481298	53	0.471271
3	58.2	0.523932	57.2	0.513704	56.2	0.503524	55.3	0.494403	54.3	0.484315	53.4	0.475276
2	58.5	0.52701	57.5	0.516767	56.6	0.50759	55.6	0.497439	54.7	0.488344	53.8	0.479288
1	58.8	0.530093	57.9	0.520858	57	0.511664	56	0.501494	55	0.491372	54.1	0.482303
0	59.2	0.53421	58.2	0.523932	57.3	0.514724	56.4	0.505556	55.4	0.495415	54.5	0.486329

温度在+20℃时用体积百分数或质量百分数表示酒精浓度

温度在+20℃时用体积百分数表示酒精浓度

酒精计读数

溶液温度/℃	46		45		44		43		42		41	
	体积分数	质量分数	体积分数	质量分数	体积分数	质量分数	体积分数	质量分数	体积分数	质量分数	体积分数	质量分数
40	38.2	0.328218	37	0.317041	36.1	0.308698	35	0.298547	34	0.289363	33	0.28022
39	38.4	0.330087	37.4	0.32076	36.5	0.312402	35.4	0.302232	34.4	0.293031	33.4	0.283872
38	39	0.335704	37.8	0.324486	36.9	0.316112	35.8	0.305924	34.8	0.296707	33.8	0.287531
37	39.4	0.339457	38.2	0.328218	37.3	0.31983	36.2	0.309623	35.2	0.300389	34.2	0.291196
36	39.8	0.343217	38.6	0.331957	37.7	0.323554	36.6	0.313329	35.6	0.304078	34.6	0.294868
35	40.2	0.346983	39	0.335704	38.1	0.327284	37	0.317041	36	0.307773	35	0.298547
34	40.5	0.349813	39.5	0.340396	38.5	0.331022	37.4	0.32076	36.4	0.311475	35.4	0.302232
33	40.9	0.353592	39.9	0.344158	38.9	0.334766	37.8	0.324486	36.8	0.315184	35.8	0.305924
32	41.3	0.357378	40.3	0.347926	39.3	0.338518	38.2	0.328218	37.2	0.3189	36.2	0.309623
31	41.7	0.36117	40.7	0.351701	39.7	0.342276	38.6	0.331957	37.6	0.322622	36.6	0.313329
30	42.1	0.36497	41.1	0.355484	40.1	0.346041	39	0.335704	38	0.326351	37	0.317041
29	42.5	0.368777	41.5	0.359273	40.6	0.350757	39.4	0.339457	38.4	0.330087	37.4	0.32076
28	42.9	0.37259	41.9	0.363069	40.8	0.352646	39.8	0.343217	38.8	0.33383	37.8	0.324486
27	43.3	0.376411	42.3	0.366873	41.2	0.35643	40.2	0.346983	39.2	0.337579	38.2	0.328218
26	43.7	0.380239	42.7	0.370683	41.6	0.360221	40.6	0.360221	39.6	0.341336	38.6	0.331957
25	44.1	0.384074	43	0.373545	42	0.364019	41	0.354538	40	0.345099	39	0.335704
24	44.4	0.386955	43.4	0.377368	42.4	0.367824	41.4	0.358325	40.4	0.348869	39.4	0.339457
23	44.8	0.390802	43.8	0.381197	42.8	0.371636	41.8	0.36212	40.8	0.352646	39.8	0.343217
22	45.2	0.394656	44.2	0.385034	43.2	0.375455	42.2	0.365921	41.2	0.35643	40.2	0.346983
21	45.6	0.398518	44.6	0.388877	43.6	0.379281	42.6	0.36973	41.6	0.360221	40.6	0.350757
20	46	0.402387	45	0.392728	44	0.383115	43	0.373545	42	0.364019	41	0.354538

酒精计读数

温度在+20℃时用体积百分数或质量百分数表示酒精浓度

溶液温度/℃	41 体积分数	41 质量分数	42 体积分数	42 质量分数	43 体积分数	43 质量分数	44 体积分数	44 质量分数	45 体积分数	45 质量分数	46 体积分数	46 质量分数
19	41.4	0.358325	42.4	0.367824	43.4	0.377368	44.4	0.386955	45.4	0.396586	46.4	0.406263
18	41.8	0.36212	42.8	0.371636	43.8	0.381197	44.8	0.390802	45.8	0.400452	46.8	0.410146
17	42.2	0.365921	43.2	0.375455	44.2	0.385034	45.2	0.394656	46.2	0.404324	47.2	0.414036
16	42.6	0.36973	43.6	0.379281	44.6	0.388877	45.6	0.398518	46.6	0.408203	47.6	0.417934
15	43	0.373545	44	0.383115	45	0.392728	46	0.402387	47	0.41209	47.9	0.420862
14	43.4	0.377368	44.4	0.386955	45.4	0.396586	46.4	0.406263	47.3	0.41501	48.3	0.424772
13	43.8	0.381197	44.8	0.390802	45.8	0.400452	46.7	0.409174	47.7	0.418909	48.7	0.42869
12	44.2	0.385034	45.2	0.394656	46.1	0.403355	47.1	0.413063	48.1	0.422816	49.1	0.432615
11	44.6	0.388877	45.6	0.398518	46.5	0.407233	47.5	0.416959	48.5	0.42673	49.5	0.436547
10	45	0.392728	46	0.402387	46.9	0.411118	47.9	0.420862	48.9	0.430651	49.8	0.439501
9	45.4	0.396586	46.4	0.406263	47.3	0.41501	48.3	0.424772	49.2	0.433597	50.2	0.443446
8	45.8	0.400452	46.7	0.409174	47.7	0.418909	48.6	0.42771	49.6	0.437531	50.6	0.447399
7	46.2	0.404324	47.1	0.413063	48.1	0.422816	49	0.431633	50	0.441473	51	0.451359
6	46.5	0.407233	47.5	0.416959	48.4	0.425751	49.4	0.435563	50.4	0.445422	51.3	0.454334
5	46.9	0.411118	47.9	0.420862	48.8	0.42967	49.8	0.439501	50.8	0.449378	51.7	0.458307
4	47.3	0.41501	48.2	0.423794	49.2	0.433597	50.2	0.443446	51.1	0.45235	52.1	0.462287
3	47.7	0.418909	48.6	0.42771	49.6	0.437531	50.5	0.44641	51.5	0.456319	52.4	0.465278
2	48	0.421839	49	0.431633	49.9	0.440487	50.9	0.450368	51.8	0.459301	52.8	0.469271
1	48.4	0.425751	49.4	0.435563	50.3	0.444434	51.3	0.454334	52.2	0.463284	53.2	0.473272
0	48.8	0.42967	49.7	0.438516	50.7	0.448388	51.6	0.457313	52.6	0.467273	53.5	0.476278

化工过程实验 第二版 —— 226

酒精计读数

温度在+20℃时用体积百分数或质量百分数表示酒精浓度

溶液温度/℃	40		39		38		37		36		35	
	体积分数	质量分数	体积分数	质量分数	体积分数	质量分数	体积分数	质量分数	体积分数	质量分数	体积分数	质量分数
40	332	8.626472	31	0.262057	30	0.253036	28	0.244056	28	0.235115	26.8	0.224439
39	32.4	0.274754	31.4	0.265676	30.4	0.256639	28.4	0.247643	28.4	0.238687	27.2	0.227992
38	32.8	0.278396	31.8	0.269302	30.8	0.260249	28.8	0.251237	28.8	0.242264	27.7	0.232441
37	33.2	0.282045	32.2	0.272935	31.2	0.263866	29.2	0.254837	29.2	0.245849	28	0.235115
36	33.6	0.2857	32.6	0.276574	31.6	0.267488	29.6	0.258444	29.6	0.249439	28.4	0.238687
35	34	0.289363	33	0.28022	32	0.271118	30	0.262057	30	0.253036	28.8	0.242264
34	34.4	0.293031	33.4	0.283872	32.4	0.274754	30.4	0.265676	30.4	0.256639	29.3	0.246746
33	34.8	0.296707	33.8	0.287531	32.8	0.278396	30.8	0.269302	30.8	0.260249	29.7	0.250338
32	35.2	0.300389	34.2	0.291196	33.2	0.282045	31.2	0.272935	31.2	0.263866	30.1	0.253936
31	35.6	0.304078	34.6	0.294868	33.6	0.2857	31.6	0.276574	31.6	0.267488	30.5	0.257541
30	36	0.307773	35	0.298547	34	0.289363	32	0.28022	32	0.271118	30.9	0.261153
29	36.4	0.311475	35.4	0.302232	34.4	0.293031	32.3	0.283872	32.3	0.273844	31.3	0.264771
28	36.8	0.315184	35.8	0.305924	34.8	0.296707	32.8	0.287531	32.8	0.278396	31.7	0.268395
27	37.2	0.3189	36.2	0.309623	35.2	0.300389	33.2	0.291196	33.2	0.282045	32.2	0.272935
26	37.6	0.322622	36.6	0.313329	35.6	0.304078	33.6	0.294868	33.6	0.2857	32.6	0.276574
25	38	0.326351	37	0.317041	36	0.307773	34	0.298547	34	0.289363	33	0.28022
24	38.4	0.330087	37.4	0.32076	36.4	0.311475	34.4	0.302232	34.4	0.293031	33.4	0.283872
23	38.8	0.33383	37.8	0.324486	36.8	0.315184	34.8	0.305924	34.8	0.296707	33.8	0.287531
22	39.2	0.337579	38.2	0.328218	37.2	0.3189	35.2	0.309623	35.2	0.300389	34.2	0.291196
21	39.6	0.341336	38.6	0.331957	37.6	0.322622	35.6	0.313329	35.6	0.304078	34.6	0.294868
20	40	0.345099	39	0.335704	38	0.326351	36	0.317041	36	0.307773	35	0.298547

温度在＋20℃时用体积百分数或质量百分数表示酒精浓度

溶液温度/℃	酒精计读数											
	35		36		37		38		39		40	
	体积分数	质量分数	体积分数	质量分数	体积分数	质量分数	体积分数	质量分数	体积分数	质量分数	体积分数	质量分数
19	35.4	0.302232	36.4	0.311475	37.4	0.32076	38.4	0.330087	39.4	0.339457	40.4	0.348869
18	35.8	0.305924	36.8	0.315184	37.8	0.324486	38.8	0.33383	39.8	0.343217	40.8	0.352646
17	36.2	0.309623	37.2	0.3189	38.2	0.328218	39.2	0.337579	40.2	0.346983	41.2	0.35643
16	36.6	0.313329	37.6	0.322622	38.6	0.331957	39.6	0.341336	40.6	0.350757	41.6	0.360221
15	37	0.317041	38	0.326351	39	0.335704	40	0.345099	41	0.354538	42	0.364019
14	37.4	0.32076	38.4	0.330087	39.4	0.339457	40.4	0.348869	41.4	0.358325	42.4	0.367824
13	37.8	0.324486	38.8	0.33383	39.8	0.343217	40.8	0.352646	41.8	0.36212	42.8	0.371636
12	38.2	0.328218	39.2	0.337579	40.2	0.346983	41.2	0.35643	42.2	0.365921	43.2	0.375455
11	38.7	0.332893	39.6	0.341336	40.6	0.350757	41.6	0.360221	42.6	0.36973	43.6	0.379281
10	39.1	0.336641	40.1	0.346041	41	0.354538	42	0.364019	43	0.373545	44	0.383115
9	39.5	0.340396	40.5	0.349813	41.4	0.358325	42.4	0.367824	43.4	0.377368	44.4	0.386955
8	39.9	0.344158	40.9	0.353592	41.9	0.363069	42.8	0.371636	43.8	0.381197	44.8	0.390802
7	40.3	0.347926	41.3	0.357378	42.3	0.366873	43.2	0.375455	44.2	0.385034	45.2	0.394656
6	40.7	0.351701	41.7	0.36117	42.7	0.370683	43.6	0.379281	44.6	0.388877	45.6	0.398518
5	41.1	0.355484	42.1	0.36497	43.1	0.3745	44	0.383115	45	0.392728	46	0.402387
4	41.5	0.359273	42.5	0.368777	43.4	0.377368	44.4	0.386955	45.4	0.396586	46.3	0.405293
3	41.9	0.363069	42.9	0.37259	43.8	0.381197	44.8	0.390802	45.8	0.400452	46.7	0.409174
2	42.3	0.366873	43.3	0.376411	44.2	0.385034	45.2	0.394656	46.1	0.403355	47.1	0.413063
1	42.7	0.370683	43.7	0.380239	44.6	0.388877	45.6	0.398518	46.5	0.407233	47.5	0.416959
0	43.1	0.3745	44	0.383115	45	0.392728	46	0.402387	46.9	0.411118	47.8	0.419885

化工工程实验 第二版

228

溶液温度/℃	酒精计读数											
	34		33		32		31		30		29	
	体积分数	质量分数	体积分数	质量分数	体积分数	质量分数	体积分数	质量分数	体积分数	质量分数	体积分数	质量分数
	温度在+20℃时用体积百分数或质量百分数表示酒精浓度											
40	25.8	0.215586	24.8	0.206772	24	0.199749	23	0.191004	22.2	0.184036	21.2	0.175361
39	26.2	0.219123	25.2	0.210293	24.4	0.203257	23.4	0.194497	22.6	0.187517	21.6	0.178827
38	26.7	0.223552	25.7	0.214703	24.8	0.206772	23.8	0.197997	23	0.191004	22	0.182298
37	27	0.226215	26	0.217354	25.2	0.210293	24.2	0.201502	23.4	0.194497	22.4	0.185776
36	27.4	0.22977	26.4	0.220893	25.6	0.21382	24.6	0.205014	23.8	0.197997	22.8	0.18926
35	27.8	0.233332	26.8	0.224439	26	0.217354	25	0.208532	24.2	0.201502	23.2	0.19275
34	28.3	0.237793	27.3	0.228881	26.4	0.220893	25.4	0.212056	24.5	0.204135	23.5	0.195372
33	28.7	0.241369	27.7	0.232441	26.8	0.224439	25.8	0.215586	24.9	0.207652	23.9	0.198872
32	29.1	0.244952	28.1	0.236008	27.2	0.227992	26.2	0.219123	25.3	0.211174	24.3	0.202379
31	29.5	0.248541	28.5	0.239581	27.6	0.23155	26.6	0.222666	25.7	0.214703	24.7	0.205893
30	29.9	0.252136	28.9	0.24316	28	0.235115	27	0.226215	26.1	0.218238	25.1	0.209412
29	30.3	0.255738	29.4	0.247643	28.4	0.238687	27.4	0.22977	26.4	0.220893	25.5	0.212938
28	30.7	0.259346	29.7	0.250338	28.8	0.242264	27.8	0.233332	26.8	0.224439	25.9	0.21647
27	31.2	0.263866	30.2	0.254837	29.2	0.245849	28.2	0.2369	27.2	0.227992	26.3	0.220008
26	31.6	0.267488	30.6	0.258444	29.6	0.249439	28.6	0.240475	27.6	0.23155	26.6	0.222666
25	32	0.271118	31	0.262057	30	0.253036	29	0.244056	28	0.235115	27	0.226215
24	32.4	0.274754	31.4	0.265676	30.4	0.256639	29.4	0.247643	28.4	0.238687	27.4	0.22977
23	32.8	0.278396	31.8	0.269302	30.8	0.260249	29.8	0.251237	28.8	0.242264	27.8	0.233332
22	33.2	0.282045	32.2	0.272935	31.2	0.263866	30.2	0.254837	29.2	0.245849	28.2	0.2369
21	33.6	0.2857	32.6	0.276574	31.6	0.267488	30.6	0.258444	29.6	0.249439	28.6	0.240475
20	34	0.289363	33	0.28022	32	0.271118	31	0.262057	30	0.253036	29	0.244056

酒精计读数

温度在+20℃时用体积百分数或质量百分数表示酒精浓度

溶液温度/℃	29 体积分数	29 质量分数	30 体积分数	30 质量分数	31 体积分数	31 质量分数	32 体积分数	32 质量分数	33 体积分数	33 质量分数	34 体积分数	34 质量分数
19	29.4	0.247643	30.4	0.256639	31.4	0.265676	32.4	0.274754	33.4	0.283872	34.4	0.293031
18	29.8	0.251237	30.8	0.260249	31.8	0.269302	32.8	0.278396	33.8	0.287531	34.8	0.296707
17	30.2	0.254837	31.2	0.263866	32.2	0.272935	33.2	0.282045	34.2	0.291196	35.2	0.300389
16	30.6	0.258444	31.6	0.267488	32.6	0.276574	33.6	0.2857	34.6	0.294868	35.6	0.304078
15	31	0.262057	32	0.271118	33	0.28022	34	0.289363	35	0.298547	36	0.307773
14	31.4	0.265676	32.4	0.274754	33.4	0.283872	34.4	0.293031	35.4	0.302232	36.4	0.311475
13	31.8	0.269302	32.8	0.278396	33.9	0.288446	34.9	0.297627	35.9	0.306849	36.8	0.315184
12	32.3	0.273844	33.3	0.282958	34.3	0.292114	35.3	0.30131	326.3	8.158007	37.3	0.31983
11	32.7	0.277485	33.7	0.286615	34.7	0.295787	35.7	0.305001	36.7	0.314256	37.7	0.323554
10	33.1	0.281132	34.1	0.290279	35.1	0.299468	36.1	0.308698	37.1	0.31797	38.1	0.327284
9	33.5	0.284786	34.5	0.29395	35.5	0.303155	36.5	0.312402	37.5	0.321691	38.5	0.331022
8	33.9	0.288446	35	0.298547	36	0.307773	36.9	0.316112	37.9	0.325418	38.9	0.334766
7	34.4	0.293031	35.4	0.302232	36.4	0.311475	37.3	0.31983	38.3	0.329152	39.3	0.338518
6	34.8	0.296707	35.8	0.305924	36.8	0.315184	37.8	0.324486	38.8	0.33383	39.7	0.342276
5	35.2	0.300389	36.2	0.309623	37.2	0.3189	38.2	0.328218	39.2	0.337579	40.1	0.346041
4	35.6	0.304078	36.6	0.313329	37.6	0.322622	38.6	0.331957	39.6	0.341336	40.5	0.349813
3	36	0.307773	37.1	0.31797	38	0.326351	39	0.335704	40	0.345099	40.9	0.353592
2	36.5	0.312402	37.5	0.321691	38.4	0.330087	39.4	0.339457	40.4	0.348869	41.3	0.357378
1	36.9	0.316112	37.9	0.325418	38.9	0.334766	39.8	0.343217	40.8	0.352646	41.7	0.36117
0	37.3	0.31983	38.3	0.329152	39.3	0.338518	40.2	0.346983	41.2	0.35643	42.1	0.36497

温度在+20℃时用体积百分数或质量百分数表示酒精浓度

溶液温度/℃	酒精计读数											
	28		27		26		25		24		23	
	体积分数	质量分数	体积分数	质量分数	体积分数	质量分数	体积分数	质量分数	体积分数	质量分数	体积分数	质量分数
40	20.4	0.168448	19.4	0.159841	18.6	0.152982	17.8	0.146147	17	0.139336	16.2	0.132549
39	20.8	0.171901	19.8	0.163279	19	0.156408	18.2	0.149562	17.4	0.142739	16.5	0.135091
38	21.2	0.175361	20.2	0.166724	19.3	0.158982	18.5	0.152126	17.7	0.145295	16.9	0.138486
37	21.5	0.17796	20.5	0.169311	19.7	0.162419	18.9	0.155551	18	0.147854	17.2	0.141037
36	21.9	0.18143	20.9	0.172766	20.1	0.165862	19.2	0.158124	18.4	0.151271	17.6	0.144442
35	22.3	0.184906	21.3	0.176227	20.4	0.168448	19.6	0.161559	18.8	0.154695	17.9	0.147
34	22.7	0.188388	21.7	0.179694	20.8	0.171901	20	0.165001	19.1	0.157266	18.2	0.149562
33	23.1	0.191877	22.2	0.184036	21.2	0.175361	20.3	0.167586	19.4	0.159841	18.6	0.152982
32	23.4	0.194497	22.4	0.185776	21.6	0.178827	20.7	0.171038	19.8	0.163279	18.9	0.155551
31	23.8	0.197997	22.8	0.18926	21.9	0.18143	21	0.17363	20.2	0.166724	19.3	0.158982
30	24.2	0.201502	23.2	0.19275	22.3	0.184906	21.4	0.177093	20.5	0.169311	19.6	0.161559
29	24.6	0.205014	23.6	0.196246	22.7	0.188388	21.8	0.180562	50.8	0.449378	19.9	0.16414
28	24.9	0.207652	24	0.199749	23	0.191004	22.1	0.183167	21.2	0.175361	20.2	0.166724
27	25.3	0.211174	24.4	0.203257	23.4	0.194497	22.5	0.186646	21.5	0.17796	20.6	0.170174
26	25.7	0.214703	24.7	0.205893	23.8	0.197997	22.8	0.18926	21.9	0.18143	20.9	0.172766
25	26.1	0.218238	25.1	0.209412	24.1	0.200625	23.2	0.19275	22.2	0.184036	21.3	0.176227
24	26.4	0.220893	25.5	0.212938	24.5	0.204135	23.5	0.195372	22.6	0.187517	21.6	0.178827
23	26.8	0.224439	25.8	0.215586	24.9	0.207652	23.9	0.198872	22.9	0.190132	22	0.182298
22	27.2	0.227992	26.2	0.219123	25.3	0.211174	24.3	0.202379	23.3	0.193623	22.3	0.184906
21	26.6	0.222666	26.6	0.222666	5.6	0.044789	24.6	0.205014	23.6	0.196246	22.6	0.187517
20	28	0.235115	27	0.226215	26	0.217354	25	0.208532	24	0.199749	23	0.191004

酒精计读数

温度在+20℃时用体积百分数或质量百分数表示酒精浓度

溶液温度/℃	23 体积分数	23 质量分数	24 体积分数	24 质量分数	25 体积分数	25 质量分数	26 体积分数	26 质量分数	27 体积分数	27 质量分数	28 体积分数	28 质量分数
19	23.3	0.193623	24.4	0.203257	25.4	0.212056	26.4	0.220893	27.4	0.22977	28.4	0.238687
18	23.7	0.197121	24.7	0.205893	25.7	0.214703	26.7	0.223552	27.8	0.233332	28.8	0.242264
17	24	0.199749	25.1	0.209412	26.1	0.218238	27.1	0.227103	28.1	0.236008	29.2	0.245849
16	24.4	0.203257	25.4	0.212056	26.5	0.221779	27.5	0.23066	28.5	0.239581	29.6	0.249439
15	24.7	0.205893	25.8	0.215586	26.8	0.224439	27.9	0.234223	28.9	0.24316	30	0.253036
14	25.1	0.209412	26.2	0.219123	27.2	0.227992	28.4	0.238687	29.3	0.246746	30.4	0.256639
13	25.4	0.212056	26.5	0.221779	27.6	0.23155	28.7	0.241369	29.7	0.250338	30.8	0.260249
12	25.8	0.215586	26.9	0.225327	28	0.235115	29.1	0.244952	30.2	0.254837	31.2	0.263866
11	26.2	0.219123	27.3	0.228881	28.4	0.238687	29.5	0.248541	30.6	0.258444	31.6	0.267488
10	26.6	0.222666	27.7	0.232441	28.8	0.242264	29.9	0.252136	31	0.262057	32	0.271118
9	26.9	0.225327	28.1	0.236008	29.2	0.245849	30.3	0.255738	31.4	0.265676	32.5	0.275664
8	27.3	0.228881	28.5	0.239581	29.6	0.249439	30.7	0.259346	31.8	0.269302	32.9	0.279308
7	27.7	0.232441	28.9	0.24316	30	0.253036	31.1	0.262961	32.2	0.272935	33.3	0.282958
6	28.1	0.236008	29.3	0.246746	30.4	0.256639	31.6	0.267488	32.7	0.277485	33.7	0.286615
5	28.5	0.239581	29.7	0.250338	30.8	0.260249	32	0.271118	33.1	0.281132	34.2	0.291196
4	28.9	0.24316	30.1	0.253936	31.3	0.264771	32.4	0.274754	33.5	0.284786	34.6	0.294868
3	29.3	0.246746	30.5	0.257541	31.7	0.268395	32.9	0.279308	34	0.289363	35	0.298547
2	29.7	0.250338	30.9	0.261153	32.3	0.273844	33.3	0.282958	34.4	0.293031	35.4	0.302232
1	30.1	0.253936	31.4	0.265676	32.6	0.276574	33.7	0.286615	34.8	0.296707	35.9	0.306849
0	30.6	0.258444	31.8	0.269302	33	0.28022	34.2	0.291196	35.5	0.303155	36.3	0.310549

续表

酒精计读数

温度在 +20 ℃时用体积分数或质量百分数表示酒精浓度

溶液温度/℃	22		21		20		19		18		17	
	体积分数	质量分数	体积分数	质量分数	体积分数	质量分数	体积分数	质量分数	体积分数	质量分数	体积分数	质量分数
40	15.2	0.124097	14.4	0.117363	13.6	0.110651	13	0.105533	12.2	0.098962	11.4	0.092314
39	15.5	0.126629	14.7	0.119886	13.9	0.113165	13.3	0.108141	12.5	0.101461	11.7	0.094804
38	15.9	0.130009	15.1	0.123254	14.2	0.115683	13.6	0.110651	12.8	0.103963	12	0.097298
37	16.2	0.132549	15.4	0.125785	14.6	0.119044	13.9	0.113165	13.1	0.106468	12.2	0.098962
36	16.6	0.135939	15.7	0.128319	14.9	0.121569	14.2	0.115683	13.4	0.108977	12.5	0.101461
35	16.9	0.138486	16	0.130856	15.2	0.124097	14.5	0.118203	13.6	0.110651	12.8	0.103963
34	17.2	0.141037	16.4	0.134243	15.5	0.126629	14.8	0.120727	13.9	0.113165	13.1	0.106468
33	17.6	0.144442	16.7	0.136788	15.8	0.129164	15.1	0.123254	14.2	0.115683	13.4	0.108977
32	17.9	0.147	17	0.139336	16.2	0.132549	15.4	0.125785	14.5	0.118203	13.6	0.110651
31	18.3	0.150416	17.4	0.142739	16.5	0.135091	15.7	0.128319	14.8	0.120727	13.9	0.113165
30	18.6	0.152982	17.7	0.145295	16.8	0.137637	16	0.130856	15.1	0.123254	14.2	0.115683
29	19	0.156408	18	0.147854	17.2	0.141037	16.3	0.133396	15.4	0.125785	14.5	0.118203
28	19.3	0.158982	18.4	0.151271	17.5	0.14359	16.6	0.135939	15.7	0.128319	14.8	0.120727
27	19.6	0.161559	18.7	0.153838	17.8	0.146147	16.9	0.138486	16	0.130856	15.1	0.123254
26	20	0.165001	19	0.156408	18.1	0.148708	17.2	0.141037	16.3	0.133396	15.4	0.125785
25	20.3	0.167586	19.4	0.159841	18.4	0.151271	17.5	0.14359	16.6	0.135939	15.6	0.127474
24	20.7	0.171038	19.7	0.162419	18.7	0.153838	17.8	0.146147	16.9	0.138486	15.9	0.130009
23	21	0.17363	20	0.165001	19	0.156408	18.1	0.148708	17.1	0.140186	16.2	0.132549
22	21.3	0.176227	20.4	0.168448	19.4	0.159841	18.4	0.151271	17.4	0.142739	16.5	0.135091
21	21.7	0.179694	20.7	0.171038	19.7	0.162419	18.7	0.153838	17.7	0.145295	16.7	0.136788
20	22	0.182298	21	0.17363	20	0.165001	19	0.156408	18	0.147854	17.1	0.140186

溶液温度/℃	酒精计读数											
	17		18		19		20		21		22	
	体积分数	质量分数	体积分数	质量分数	体积分数	质量分数	体积分数	质量分数	体积分数	质量分数	体积分数	质量分数
						温度在+20℃时用体积百分数或质量百分数表示酒精浓度						
19	17.3	0.141888	18.3	0.150416	19.3	0.158982	20.3	0.167586	21.3	0.176227	22.3	0.184906
18	17.6	0.144442	18.6	0.152982	19.6	0.161559	20.6	0.170174	21.6	0.178827	22.6	0.187517
17	17.8	0.146147	18.9	0.155551	19.9	0.16414	20.9	0.172766	22	0.182298	23	0.191004
16	18.1	0.148708	19.2	0.158124	20.2	0.166724	21.2	0.175361	22.3	0.184906	23.3	0.193623
15	18.3	0.150416	19.2	0.158124	20.5	0.169311	21.6	0.178827	22.6	0.187517	23.7	0.197121
14	18.6	0.152982	19.7	0.162419	20.8	0.171901	21.9	0.18143	23	0.191004	24	0.199749
13	18.8	0.154695	20	0.165001	21.1	0.174496	22.2	0.184036	23.3	0.193623	24.4	0.203257
12	19.1	0.157266	20.2	0.166724	21.4	0.177093	22.5	0.186646	23.6	0.196246	24.7	0.205893
11	19.4	0.159841	20.5	0.169311	21.7	0.179694	22.8	0.18926	23.9	0.198872	25	0.208532
10	19.6	0.161559	20.8	0.171901	22	0.182298	23.1	0.191877	24.3	0.202379	25.4	0.212056
9	19.9	0.16414	21.1	0.174496	22.3	0.184906	23.4	0.194497	24.6	0.205014	25.8	0.215586
8	20.1	0.165862	21.3	0.176227	22.6	0.187517	23.8	0.197997	24.9	0.207652	26.1	0.218238
7	20.4	0.168448	21.6	0.178827	22.8	0.18926	24.1	0.200625	25.3	0.211174	26.5	0.221779
6	20.6	0.170174	21.9	0.18143	23.2	0.19275	24.4	0.203257	25.6	0.21382	26.9	0.225327
5	20.9	0.172766	22.2	0.184036	23.4	0.194497	24.7	0.205893	26	0.217354	27.2	0.227992
4	21.1	0.174496	22.5	0.186646	23.8	0.197997	25.1	0.209412	26.4	0.220893	27.6	0.23155
3	21.4	0.177093	22.7	0.188388	24.1	0.200625	25.4	0.212056	26.8	0.224439	28	0.235115
2	21.6	0.178827	23	0.191004	24.4	0.203257	25.8	0.215586	27.1	0.227103	28.4	0.238687
1	21.8	0.180562	23.3	0.193623	24.7	0.205893	26.1	0.218238	27.5	0.23066	28.8	0.242264
0	22	0.182298	23.6	0.196246	25.1	0.209412	26.5	0.221779	27.9	0.234223	29.2	0.245849

酒精计读数

温度在＋20℃时用体积百分数或质量百分数表示酒精浓度

溶液温度/℃	11 体积分数	11 质量分数	12 体积分数	12 质量分数	13 体积分数	13 质量分数	14 体积分数	14 质量分数	15 体积分数	15 质量分数	16 体积分数	16 质量分数
40	6.8	0.054526	7.6	0.061044	8.4	0.067585	9.2	0.074149	10	0.080734	10.8	0.087343
39	7	0.056153	7.8	0.062678	8.6	0.069224	9.4	0.075793	10.2	0.082384	11.1	0.089827
38	7.2	0.057782	8	0.064312	8.9	0.071685	9.7	0.078262	10.5	0.084862	11.3	0.091484
37	7.4	0.059413	8.3	0.066766	9.1	0.073327	9.9	0.07991	10.8	0.087343	11.6	0.093974
36	7.6	0.061044	8.5	0.068404	9.3	0.074971	10.2	0.082384	11	0.088998	11.8	0.095635
35	7.9	0.063495	8.7	0.070044	9.6	0.077439	10.4	0.084036	11.2	0.090655	12.1	0.09813
34	8.1	0.06513	8.9	0.071685	9.8	0.079086	10.6	0.085688	11.5	0.093144	12.4	0.100627
33	8.3	0.066766	9.1	0.073327	10	0.080734	10.9	0.08817	11.8	0.095635	12.6	0.102295
32	8.5	0.068404	9.4	0.075793	10.2	0.082384	11	0.088998	12	0.097298	12.9	0.104798
31	8.7	0.070044	9.6	0.077439	10.5	0.084862	11.4	0.092314	12.2	0.098962	13.1	0.106468
30	8.9	0.071685	9.8	0.079086	10.7	0.086515	11.6	0.093974	12.5	0.101461	13.4	0.108977
29	9.1	0.073327	10	0.080734	10.9	0.08817	11.8	0.095635	12.7	0.103129	13.6	0.110651
28	9.3	0.074971	10.3	0.08321	11.2	0.090655	12.1	0.09813	13	0.105633	13.9	0.113165
27	9.5	0.076616	10.5	0.084862	11.4	0.092314	12.3	0.099795	13.2	0.107304	14.2	0.115683
26	9.8	0.079086	10.7	0.086515	11.7	0.094804	12.6	0.102295	13.5	0.109814	14.4	0.117363
25	9.8	0.079086	10.8	0.087343	11.9	0.096466	12.8	0.103963	13.8	0.112327	14.7	0.119886
24	10.2	0.082384	11.2	0.090655	12.1	0.09813	13.1	0.106468	14	0.114004	15	0.122412
23	10.4	0.084036	11.4	0.092314	12.3	0.099795	13.3	0.108141	14.36	0.117027	15.2	0.124097
22	10.6	0.085688	11.6	0.093974	12.6	0.102295	13.6	0.110651	14.5	0.118203	15.5	0.126629
21	10.8	0.087343	11.8	0.095635	12.9	0.104798	13.8	0.112327	14.8	0.120727	15.7	0.128319
20	11	0.088998	12	0.097298	13	0.105633	14	0.114004	15	0.122412	16	0.130856

酒精计读数

温度在+20℃时用体积百分数或质量百分数表示酒精浓度

溶液温度/℃	酒精计读数											
	11		12		13		14		15		16	
	体积分数	质量分数	体积分数	质量分数	体积分数	质量分数	体积分数	质量分数	体积分数	质量分数	体积分数	质量分数
19	11.2	0.090655	12.2	0.098962	13.2	0.107304	14.2	0.115683	15.2	0.124097	16.3	0.133396
18	11.4	0.092314	12.4	0.100627	13.4	0.108977	14.4	0.117363	15.5	0.126629	16.5	0.135091
17	11.5	0.093144	12.6	0.102295	13.6	0.110651	14.7	0.119886	15.7	0.128315	16.8	0.137637
16	11.7	0.094804	12.8	0.103963	13.8	0.112327	14.9	0.121569	15.9	0.130009	17	0.139336
15	11.9	0.096466	12.9	0.104798	14	0.114004	15.1	0.123254	16.2	0.132549	17.2	0.141037
14	12	0.097298	13.1	0.106468	14.2	0.115683	15.3	0.124941	16.4	0.134243	17.5	0.14359
13	12.2	0.098962	13.2	0.107304	14.4	0.117363	15.5	0.126629	16.6	0.135939	17.7	0.145295
12	12.3	0.099795	13.4	0.108977	14.5	0.118203	15.7	0.128319	16.8	0.137637	18	0.147854
11	12.4	0.100627	13.6	0.110651	14.7	0.119886	15.8	0.129164	17	0.139336	18.2	0.149562
10	12.6	0.102295	13.7	0.111489	14.9	0.121569	16	0.130856	17.2	0.141037	18.4	0.151271
9	12.7	0.103129	13.8	0.112327	15	0.122412	16.2	0.132549	17.4	0.142739	18.6	0.152982
8	12.8	0.103963	14	0.114004	15.1	0.123254	16.4	0.134243	17.6	0.144442	18.9	0.155551
7	12.9	0.104798	14.1	0.114843	15.3	0.124941	16.5	0.135091	17.8	0.146147	19.1	0.157266
6	13	0.105633	14.2	0.115683	15.4	0.125785	16.7	0.136788	18	0.147854	19.3	0.158982
5	13	0.105633	14.3	0.116523	15.6	0.127474	16.8	0.137637	18.2	0.149562	19.5	0.1607
4	13.1	0.106468	14.4	0.117363	15.7	0.128319	17	0.139336	18.3	0.150416	19.7	0.162419
3	13.2	0.107304	14.5	0.118203	15.8	0.129164	17.1	0.140186	18.5	0.152126	19.9	0.16414
2	13.2	0.107304	14.5	0.118203	15.9	0.130009	17.2	0.141037	8.6	0.069224	20.1	0.165862
1	13.3	0.108141	14.6	0.119044	15.9	0.130009	17.3	0.141888	18.8	0.154695	20.3	0.167586
0	13.3	0.108141	14.6	0.119044	16	0.130856	17.5	0.14359	19	0.156408	20.5	0.169311

续表

温度在+20℃时用体积百分数或质量百分数表示酒精浓度

溶液温度/℃	酒精计读数											
	5		6		7		8		9		10	
	体积分数	质量分数	体积分数	质量分数	体积分数	质量分数	体积分数	质量分数	体积分数	质量分数	体积分数	质量分数
40	1.6	0.012689	2.4	0.019066	3.4	0.027067	4.2	0.033493	5	0.03994	5.8	0.046409
39	1.8	0.014281	2.6	0.020664	3.6	0.028672	4.4	0.035102	5.2	0.041555	6	0.048029
38	1.9	0.015078	2.8	0.022262	3.8	0.030277	4.6	0.036713	5.4	0.043171	6.2	0.049651
37	2.1	0.016672	2.9	0.023062	3.9	0.031081	4.8	0.038326	5.6	0.044789	6.4	0.051275
36	2.3	0.018268	3.1	0.024663	4.1	0.032688	5	0.03994	5.8	0.046409	6.6	0.0529
35	2.4	0.019066	3.3	0.026266	4.3	0.034297	5.2	0.041555	6	0.048029	6.8	0.054526
34	2.6	0.020664	3.5	0.027869	4.5	0.035908	5.3	0.042363	6.2	0.049651	7.1	0.056968
33	2.8	0.022262	3.8	0.030277	4.7	0.037519	5.5	0.04398	6.4	0.051275	7.3	0.058597
32	3	0.023863	3.8	0.030277	4.8	0.038326	5.7	0.045599	6.6	0.0529	7.5	0.060228
31	3.1	0.024663	4	0.031884	5	0.03994	5.9	0.047219	6.8	0.054526	7.7	0.061861
30	3.3	0.026266	4.2	0.033493	5.2	0.041555	6.1	0.04884	7	0.056153	7.9	0.063495
29	3.5	0.027869	4.4	0.035102	5.4	0.043171	6.3	0.050463	7.2	0.057782	8.2	0.065948
28	3.7	0.029474	4.6	0.036713	5.6	0.044789	6.5	0.052087	7.5	0.060228	8.4	0.067585
27	3.9	0.031081	4.8	0.038326	5.8	0.046409	6.7	0.053713	7.7	0.061861	8.6	0.069224
26	4	0.031884	5	0.03994	6	0.048029	6.9	0.055339	7.9	0.063495	8.8	0.070864
25	4.2	0.033493	5.2	0.041555	6.2	0.049651	7.1	0.056968	8.1	0.06513	9	0.072506
24	4.4	0.035102	5.4	0.043171	6.3	0.050463	7.3	0.058597	8.3	0.066766	9.2	0.074149
23	4.6	0.036713	5.5	0.04398	6.5	0.052087	7.5	0.060228	8.4	0.067585	9.4	0.075793
22	4.7	0.037519	5.7	0.045599	6.7	0.053713	7.7	0.061861	8.6	0.069224	9.6	0.077439
21	4.8	0.038326	5.8	0.046409	6.8	0.054526	7.8	0.062678	8.8	0.070864	9.8	0.079086
20	5	0.03994	6	0.048029	7	0.056153	8	0.064312	9	0.072506	10	0.080734

酒精计读数

温度在+20℃时用体积分数或质量百分数表示酒精浓度

溶液温度/℃	5		6		7		8		9		10	
	体积分数	质量分数	体积分数	质量分数	体积分数	质量分数	体积分数	质量分数	体积分数	质量分数	体积分数	质量分数
19	5.1	0.040747	6.1	0.04884	7.2	0.057782	8.2	0.065948	9.2	0.074149	10.2	0.082384
18	5.3	0.042363	6.3	0.050463	7.3	0.058597	8.3	0.066766	9.3	0.074971	10.4	0.084036
17	5.4	0.043171	6.4	0.051275	7.4	0.059413	8.5	0.068404	9.5	0.076616	10.5	0.084862
16	5.5	0.04398	6.5	0.052087	7.6	0.061044	8.6	0.069224	9.6	0.077439	10.7	0.086515
15	5.6	0.044789	6.6	0.0529	7.7	0.061861	8.8	0.070864	9.8	0.079086	10.8	0.087343
14	5.7	0.045599	6.7	0.053713	7.8	0.062678	8.9	0.071685	9.9	0.07991	11	0.088998
13	5.8	0.046409	6.8	0.054526	7.9	0.063495	9	0.072506	10	0.080734	11.1	0.089827
12	6.9	0.055339	6.9	0.055339	8	0.064312	9.1	0.073327	10.1	0.081559	11.2	0.090655
11	6	0.048029	7	0.056153	8.1	0.06513	9.2	0.074149	10.2	0.082384	11.3	0.091484
10	6	0.048029	7.1	0.056968	8.2	0.065948	9.3	0.074971	10.3	0.08321	11.4	0.092314
9	6	0.048029	7.1	0.056968	8.2	0.065948	9.3	0.074971	10.4	0.084036	11.5	0.093144
8	6	0.048029	7.2	0.057782	8.3	0.066766	9.4	0.075793	10.5	0.084862	11.6	0.093974
7	6.1	0.04884	7.2	0.057782	8.4	0.067585	9.5	0.076616	10.6	0.085688	11.7	0.094804
6	6.2	0.049651	7.3	0.058597	8.4	0.067585	9.5	0.076616	10.6	0.085688	11.8	0.095635
5	6.2	0.049651	7.3	0.058597	8.4	0.067585	9.6	0.077439	10.7	0.086515	11.8	0.095635
4	6.2	0.049651	7.3	0.058597	8.4	0.067585	9.6	0.077439	10.7	0.086515	11.9	0.096466
3	6.2	0.049651	7.3	0.058597	8.4	0.067585	9.6	0.077439	10.8	0.087343	12	0.097298
2	6.1	0.04884	7.2	0.057782	8.4	0.067585	9.6	0.077439	10.8	0.087343	12	0.097298
1	6.1	0.04884	7.2	0.057782	8.4	0.067585	9.6	0.077439	10.8	0.087343	12	0.097298
0	6	0.048029	7.2	0.057782	8.4	0.067585	9.6	0.077439	10.8	0.087343	12	0.097298

化工学程实验 第二版 238

温度在+20℃时用体积分数或质量百分数表示酒精浓度

溶液温度/℃	酒精计读数									
	4		3		2		1		0	
	体积分数	质量分数	体积分数	质量分数	体积分数	质量分数	体积分数	质量分数	体积分数	质量分数
40	0.8	0.006334								
39	1	0.007921								
38	1.1	0.008715	0.1	0.000791						
37	1.3	0.010304	0.3	0.002373						
36	1.4	0.011098	0.4	0.003164						
35	1.6	0.012689	0.6	0.004749						
34	1.8	0.014281	0.8	0.006334						
33	1.9	0.015078	0.9	0.007127						
32	2.1	0.016672	1.1	0.008715	0.1	0.000791				
31	2.2	0.01747	1.2	0.009509	0.2	0.001582				
30	2.4	0.019066	1.4	0.011098	0.4	0.003164				
29	2.5	0.019865	1.6	0.012689	0.6	0.004749				
28	2.7	0.021463	1.8	0.014281	0.8	0.006334				
27	2.9	0.023062	1.9	0.015078	1	0.007921				
26	3.1	0.024663	2.1	0.016672	1.1	0.008715	0.1	0.000791		
25	3.2	0.025464	2.3	0.018268	1.3	0.010304	0.3	0.002373		
24	3.4	0.027067	2.4	0.019066	1.4	0.011098	0.4	0.003164		
23	3.6	0.028672	2.6	0.020664	1.6	0.012689	0.6	0.004749		
22	3.7	0.029474	2.7	0.021463	1.7	0.013485	0.7	0.005541		
21	3.8	0.030277	2.9	0.023062	1.9	0.015078	0.9	0.007127		
20	4	0.031884	3	0.023863	2	0.015875	1	0.007921	0	

酒精计读数

温度在+20℃时用体积百分数或质量百分数表示酒精浓度

溶液温度/℃	0		1		2		3		4	
	体积分数	质量分数	体积分数	质量分数	体积分数	质量分数	体积分数	质量分数	体积分数	质量分数
19	0.1	0.000791	1.1	0.008715	2.1	0.016672	3.1	0.024663	4.1	0.032688
18	0.2	0.001582	1.2	0.009509	2.2	0.01747	3.2	0.025464	4.2	0.033493
17	0.3	0.002373	1.3	0.010304	2.4	0.019066	3.4	0.027067	4.4	0.035102
16	0.4	0.003164	1.4	0.011098	2.4	0.019066	3.4	0.027067	4.5	0.035908
15	0.6	0.004749	1.5	0.011894	2.6	0.020664	3.6	0.028672	4.6	0.036713
14	0.6	0.004749	1.6	0.012689	2.6	0.020664	3.6	0.028672	4.7	0.037519
13	0.7	0.005541	1.7	0.013485	2.7	0.021463	3.7	0.029474	4.8	0.038326
12	0.7	0.005541	1.7	0.013485	2.8	0.022262	3.8	0.030277	4.8	0.038326
11	0.8	0.006334	1.8	0.014281	2.9	0.023062	3.9	0.031081	4.9	0.039133
10	0.8	0.006334	1.9	0.015078	2.9	0.023062	3.9	0.031081	5	0.03994
9	0.9	0.007127	1.9	0.015078	2.9	0.023062	4	0.031884	5	0.03994
8	0.9	0.007127	1.9	0.015078	2.9	0.023062	4	0.031884	5	0.03994
7	0.9	0.007127	1.9	0.015078	3	0.023863	4	0.031884	5.1	0.040747
6	0.9	0.007127	2	0.015875	3	0.023863	4	0.031884	5.1	0.040747
5	0.9	0.007127	2	0.015875	3	0.023863	4	0.031884	5.1	0.040747
4	0.9	0.007127	1.9	0.015078	3	0.023863	4	0.031884	5.1	0.040747
3	0.9	0.007127	1.9	0.015078	3	0.023863	4	0.031884	5.1	0.040747
2	0.9	0.007127	1.9	0.015078	2.9	0.023062	4	0.031884	5	0.03994
1	0.8	0.006334	1.8	0.014281	2.9	0.023062	4	0.031884	5	0.03994
0	0.8	0.006334	1.8	0.014281	2.8	0.022262	3.9	0.031081	5	0.03994

参 考 文 献

[1]刘彦伟,朱兆华,徐丙根.化工安全技术[M].北京:化学工业出版社,2012.

[2]许第昌.压力计量测试[M].北京:中国计量出版社,1988.

[3]冷士良.化工单元过程及操作[M].北京:化学工业出版社,2002.

[4]张金利.化工原理实验[M].天津:天津大学出版社,2005.

[5]杨祖荣.化工原理实验[M].北京:化学工业出版社,2004.

[6]华东理工大学,天津大学,四川联合大学合编.化学工程实验[M].北京:化学工业出版社,1996.

[7]北京大学,南京大学,南开大学三校化工基础与实验教学组联合编写.化工基础实验[M].北京:北京大学出版社,2004.

[8]冯亚云.化工基础实验[M].北京:化学工业出版社,2000.

[9]武汉大学主编.化学工程基础[M].北京:高等教育出版社,2001.

[10]何潮洪,冯霄.化工原理[M].北京:科学出版社,2001.

[11]陈敏恒,潘鹤林,齐鸣斋.化工原理[M].上海:华东理工大学出版社,2008.

[12]朱自强,徐汛.化工热力学[M].北京:化学工业出版社,1991.

[13]陈甘棠.化学反应工程[M].北京:化学工业出版社,1990.

[14]天津大学主编.化工传递过程[M].北京:化学工业出版社,1980.

[15]谢舜韶,谷和平,肖人卓.化工传递过程[M].北京:化学工业出版社,2007.

[16]邓修,吴俊生.化工分离工程[M].北京:科学出版社,2013.